高职高专"十一五"规划教材

高职应用数学

Gaozhi Yingyong Shuxue

主　编　潘劲松　童丽娟

编　者（按姓氏笔画排序）

王喜斌　帅　波　关章才

钟鸿春　袁月华　童丽娟

谭　洁　潘劲松　薛　峰

湖南教育出版社

http://www.hneph.com

前言

本教材是根据教育部最新制定的《高职高专教育高等数学课程教学基本要求》与《高职高专教育专业人才培养目标及规格》和2009年4月教育部高教司张尧学司长在国家示范高职建设院校教学改革工作座谈会上提出的“两个系统”课程体系设计与实施的思想，并结合构建适合我院高职教育的“基础知识”体系的实际情况，组织一线教师编写而成.

高职教育为什么要学习数学？作为主要基础课程的数学，在高职教育与学生成长过程中到底有何作用？数学课程该如何为学生的职业素质培养和专业学习提供更好的服务？又该为学生的职业生涯做哪些基础性的准备？在编写过程中，本教材在充分考虑了上述的问题的基础上，体现出了高职数学必需的五点定位：

(1)它是一门文化课程.数学不仅是一种高级的技术，更是人类进步所必需的文化素质与修养.

(2)它是一门广义上的基础课程.数学课程应为高职专业基础课和专业课程服务.

(3)它是一门工具课程.数学课程应为人们解决生产和生活中的实际问题提供分析和计算工具.

(4)它是一门核心能力课程.数学课程应逐步培养人们适应职业工作场所所必需的“数字应用”职业核心能力.

(5)它是一门预备课程.数学课程应为人们提供终身学习、未来深造发展打下预备基础.

本教材采用“模块化”编排，内容分为三个模块(基础模块、职业模块、拓展模块)，具体为第一章函数、极限与连续及应用，第二章一元函数微分及其应用，第三章一元函数积分及其应用，第四章微分方程及其应用，第五章线性代数基础及其应用，第六章概率统计初步及其应用，第七章图论基础与计划编制方法及其应用，第八章数学实验，第九章数学建模.其中把各专业必需的、共同的数学内容(第一章、第二章和第三章)作为基础模块，要求所有专业都必修；把根据各专业需要、选学的数学内容(第四章、第五章、第六章、第七章)作为职业模块，要求各专业选修;把根据学生水平、专业发展而需要的数学内容(第八章和第九章)作为拓展模块,供学有余力的学生自修或选修.

本教材由潘劲松老师、童丽娟老师担任主编.在编写和出版过程中得到了学院领导和湖南教育出版社的大力支持与帮助,邹楚林编辑多次参与我们的编写讨论工作,并提出了许多宝贵意见,在此一并表示感谢.

由于编者水平有限,书中难免有一些疏漏,恳请读者批评指正.

编者

2010.6

目　录

第一篇　基础模块

第一章　函数、极限与连续及应用…………………………………………（3）
§1.1　初等函数 ………………………………………………………（3）
§1.2　极限与无穷小………………………………………………（11）
§1.3　极限的运算…………………………………………………（15）
§1.4　函数的连续性………………………………………………（19）
§1.5　函数与极限的应用…………………………………………（23）
复习题一 ………………………………………………………（28）

第二章　一元函数微分及其应用 ……………………………………（30）
§2.1　导数概念……………………………………………………（30）
§2.2　导数运算法则………………………………………………（35）
§2.3　导数的应用…………………………………………………（38）
§2.4　微分及其应用………………………………………………（53）
复习题二 ………………………………………………………（57）

第三章　一元函数积分及其应用 ……………………………………（59）
§3.1　不定积分概念、基本公式、运算法则与直接积分法…………（59）
§3.2　不定积分的换元积分法与分部积分法……………………（64）
§3.3　定积分的概念与微积分基本公式…………………………（72）
§3.4　定积分的计算方法…………………………………………（77）
§3.5　一元函数积分的应用………………………………………（81）
复习题三 ………………………………………………………（86）

第二篇　职业模块

第四章　微分方程及其应用 …………………………………………………… (91)

§4.1　微分方程的基本概念与变量分离法………………………………… (91)

§4.2　一阶线性微分方程……………………………………………………… (95)

§4.3　二阶线性微分方程……………………………………………………… (98)

§4.4　拉普拉斯变换的概念 ……………………………………………… (101)

§4.5　拉普拉斯变换的性质 ……………………………………………… (105)

§4.6　拉氏逆变换以及拉氏变换解微分方程 …………………………… (110)

§4.7　微分方程的应用 …………………………………………………… (114)

复习题四……………………………………………………………………… (118)

第五章　线性代数基础及其应用……………………………………………… (120)

§5.1　矩阵的概念 ………………………………………………………… (120)

§5.2　矩阵的运算 ………………………………………………………… (122)

§5.3　矩阵的初等行变换与矩阵的秩 …………………………………… (127)

§5.4　线性方程组 ………………………………………………………… (131)

§5.5　矩阵与线性方程组的应用 ………………………………………… (137)

复习题五……………………………………………………………………… (143)

第六章　概率统计初步及其应用……………………………………………… (145)

§6.1　计数原理与排列组合 ……………………………………………… (145)

§6.2　随机事件与概率 …………………………………………………… (149)

§6.3　概率的运算 ………………………………………………………… (156)

§6.4　数据处理 …………………………………………………………… (160)

§6.5　一元线性回归 ……………………………………………………… (167)

§6.6　概率统计的应用 …………………………………………………… (172)

复习题六……………………………………………………………………… (176)

第七章　图论基础与计划编制方法及其应用………………………………… (180)

§7.1　图论基础 …………………………………………………………… (180)

§7.2　工程项目计划的横道图表示法 …………………………………… (184)

§7.3　网络计划技术的概念及其表示 …………………………………… (189)

§7.4 网络计划的优化 …………………………………………………………… (193)
§7.5 图论与计划编制的应用 …………………………………………………… (200)
复习题七………………………………………………………………………………… (207)

第三篇 拓展模块

第八章 数学实验………………………………………………………………… (211)
§8.1 MATLAB 简介及基本运算 ……………………………………………… (211)
§8.2 用 MATLAB 求函数极限 ………………………………………………… (219)
§8.3 用 MATLAB 求一元微积分 ……………………………………………… (221)
§8.4 用 MATLAB 求微分方程与拉氏变换 …………………………………… (225)
§8.5 用 MATLAB 作矩阵运算与求解线性方程组 …………………………… (227)
§8.6 用 MATLAB 做概率统计分析 …………………………………………… (230)

第九章 数学建模………………………………………………………………… (234)
§9.1 数学建模概述 …………………………………………………………… (234)
§9.2 初等数学模型 …………………………………………………………… (241)
§9.3 高等数学模型 …………………………………………………………… (249)

附录Ⅰ 常用初等数学公式……………………………………………………… (260)
附录Ⅱ 常用积分表……………………………………………………………… (265)
参考文献………………………………………………………………………… (274)

第一篇　基础模块

第一章 函数、极限与连续及应用

微积分是研究变量以及变量间函数关系的一门学科. 极限是在研究变量在某一过程中的变化趋势时引出的，它也是微积分的重要基本概念. 其他重要概念如连续、导数、定积分等都是用极限描述的，并且微积分中的很多重要定理也是用极限方法推导出来的. 在这一章里将在对函数概念进行复习和补充的基础上，介绍函数极限的概念、求极限的方法以及函数的连续性.

§1.1 初等函数

☞基础知识

函数概念

引例 1 圆的面积公式：

$$A=\pi r^2.$$

对圆的面积 A 与它的半径 r 进行考察，我们可以得到这两个变量间的相互关系由上述公式确定. 当半径 r 在 $(0,+\infty)$ 中任意取定一个数值时，根据上述公式，变量 A 都有唯一确定的值与它对应.

引例 2 自由落体的运动方程：

$$h=\frac{1}{2}gt^2,t\in[0,T].$$

式中 h——下降距离；t——时间；g——重力加速度.

这个公式指出了物体在自由降落的过程中，距离 h 和时间 t 之间的依赖关系.

引例 3 成本与产量的关系：某工厂每天生产某种产品的件数为 x，设备和管理费用等固定成本为 25 300 元，生产每件产品所花费的人工费用和原材料费用等单位变动成本为 20 元，则日产量 x 与生产成本 C 之间的对应关系由下式

$$C=25\ 300+20x$$

确定. 如果该厂日产量最多为 1 000 件,则当日产量 x 在集合$\{0,1,2,\cdots,1\,000\}$上任意取一个数值时,根据上式,成本 C 都有唯一确定的值与它对应.

由以上实例,我们抽象出函数的概念.

定义 1 设 x,y 是某一变化过程中的两个变量,如果对于非空实数集 D 中的每个值 x,变量 y 依照某一对应法则 f 总有唯一确定的值与之对应,则称变量 y 是定义在 D 上的变量 x 的**函数**,记作 $y=f(x)$. 其中 x 称为**自变量**,y 称为**因变量或函数**,数集 D 称为函数的**定义域**.

函数的定义域的确定:

(1)在实际问题中,函数的定义域是根据问题的实际意义确定的;

例如正方形的面积 y 是边长 x 的函数:$y=x^2$. 这个函数的定义域是$(0,+\infty)$,而不是$(-\infty,+\infty)$.

(2)不考虑函数的实际意义,则规定函数的定义域是使解析式有意义的一切实数.

【例 1】 求函数 $f(x)=\dfrac{\sqrt{2-x}}{x+1}+\lg x$ 的定义域.

解 考虑分母和二次根式以及对数有意义的条件,建立不等式组:

$$\begin{cases} x+1\neq 0, \\ 2-x\geqslant 0, \\ x>0 \end{cases} \Rightarrow 0<x\leqslant 2. \quad 因此函数定义域为\{x\,|\,0<x\leqslant 2\}.$$

当 x 取定义域 D 中的某一个值 x_0 时,对应的 y 值叫做函数 $y=f(x)$ 在点 x_0 处的函数值,记作 $f(x_0)$,或 $y|_{x=x_0}$. 当自变量在定义域内取每一个数值时,对应的函数值的全体叫做函数的**值域**,记作 M. 即 $M=\{y\,|\,y=f(x),x\in D\}$.

函数 $f(x)$中的 f 反映自变量与因变量的**对应法则**. 对应规则也常用 g,h,φ,ψ,F 等符号表示,那么函数也就记作 $g(x)$, $h(x)$, $\varphi(x)$, $\psi(x)$, $F(x)$等,有时为了简化符号,函数关系也可记作 $y=y(x)$.

由函数的定义可知,定义域与对应法则是函数的两个要素. 因此,如果两个函数具有相同的定义域和对应法则,则它们是相同的函数. 例如,$y=x^2$ 与 $s=t^2$ 是相同的函数,而 $y=\dfrac{x^2-1}{x-1}$与 $y=x+1$ 是不相同的函数.

初等函数

(1)基本初等函数

常数函数 $y=c$(c 为常数);

幂函数 $y=x^u$(u 为常数);

指数函数 $y=a^x$($a>0,a\neq 1$);

对数函数 $y=\log_a x$($a>0,a\neq 1$);

三角函数 $y=\sin x, y=\cos x, y=\tan x, y=\cot x, y=\sec x, y=\csc x$;

反三角函数 $y=\arcsin x, y=\arccos x, y=\arctan x, y=\operatorname{arccot} x$.

上述函数统称为**基本初等函数**. 现将一些常用的基本初等函数的图形及其性质列于表 1－1 中.

表 1－1　基本初等函数的图形及其性质

	函数	定义域与值域	图象	特性
幂函数	$y=x$	$x\in(-\infty,+\infty)$, $y\in(-\infty,+\infty)$	$y=x$	奇函数， 单调增加
	$y=x^2$	$x\in(-\infty,+\infty)$, $y\in[0,+\infty)$	$y=x^2$	偶函数， 在$(-\infty,0)$内单调减少， 在$(0,+\infty)$内单调增加
	$y=x^3$	$x\in(-\infty,+\infty)$, $y\in(-\infty,+\infty)$	$y=x^3$	奇函数， 单调增加
	$y=x^{-1}$	$x\in(-\infty,0)\cup(0,+\infty)$, $y\in(-\infty,0)\cup(0,+\infty)$	$y=x^{-1}$	奇函数， 在$(-\infty,0)$内单调减少， 在$(0,+\infty)$内单调减少
	$y=x^{\frac{1}{2}}$	$x\in[0,+\infty)$, $y\in[0,+\infty)$	$y=x^{\frac{1}{2}}$	单调增加
指数函数	$y=a^x$ $(a>1)$	$x\in(-\infty,+\infty)$, $y\in(0,+\infty)$	$y=a^x$ $(a>1)$	单调增加
	$y=a^x$ $(0<a<1)$	$x\in(-\infty,+\infty)$, $y\in(0,+\infty)$	$y=a^x$ $(0<a<1)$	单调减少

续表 1-1

	函数	定义域与值域	图象	特性
对数函数	$y=\log_a x$ $(a>1)$	$x\in(0,+\infty)$, $y\in(-\infty,+\infty)$	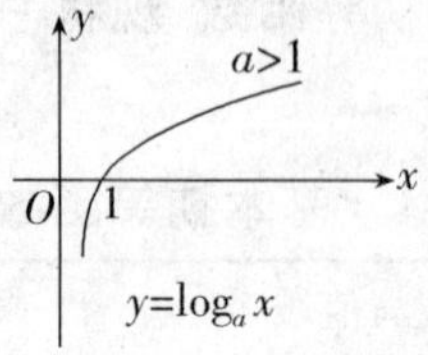	单调增加
	$y=\log_a x$ $(0<a<1)$	$x\in(0,+\infty)$, $y\in(-\infty,+\infty)$	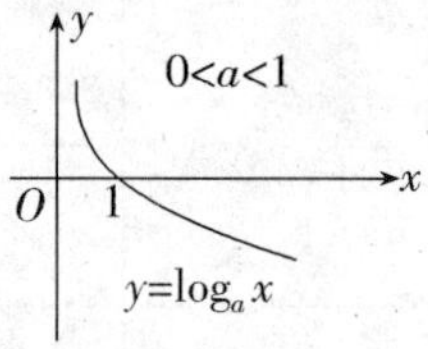	单调减少
三角函数	$y=\sin x$	$x\in(-\infty,+\infty)$, $y\in[-1,1]$	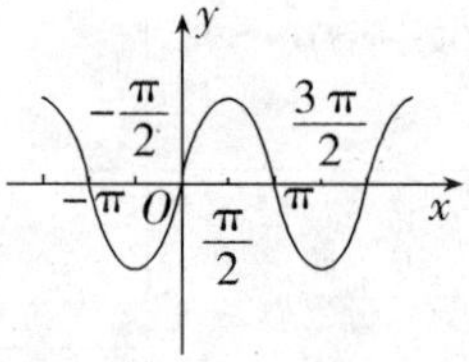	奇函数，周期为 2π，有界，在 $\left(2k\pi-\frac{\pi}{2},2k\pi+\frac{\pi}{2}\right)$ 内单调增加，在 $\left(2k\pi+\frac{\pi}{2},2k\pi+\frac{3\pi}{2}\right)$ 单减减少，其中 $k\in\mathbf{Z}$
	$y=\cos x$	$x\in(-\infty,+\infty)$, $y\in[-1,1]$	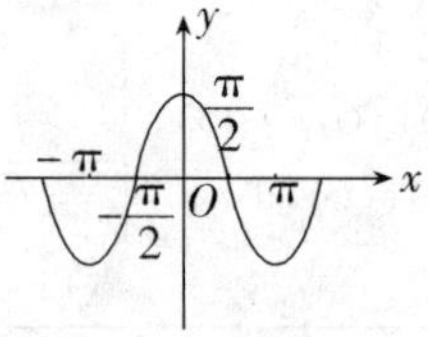	偶函数，周期为 2π，有界，在 $(2k\pi,2k\pi+\pi)$ 内单调减少，在 $(2k\pi+\pi,2k\pi+2\pi)$ 内单调增加，其中 $k\in\mathbf{Z}$
	$y=\tan x$	$x\neq k\pi+\frac{\pi}{2}(k\in\mathbf{Z})$, $y\in(-\infty,+\infty)$	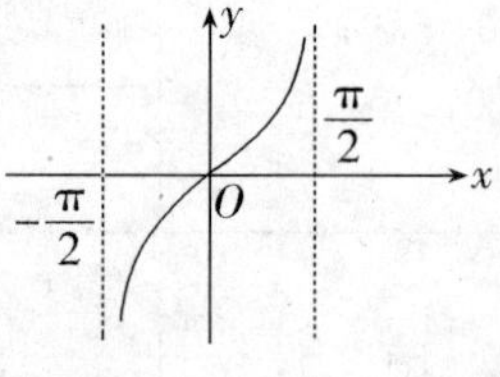	奇函数，周期为 π，在 $\left(k\pi-\frac{\pi}{2},k\pi+\frac{\pi}{2}\right)$ 内单调增加，其中 $k\in\mathbf{Z}$
	$y=\cot x$	$x\neq k\pi(k\in\mathbf{Z})$, $y\in(-\infty,+\infty)$	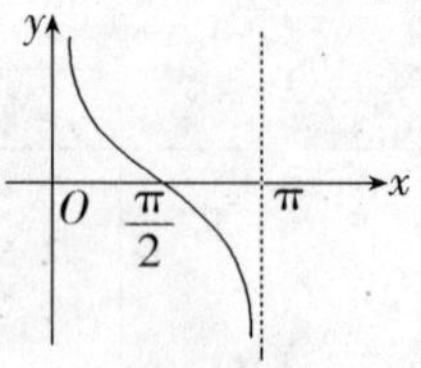	奇函数，周期为 π，在 $(k\pi,k\pi+\pi)$ 内单调减少，其中 $k\in\mathbf{Z}$

续表 1-1

	函数	定义域与值域	图象	特性
反三角函数	$y=\arcsin x$	$x\in[-1,1]$，$y\in\left[-\frac{\pi}{2},\frac{\pi}{2}\right]$	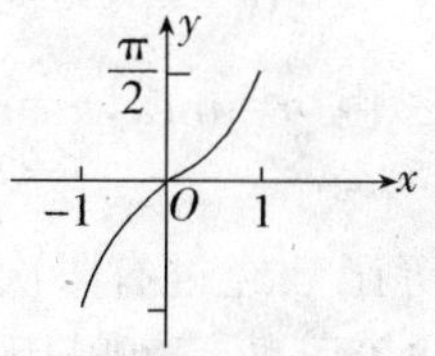	奇函数，单调增加，有界
	$y=\arccos x$	$x\in[-1,1]$，$y\in[0,\pi]$	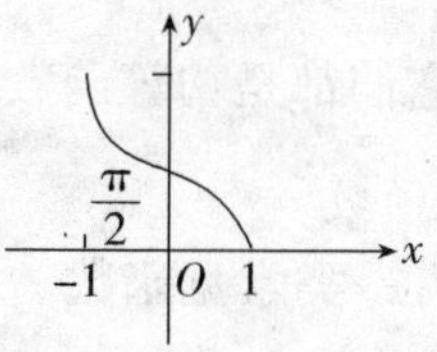	单调减少，有界
	$y=\arctan x$	$x\in(-\infty,+\infty)$，$y\in\left(-\frac{\pi}{2},\frac{\pi}{2}\right)$	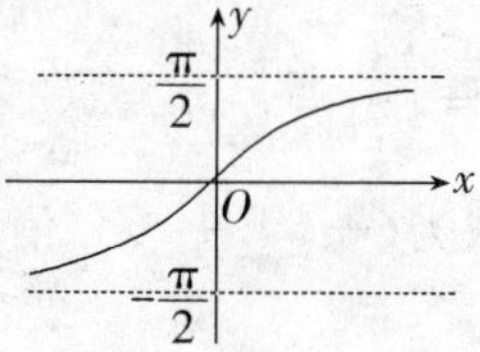	奇函数，单调增加，有界
	$y=\operatorname{arccot} x$	$x\in(-\infty,+\infty)$，$y\in(0,\pi)$	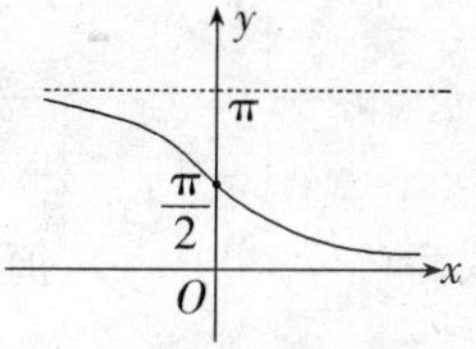	单调减少，有界

(2)复合函数

定义 2　如果 y 是 u 的函数 $y=f(u)$，而 u 又是 x 的函数 $u=\varphi(x)$，且 $u=\varphi(x)$ 的值域包含在函数 $y=f(u)$ 的定义域内，那么 y(通过 u 的关系)也是 x 的函数，我们称这样的函数为 $y=f(u)$ 与 $u=\varphi(x)$ 复合而成的函数，简称**复合函数**，记作 $y=f[\varphi(x)]$.

【例 2】　写出下列函数的复合函数：

(1) $y=u^2$，$u=\sin x$；　　(2) $y=\sin u$，$u=x^2$.

解　(1)将 $u=\sin x$ 代入 $y=u^2$ 可得复合函数为：$y=(\sin x)^2$.

(2)将 $u=x^2$ 代入 $y=\sin u$ 可得复合函数为：$y=\sin x^2$.

【例 3】　指出下列复合函数的复合过程：

(1) $y=(\arctan\sqrt{x})^2$；　　(2) $y=e^{\sqrt{1+x^2}}$；

(3) $y=\sqrt{\cos\frac{x}{2}}$；　　(4) $y=\ln(\arcsin 2x)$.

解　(1) $y=(\arctan\sqrt{x})^2$ 由 $y=u^2$，$u=\arctan v$ 与 $v=\sqrt{x}$ 复合而成.

(2) $y=e^{\sqrt{1+x^2}}$ 由 $y=e^u$，$u=\sqrt{v}$ 与 $v=1+x^2$ 复合而成.

(3) $y=\sqrt{\cot\frac{x}{2}}$ 由 $y=\sqrt{u}$，$u=\cot v$ 与 $v=\frac{x}{2}$ 复合而成.

(4) $y=\ln(\arcsin 2x)$ 由 $y=\ln u$，$u=\arcsin v$ 与 $v=2x$ 复合而成.

(3)初等函数

定义 3 由基本初等函数经过有限次四则运算或有限次复合运算所得到的函数统称为**初等函数**. 初等函数都可以用一个解析式表示. 例如 $y=\sin(1+x+x^2)+\cos x$，$y=\frac{\sin x}{3x}$，它们都是初等函数.

*分段函数与经济函数

在工程技术中，还有一类常见函数——**分段函数**，它在不同的定义域上用不同的函数表达式表示.

(1)绝对值函数：$y=|x|=\begin{cases}x, & x\geqslant 0,\\ -x, & x<0.\end{cases}$

这个函数的定义域为 $(-\infty,+\infty)$. 值域为 $[0,+\infty)$. 其图形关于 y 轴对称(见图 1-1).

(2)符号函数：$y=\operatorname{sgn} x=\begin{cases}1, & x>0,\\ 0, & x=0,\\ -1, & x<0.\end{cases}$

这个函数的定义域为 $(-\infty,+\infty)$，值域是 $\{-1,0,1\}$. 其图形关于原点对称(见图 1-2).

(3)取整函数：$y=[x]$.

它表示不超过任意实数的最大整数. 例如 $[\sqrt{3}]=1$，$[-\pi]=-4$，$[-5.8]=-6$，$[0]=0$. 它的定义域为 $(-\infty,+\infty)$，值域是整数集(见图 1-3).

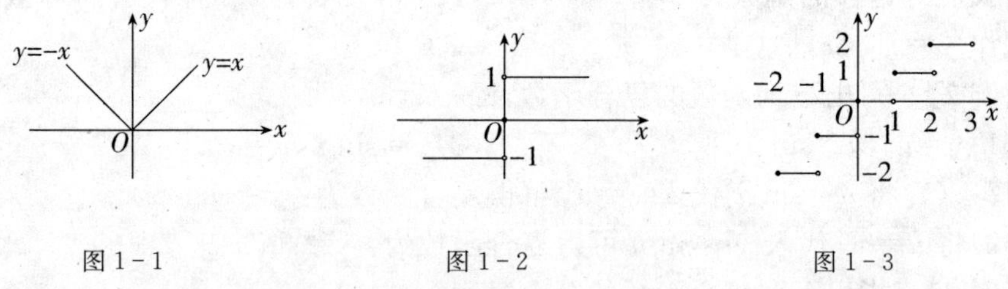

图 1-1　　图 1-2　　图 1-3

(4)特征函数：$y=\chi_A(x)=\begin{cases}1, & x\in A,\\ 0, & x\notin A.\end{cases}$

其中 A 是数集，此函数常用于计数统计.

在经济活动分析中，还有一类函数——**经济函数**.

(5)需求函数

需求函数是指假定影响商品购买量的其他因素(如消费者的货币收入、偏好和相关商品的价格等)不变,表示商品需求量和价格这两个经济量之间的函数关系:$q=f(p)$,其中,q 表示需求量,p 表示价格. 需求函数的反函数 $p=f^{-1}(q)$ 称为**价格函数**,习惯上将价格函数也统称为需求函数.

(6)供给函数

供给函数是指在某一特定时期内,市场上某种商品的各种可能的供给量和决定这些供给量的诸因素之间的数量关系 $q=f(p)$. 对一种商品而言,如果需求量等于供给量,则这种商品就达到了市场均衡. 达到市场均衡时,商品价格 p_0 称为该商品的市场均衡价格.

(7)成本函数

产品成本可分为固定成本和变动成本两部分. 所谓固定成本,是指在一定时期内不随产量变化的那部分成本. 所谓变动成本,是指随产量变化而变化的那部分成本. 一般地,以货币计值的(总)成本 C 是产量 q 的函数,即 $C=C(q)$ $(q\geqslant 0)$,它为单调增加函数. 当产量 $q=0$ 时,对应的成本函数值 $C(0)$ 就是产品的固定成本值.

设 $C(q)$ 为成本函数,称 $\overline{C}=\dfrac{C(q)}{q}$ $(q>0)$ 为单位成本函数或平均成本函数.

(8)收入函数与利润函数

销售某种产品的收入 R,等于产品的单位价格 p 乘以销售量 q,即 $R=p\cdot q$,称其为收入函数. 而销售利润 L 等于收入 R 减去成本 C,即 $L=R-C$,称其为利润函数.

当 $L=R-C>0$ 时,生产者盈利;

当 $L=R-C<0$ 时,生产者亏损;

当 $L=R-C=0$ 时,生产者盈亏平衡,使 $L(x)=0$ 的点 x_0 为盈亏平衡点(或保本点).

函数模型的建立

【例 4】 (圆木的截面) 将直径为 d 的圆木料锯成截面为矩形的木材,试建立矩形截面的两条边长之间的函数关系.

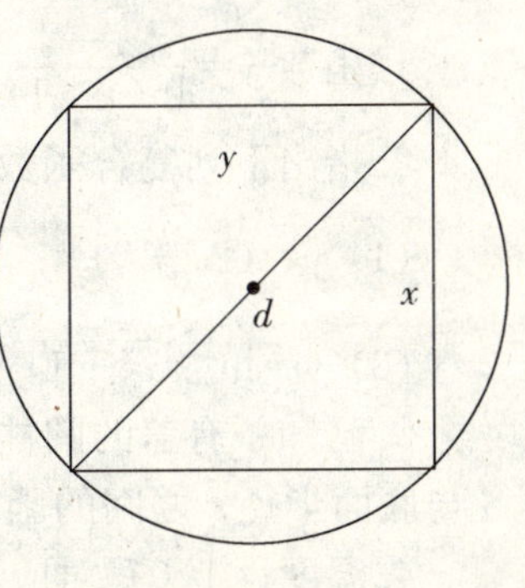

图 1-4

解　如图 1-4,设矩形截面边长为 x,另一边长为 y,由勾股定理,得

$$x^2+y^2=d^2.$$

因为 y 只能取正值,所以 $y=\sqrt{d^2-x^2}$. $(0<x<d)$

【例 5】 (矩形波) 图 1-5 是矩形波的图形,求

它在一个周期内所对应的函数.

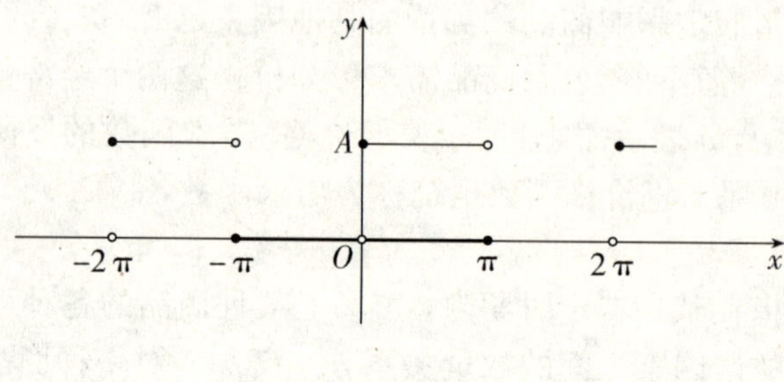

图 1-5

解 它在一个周期内的解析式为：

$$f(x)=\begin{cases}0, & -\pi\leqslant x<0,\\ A, & 0\leqslant x<\pi.\end{cases}$$

【例 6】 若已知某商品的需求函数是 $q=50-\frac{4}{3}p$，供给函数是 $q=\frac{2}{3}p-4$.

(1)作出需求曲线和供给曲线；

(2)求该商品市场处于平衡状态下的价格(元)和需求量(万件).

解 (1) 需求曲线和供给曲线如图 1-6 所示.

(2)由 $\begin{cases}q=50-\frac{4}{3}p,\\ q=\frac{2}{3}p-4\end{cases}$

$\Rightarrow q_0=14, p_0=27$.

所以该商品市场处于平衡状态下的价格为 27 元，需求量为 14 万件.

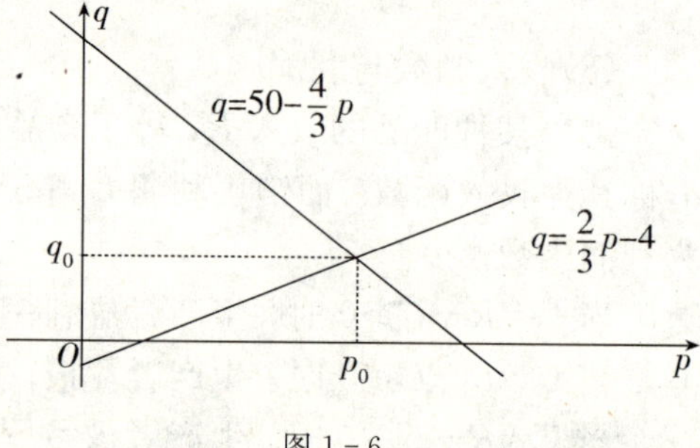

图 1-6

巩固练习

1. 函数 $y=\frac{2x-4}{\ln(x+1)}+\sqrt{16-x^2}$ 的定义域是________.

2. 指出下列复合函数的复合过程：

(1) $y=(2x+5)^{10}$；　　(2) $y=\arcsin\frac{3}{x}$；

(3) $y=\ln\sqrt{x^2+1}$；　　(4) $y=\mathrm{e}^{\sin^2 x}$.

3. 已知一有盖的圆柱形铁桶高为 h，容积为 V，试建立圆柱形铁桶的表面积 S 与底面半径 r 之间的函数关系.

4. 温度计上 0℃对应华氏 32 度，100℃对应华氏 212 度，试将摄氏温度表示为华氏温度的函数.

5. 电压在某电路上等速下降，在实验开始时，电压为 12 V，经过 8 s 后电压降到 6.4 V，试把电压表示成时间的函数.

6. 某电视机厂生产 A 种平板彩电 2 000 台，每台定价 1 500 元，如果一次性采购此种彩电不超过 100 台，则按原价出售；如果一次性采购超过 100 台的，超过部分打 9 折出售，试求销售收入与销量之间的函数关系式.

7. 某种商品的供给函数和需求函数分别为 $Q_d=25P-10$，$Q_s=200-5P$，求该商品的市场均衡价格和市场均衡数量.

§1.2　极限与无穷小

基础知识

极限概念

不同变化趋势下的极限定义描述见表 1－2.

表 1－2　不同变化趋势下的极限定义描述

极限名称	定　义	记号
函数极限 $(x\to\infty)$	设函数 $f(x)$ 在 $\lvert x\rvert$ 充分大时有定义，如果当 x 的绝对值无限增大时，函数 $f(x)$ 的值无限接近于一个确定的常数 A，则称常数 A 是函数 $f(x)$ 当 $x\to\infty$ 时的极限	$\lim\limits_{x\to\infty}f(x)=A$ 或 $f(x)\to A(x\to\infty)$
函数极限 $(x\to+\infty)$	设函数 $f(x)$ 在 x 充分大时有定义，如果当 x 取正值无限增大时，函数 $f(x)$ 的值无限接近于一个确定的常数 A，则称常数 A 是函数 $f(x)$ 当 $x\to+\infty$ 时的极限	$\lim\limits_{x\to+\infty}f(x)=A$ 或 $f(x)\to A(x\to+\infty)$
函数极限 $(x\to-\infty)$	设函数 $f(x)$ 在 x 充分小时有定义，如果当 x 取负值且其绝对值无限增大时，函数 $f(x)$ 的值无限接近于一个确定的常数 A，则称常数 A 是函数 $f(x)$ 当 $x\to-\infty$ 时的极限	$\lim\limits_{x\to-\infty}f(x)=A$ 或 $f(x)\to A(x\to-\infty)$
函数极限 $(x\to x_0)$	设函数 $f(x)$ 在 x_0 的某一邻域内（x_0 可以除外）有定义，如果当 x 无限接近于定值 x_0 时，函数 $f(x)$ 的值无限接近于一个确定的常数 A，则称常数 A 是函数 $f(x)$ 当 $x\to x_0$ 时的极限	$\lim\limits_{x\to x_0}f(x)=A$ 或 $f(x)\to A(x\to x_0)$

续表 1-2

极限名称	定　义	记号
函数极限（$x\to x_0^+$）	设函数 $f(x)$在 x_0 的某右半邻域内（x_0 可以除外）有定义，如果当 x 从 x_0 的右边无限接近于定值 x_0 时，函数 $f(x)$的值无限接近于一个确定的常数 A，则称常数 A 是函数 $f(x)$当 $x\to x_0^+$ 时的右极限	$\lim\limits_{x\to x_0^+} f(x)=A$ 或 $f(x_0+0)=A$
函数极限（$x\to x_0^-$）	设函数 $f(x)$在 x_0 的某左半邻域内（x_0 可以除外）有定义，如果当 x 从 x_0 的左边无限接近于定值 x_0 时，函数 $f(x)$的值无限接近于一个确定的常数 A，则称常数 A 是函数 $f(x)$当 $x\to x_0^-$ 时的左极限	$\lim\limits_{x\to x_0^-} f(x)=A$ 或 $f(x_0-0)=A$
数列极限（$n\to\infty$）	如果当 n 无限增大时，数列$\{a_n\}$无限接近于一个确定的常数 A，则称常数 A 是数列$\{a_n\}$的极限，或者称数列$\{a_n\}$收敛于 A	$\lim\limits_{n\to\infty} a_n=A$ 或 $a_n\to A(n\to\infty)$

注：$\lim\limits_{x\to\infty}f(x)=A$ 的充要条件是 $\lim\limits_{x\to+\infty}f(x)=\lim\limits_{x\to-\infty}f(x)=A$.

【例 1】 用观察图象的方法，讨论下列函数当 $x\to\infty$时的极限.

(1)$f(x)=\dfrac{1}{x}$；　　　　(2)$f(x)=\arctan x$.

解 (1)由反比例函数的图象可知：$\lim\limits_{x\to+\infty}\dfrac{1}{x}=0$，$\lim\limits_{x\to-\infty}\dfrac{1}{x}=0$.

因为 $\lim\limits_{x\to+\infty}\dfrac{1}{x}=\lim\limits_{x\to-\infty}\dfrac{1}{x}$，所以$\lim\limits_{x\to\infty}\dfrac{1}{x}=0$.

(2)由反正切函数的图象可知：

$\lim\limits_{x\to+\infty}\arctan x=\dfrac{\pi}{2}$，$\lim\limits_{x\to-\infty}\arctan x=-\dfrac{\pi}{2}$.

因为 $\lim\limits_{x\to+\infty}\arctan x\neq\lim\limits_{x\to-\infty}\arctan x$，所以$\lim\limits_{x\to\infty}\arctan x$ 不存在.

注：$\lim\limits_{x\to x_0}f(x)$存在与否与函数 $f(x)$在点 x_0 处有没有定义无关.

【例 2】 已知函数 $f(x)=\dfrac{x^2-1}{x-1}$，讨论极限 $\lim\limits_{x\to1}f(x)$.

解 函数 $f(x)=\dfrac{x^2-1}{x-1}$在 $x=1$ 无定义，

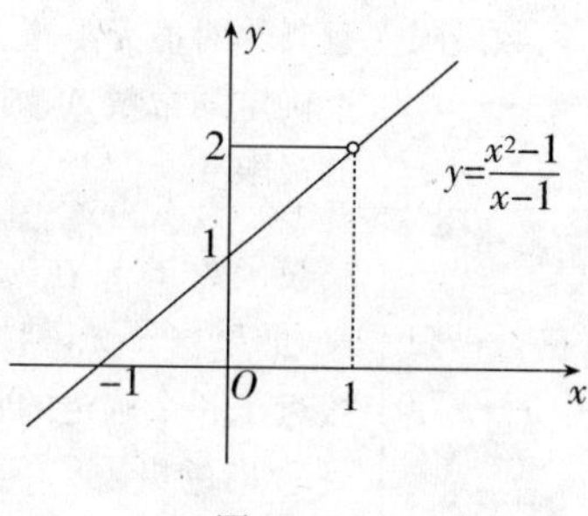

图 1-7

观察图 1-7 及表 1-3：

表 1-3

x	…	0.75	0.9	0.99	0.999	→1←	1.001	1.01	1.1	1.25	…
$f(x)$	…	1.75	1.9	1.99	1.999	→2←	2.001	2.01	2.1	2.25	…

可知，当 x 无限接近于 1 时，函数值无限接近于 2. 由定义可知，$\lim\limits_{x\to 1}\dfrac{x^2-1}{x-1}=2$.

注：$\lim\limits_{x\to x_0}f(x)=A$ 的充分必要条件是 $\lim\limits_{x\to x_0^+}f(x)=\lim\limits_{x\to x_0^-}f(x)=A$.

这多用于求分段函数在分界点处的极限.

【例 3】 讨论符号函数 $f(x)=\begin{cases}-1, & x<0,\\ 0, & x=0,\\ 1, & x>0\end{cases}$ 在分段点 $x=0$ 处的极限.

解 从图 1-2 可知：

$\lim\limits_{x\to 0^-}f(x)=-1$，$\lim\limits_{x\to 0^+}f(x)=1$.

因为 $\lim\limits_{x\to 0^-}f(x)\neq\lim\limits_{x\to 0^+}f(x)$，所以$\lim\limits_{x\to 0}f(x)$不存在.

无穷小

定义 1 如果$\lim\limits_{x\to\square}f(x)=0$，则称 $f(x)$是 $x\to\square$时的**无穷小量**，简称**无穷小**.

例如，因为$\lim\limits_{x\to 2}(2x-4)=0$，所以函数 $y=2x-4$ 是当 $x\to 2$ 时的无穷小.

因为$\lim\limits_{x\to\infty}\dfrac{1}{x}=0$，所以函数$\dfrac{1}{x}$是当 $x\to\infty$时的无穷小.

注：(1)不要把无穷小与很小的数混为一谈. 无穷小表达的是量(函数)变化状态，而不是量的大小. 一个量不管多么小，都不是无穷小量. 零是唯一可作为无穷小的常数；

(2)说一个函数是无穷小，必须指明自变量的变化趋势.

无穷大

定义 2 当 $x\to\square$时，$|f(x)|$无限增大，则称 $f(x)$是 $x\to\square$时的**无穷大量**，简称**无穷大**. 记作$\lim\limits_{x\to\square}f(x)=\infty$.

特殊情形：正无穷大记作$\lim\limits_{x\to\square}f(x)=+\infty$，负无穷大记作$\lim\limits_{x\to\square}f(x)=-\infty$.

例如，$\lim\limits_{x\to 1}\dfrac{1}{x-1}=\infty$，$\dfrac{1}{x-1}$是 $x\to 1$ 时的无穷大；

$\lim\limits_{x\to+\infty}2^x=+\infty$，$2^x$ 是 $x\to+\infty$时的正无穷大.

注：(1)不要把无穷大与很大的数混为一谈；

(2)说一个函数是无穷大，必须指明自变量的变化趋势；

(3)按极限的定义，为无穷大的函数的极限是不存在的，但为了讨论问题方便起见，我们也说"函数的极限是无穷大".

无穷大与无穷小的关系

在自变量的同一变化过程中，如果$\lim f(x)=\infty$，那么$\lim \frac{1}{f(x)}=0$；如果$\lim f(x)=0(f(x)\neq 0)$，那么$\lim \frac{1}{f(x)}=\infty$.

【例 4】 讨论自变量x在怎样的变化过程中，下列函数分别为无穷小与无穷大量.

(1)$y=\frac{1}{x-1}$； (2)$y=2x-1$.

解 (1) 因为$\lim\limits_{x\to\infty}\frac{1}{x-1}=0$，所以，当$x\to\infty$时$\frac{1}{x-1}$为无穷小；

因为$\lim\limits_{x\to 1}(x-1)=0$，即$x\to 1$时$x-1$为无穷小量，

所以，当$x\to 1$时，$\frac{1}{x-1}$为无穷大量.

(2) 因为$\lim\limits_{x\to\frac{1}{2}}(2x-1)=0$，所以当$x\to\frac{1}{2}$时$2x-1$为无穷小；

因为$\lim\limits_{x\to\infty}\left(\frac{1}{2x-1}\right)=0$，即$x\to\infty$时$\frac{1}{2x-1}$为无穷小量，

所以，当$x\to\infty$时，$2x-1$为无穷大量.

巩固练习

1. 下列变量y在给定的变化过程中不是无穷小的是(　　)

A. $y=n(n+1)(n\to 0)$　　B. $y=\frac{1}{\sqrt{x}}(x\to+\infty)$

C. $y=\frac{x-2}{x^2-x-2}(x\to 2)$　　D. $y=e^{\frac{1}{x}}(x\to 0^-)$

2. 若$\lim\limits_{x\to x_0}f(x)=\infty$，$\lim\limits_{x\to x_0}g(x)=\infty$，下列极限正确的是(　　)

A. $\lim\limits_{x\to x_0}[f(x)+g(x)]=\infty$　　B. $\lim\limits_{x\to x_0}[f(x)-g(x)]=\infty$

C. $\lim\limits_{x\to x_0}\frac{1}{f(x)+g(x)}=0$　　D. $\lim\limits_{x\to x_0}Cf(x)=\infty(C\neq 0)$

3. 设函数$f(x)=\begin{cases}x^2+1, x\geqslant 2,\\ 3x-4, x<2,\end{cases}$讨论极限$\lim\limits_{x\to 2}f(x)$是否存在.

4. 函数$f(x)=\frac{x+1}{x-1}$在什么条件下是无穷大量，什么条件下是无穷小量？

§1.3　极限的运算

基础知识

极限运算法则

定理　已知函数 $y=f(x)$，$y=g(x)$，设 $\lim f(x)=A$，$\lim g(x)=B$，则

(1) $\lim[f(x)\pm g(x)]=\lim f(x)\pm\lim g(x)=A\pm B$；

(2) $\lim[f(x)\cdot g(x)]=\lim f(x)\cdot\lim g(x)=A\cdot B$；

特别地，有 $\lim[f(x)]^n=[\lim f(x)]^n=A^n$，

$$\lim[C\cdot f(x)]=C\cdot\lim f(x)=C\cdot A\text{（为常数）；}$$

(3) $\lim\dfrac{f(x)}{g(x)}=\dfrac{\lim f(x)}{\lim g(x)}=\dfrac{A}{B}(B\neq 0)$.

注：在同一问题中，记号 $\lim f(x)$ 代表自变量的变化趋势（$x\to\infty$，$x\to+\infty$，$x\to-\infty$，$x\to x_0$，$x\to x_0^+$ 和 $x\to x_0^-$）中的某一种.

【例 1】　求下列极限：

(1) $\lim\limits_{x\to 1}\dfrac{x^2-2x-1}{x^3+x}$；　　(2) $\lim\limits_{x\to 0}\dfrac{\sqrt{1+x}-1}{x}$；　　(3) $\lim\limits_{x\to 1}\left(\dfrac{1}{1-x}-\dfrac{3}{1-x^3}\right)$.

解　(1) $\lim\limits_{x\to 1}\dfrac{x^2-2x-1}{x^3+x}=\dfrac{1^2-2\times 1-1}{1^3+1}=-1$.

(2)
$$\lim_{x\to 0}\frac{\sqrt{1+x}-1}{x}=\lim_{x\to 0}\frac{(\sqrt{1+x}-1)(\sqrt{1+x}+1)}{x(\sqrt{1+x}+1)}=\lim_{x\to 0}\frac{(1+x)-1}{x(\sqrt{1+x}+1)}=\lim_{x\to 0}\frac{1}{\sqrt{1+x}+1}=\frac{1}{2}.$$

(3)
$$\lim_{x\to 1}\left(\frac{1}{1-x}-\frac{3}{1-x^3}\right)=\lim_{x\to 1}\frac{(x-1)(x+2)}{(1-x)(1+x+x^2)}=-\lim_{x\to 1}\frac{x+2}{1+x+x^2}=-\frac{3}{3}=-1.$$

【例 2】　求下列极限：

(1) $\lim\limits_{x\to\infty}\dfrac{x^3+3}{4x^3+2x-1}$；　　(2) $\lim\limits_{x\to\infty}\dfrac{x^3+2x-1}{3x^2+2}$.

解 (1)$\lim\limits_{x\to\infty}\dfrac{x^3+3}{4x^3+2x-1}=\lim\limits_{x\to\infty}\dfrac{1+\dfrac{3}{x^3}}{4+\dfrac{2}{x^2}-\dfrac{1}{x^3}}=\dfrac{1}{4}$.

(2)因为$\lim\limits_{x\to\infty}\dfrac{3x^2+2}{x^3+2x-1}=\lim\limits_{x\to\infty}\dfrac{\dfrac{3}{x}+\dfrac{2}{x}}{1+\dfrac{2}{x^2}-\dfrac{1}{x^3}}=\dfrac{0}{1}=0$,

所以$\dfrac{3x^2+2}{x^3+2x-1}$为$x\to\infty$时的无穷小,则$\dfrac{x^3+2x-1}{3x^2+2}$就为$x\to\infty$时的无穷大,所以$\lim\limits_{x\to\infty}\dfrac{x^3+2x-1}{3x^2+2}=\infty$.

一般地,有:$\lim\limits_{x\to\infty}\dfrac{a_nx^n+a_{n-1}x^{n-1}+\cdots+a_1x+a_0}{b_mx^m+b_{m-1}x^{m-1}+\cdots+b_1x+b_0}=\begin{cases}\dfrac{a_n}{b_m}, & m=n,\\ 0, & m>n,\\ \infty, & m<n.\end{cases}$ $(a_n\neq0,b_m\neq0,m,n$为正整数).

【例 3】 求下列数列极限:

(1)$\lim\limits_{n\to\infty}\dfrac{7+n^2}{n(n+1)}$; (2) $\lim\limits_{n\to\infty}\left[\dfrac{1}{1\times2}+\dfrac{1}{2\times3}+\cdots+\dfrac{1}{n(n+1)}\right]$.

解 (1) $\lim\limits_{n\to\infty}\dfrac{7+n^2}{n(n+1)}=\lim\limits_{n\to\infty}\dfrac{7+n^2}{n^2+n}=\lim\limits_{n\to\infty}\dfrac{\dfrac{7}{n^2}+1}{1+\dfrac{1}{n}}=\dfrac{\lim\limits_{n\to\infty}\dfrac{1}{n^2}+\lim\limits_{n\to\infty}1}{\lim\limits_{n\to\infty}1+\lim\limits_{n\to\infty}\dfrac{1}{n}}=1$.

(2)
$$\begin{aligned}&\lim_{n\to\infty}\left[\frac{1}{1\times2}+\frac{1}{2\times3}+\cdots+\frac{1}{n(n+1)}\right]\\&=\lim_{n\to\infty}\left[\left(1-\frac{1}{2}\right)+\left(\frac{1}{2}-\frac{1}{3}\right)+\cdots+\left(\frac{1}{n}-\frac{1}{n+1}\right)\right]\\&=\lim_{n\to\infty}\left(1-\frac{1}{n+1}\right)=1.\end{aligned}$$

两个重要极限

1. $\lim\limits_{x\to0}\dfrac{\sin x}{x}=1$.

解释说明:列出$\dfrac{\sin x}{x}$的数值表(如表 1-4),观察其变化趋势.

表 1-4

x	±0.5	±0.1	±0.01	±0.001	±0.000 1	…	→0
$\dfrac{\sin x}{x}$	0.958 851 07	0.998 334 16	0.999 983 33	0.999 999 83	0.999 999 99	…	→1

从上表可看出，当 $x\to 0$ 时，函数$\frac{\sin x}{x}\to 1$，可以证明$\lim\limits_{x\to 0}\frac{\sin x}{x}=1$.

说明：(1)这个重要极限主要解决含有三角函数的$\frac{0}{0}$型极限.

(2)为了强调其一般形式，我们把它形象地写成$\lim\limits_{\square\to 0}\frac{\sin\square}{\square}=1$（□代表同一变量）.

【例 4】　求$\lim\limits_{x\to 0}\frac{\sin 3x}{\sin 4x}$.

解　$$\lim_{x\to 0}\frac{\sin 3x}{\sin 4x}=\lim_{x\to 0}\left(\frac{\sin 3x}{3x}\cdot\frac{4x}{\sin 4x}\cdot\frac{3x}{4x}\right)$$

$$=\frac{3}{4}\lim_{3x\to 0}\frac{\sin 3x}{3x}\cdot\lim_{4x\to 0}\frac{4x}{\sin 4x}=\frac{3}{4}.$$

【例 5】　求$\lim\limits_{x\to 0}\frac{1-\cos x}{x^2}$.

解　$$\lim_{x\to 0}\frac{1-\cos x}{x^2}=\lim_{x\to 0}\frac{2\sin^2\frac{x}{2}}{x^2}=\frac{1}{2}\left(\lim_{x\to 0}\frac{\sin\frac{x}{2}}{\frac{x}{2}}\right)^2=\frac{1}{2}.$$

【例 6】　求$\lim\limits_{x\to 0}\frac{\tan x-\sin x}{x^3}$.

解　$$\lim_{x\to 0}\frac{\tan x-\sin x}{x^3}=\lim_{x\to 0}\frac{\tan x(1-\cos x)}{x^3}$$

$$=\lim_{x\to 0}\left(\frac{1}{\cos x}\cdot\frac{\sin x}{x}\cdot\frac{1-\cos x}{x^2}\right)$$

由例 5 知$\frac{1-\cos x}{x^2}\to\frac{1}{2}(x\to 0)$，故$\lim\limits_{x\to 0}\frac{\tan x-\sin x}{x^3}=\frac{1}{2}$.

2. $\lim\limits_{x\to\infty}\left(1+\frac{1}{x}\right)^x=\mathrm{e}$.

解释说明：列出$\left(1+\frac{1}{x}\right)^x$的数值表（如表 1－5），观察其变化趋势.

表 1－5

x	3	5	10	100	1 000	10 000	…	$\to\infty$
$\left(1+\frac{1}{x}\right)^x$	2.370	2.488	2.594	2.705	2.717	2.718	…	$\to\mathrm{e}$

从上表可看出当 x 无限增大时函数$\left(1+\frac{1}{x}\right)^x$变化的大致趋势，并且我们可以证明当 $x\to\infty$时，$\left(1+\frac{1}{x}\right)^2$的极限确实存在，且为无理数 e=2.718 282 828…，

即$\lim\limits_{x\to\infty}\left(1+\dfrac{1}{x}\right)^{x}=\mathrm{e}$.

注:(1)此极限主要解决1^{∞}型幂指函数的极限.

(2)它可形象地表示为$\lim\limits_{\square\to\infty}\left(1+\dfrac{1}{\square}\right)^{\square}=\mathrm{e}$(□代表同一变量).

(3)另一表示形式:$\lim\limits_{\square\to 0}(1+\square)^{\frac{1}{\square}}=\mathrm{e}$(□代表同一变量).

(4)两种计算方法:

熟练者:拼凑法,凑出方框□代表的代数式;

初学者:1^{∞}型幂指函数的极限,换元法,设底数为$1+u$(或为$1+\dfrac{1}{u}$),求出u来,再凑出指数$\dfrac{1}{u}$(或u).

【例 7】 求$\lim\limits_{x\to\infty}\left(1+\dfrac{3}{x}\right)^{x}$.

解 所求极限类型是1^{∞}型(换元法).

令$\dfrac{x}{3}=u$,则:$x=3u$. $\lim\limits_{x\to\infty}\left(1+\dfrac{3}{x}\right)^{x}=\lim\limits_{u\to\infty}\left(1+\dfrac{1}{u}\right)^{3u}=\lim\limits_{u\to\infty}\left[\left(1+\dfrac{1}{u}\right)^{u}\right]^{3}=\mathrm{e}^{3}$.

【例 8】 求$\lim\limits_{x\to\infty}\left(1-\dfrac{2}{x}\right)^{x}$.

解 所求极限类型是1^{∞}型(拼凑法).

$$\lim_{x\to\infty}\left(1-\frac{2}{x}\right)^{x}=\lim_{x\to\infty}\left[\left(1+\frac{1}{-\frac{x}{2}}\right)^{-\frac{x}{2}}\right]^{-2}=\mathrm{e}^{-2}.$$

【例 9】 求$\lim\limits_{x\to\infty}\left(\dfrac{2-x}{3-x}\right)^{x}$.

解 所求极限类型是1^{∞}型,令$\dfrac{2-x}{3-x}=1+\dfrac{1}{u}$,解得$x=u+3$. 当$x\to\infty$时,$u\to\infty$. 于是$\lim\limits_{x\to\infty}\left(\dfrac{2-x}{3-x}\right)^{x}=\lim\limits_{u\to\infty}\left(1+\dfrac{1}{u}\right)^{u+3}=\lim\limits_{u\to\infty}\left(1+\dfrac{1}{u}\right)^{u}\cdot\lim\limits_{u\to\infty}\left(1+\dfrac{1}{u}\right)^{3}=\mathrm{e}$.

巩固练习

1. 求下列各极限:

(1)$\lim\limits_{x\to 2}\dfrac{2x^{2}-1}{3x+2}$;　　(2)$\lim\limits_{x\to 0}(\mathrm{e}^{x}+1)$;

(3)$\lim\limits_{x\to -2}\dfrac{x^{2}-4}{x+2}$;　　(4)$\lim\limits_{x\to 2}\left(\dfrac{1}{x-2}-\dfrac{4}{x^{2}-4}\right)$;

(5)$\lim\limits_{x\to\infty}\dfrac{3x^{2}-2x+1}{4x^{2}+4x-3}$;　　(6)$\lim\limits_{x\to\infty}\dfrac{1-x-3x^{2}}{1+x^{2}+4x^{3}}$;

(7) $\lim\limits_{n\to\infty}\left(\frac{1}{n^2}+\frac{2}{n^2}+\cdots+\frac{n}{n^2}\right)$；　(8) $\lim\limits_{n\to\infty}\frac{2+4+6+\cdots+2n}{1+3+5+\cdots+(2n-1)}$；

(9) $\lim\limits_{n\to\infty}\frac{8n}{9n-2}$；　(10) $\lim\limits_{n\to\infty}\left(\frac{1}{\sqrt{n}}+2\right)$；

(11) $\lim\limits_{x\to 0}\frac{\sin 2x}{x}$；　(12) $\lim\limits_{x\to\infty}\frac{1-\cos x}{x^2}$；

(13) $\lim\limits_{x\to\infty}\left(1+\frac{1}{x}\right)^{\frac{x}{3}}$；　(14) $\lim\limits_{x\to 0}(1-x)^{\frac{2}{x}}$.

2. 若 $\lim\limits_{x\to 3}\frac{x^2-2x-k}{x-3}=4$，求 k 值.

3. 若 $\lim\limits_{x\to\infty}\left(\frac{x+2a}{x-2a}\right)^x=16$，求 a 值.

§1.4　函数的连续性

基础知识

客观世界中，变量的变化有渐变与突变两种不同的形式. 比如，在三级火箭的发射过程中，一段时间内，火箭的质量随燃料的消耗而逐渐减少，但当燃料耗尽时，该级火箭的外壳突然脱落，这一瞬间火箭的质量就发生突变.

从函数的观点看，火箭的质量是飞行时间的函数，在火箭的外壳脱落前，当自变量（飞行时间）变化很微小时，函数（火箭的质量）相应地变化也很微小，它反映了函数是渐变的. 但当火箭的外壳脱落时，函数突然地改变了.

对于函数这两种不同的变化形式，通过极限的方法用连续和间断来描述.

函数的增量

定义 1　设函数 $y=f(x)$ 在点 x_0 及其附近有定义，当自变量从 x_0 变化到 x 时，称 $\Delta x=x-x_0$ 为**自变量的增量**. 与此同时，函数值也由 $f(x_0)$ 变化到 $f(x)$，即 $f(x_0+\Delta x)$，称 $\Delta y=f(x)-f(x_0)=f(x_0+\Delta x)-f(x_0)$ 为**函数的增量(或改变量)**，如图 1-8 所示.

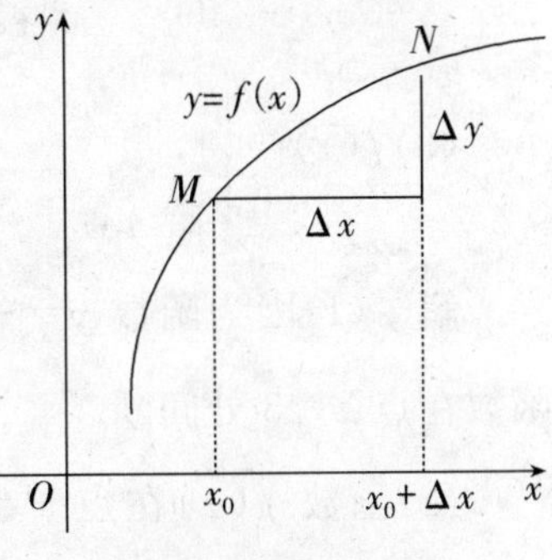

图 1-8

【例 1】　设函数 $y=x^2$，求下列情形下函数的增量.

(1) x 从 1 变到 1.01；　(2) x 从 1 变到 $1+\Delta x$.

解 (1)$\Delta y=f(x_0+\Delta x)-f(x_0)=1.01^2-1^2=0.0201$.

(2)$\Delta y=f(x_0+\Delta x)-f(x_0)$

$=(1+\Delta x)^2-1^2$

$=2\Delta x+(\Delta x)^2$.

函数在某一个点连续的定义

定义 2 设函数 $y=f(x)$ 在点 x_0 及其附近有定义,如果

$$\lim_{\Delta x\to 0}\Delta y=\lim_{\Delta x\to 0}[f(x_0+\Delta x)-f(x_0)]=0,$$

则称函数 $y=f(x)$ 在点 x_0 **连续**;否则称函数 $y=f(x)$ 在点 x_0 **间断**.

这一定义说明了连续的本质:当自变量变化微小时,函数值相应变化也很微小.

注意到 $x=x_0+\Delta x$,当 $\Delta x\to 0$ 时,$x\to x_0$,定义 2 中的表达式可写为:

$$\lim_{x\to x_0}[f(x_0+\Delta x)-f(x_0)]=\lim_{x\to x_0}[f(x)-f(x_0)]=0\text{ ,即}\lim_{x\to x_0}f(x)=f(x_0).$$

由此得到函数在一个点连续的另一个定义.

定义 3 如果函数 $y=f(x)$ 在点 x_0 满足:

(1)$f(x)$ 在点 x_0 有定义;

(2)$\lim\limits_{x\to x_0}f(x)$ 存在;

(3)$\lim\limits_{x\to x_0}f(x)=f(x_0)$,

则称函数 $y=f(x)$ 在点 x_0 连续.

只要不满足三个条件中的任何一个,函数 $y=f(x)$ 就在 x_0 处间断.

【例 2】 考察下列函数在指定点处的连续性.

(1)$f(x)=\dfrac{x^2-9}{x-3}$,在 $x=3$ 处;

(2)$f(x)=\begin{cases}\dfrac{\sin x}{x}, & x\neq 0,\\ 1, & x=0,\end{cases}$ 在 $x=0$ 处;

(3)$f(x)=\begin{cases}x+6, & x<-1,\\ 1, & x=-1,\\ 4-x, & x>-1,\end{cases}$ 在 $x=-1$ 处.

解 (1)因为函数 $y=\dfrac{x^2-9}{x-3}$ 在 $x=3$ 处没有定义,不满足第一个条件,所以函数在点 $x=3$ 处间断.

(2)函数 $f(x)$ 在点 $x=0$ 处有定义,即 $f(0)=1$. 又因为 $\lim\limits_{x\to 0}\dfrac{\sin x}{x}=1$,且 $\lim\limits_{x\to 0}f(x)=f(0)$,所以函数 $f(x)$ 在点 $x=0$ 处连续.

(3)函数 $f(x)$ 在点 $x=-1$ 处有定义,即 $f(-1)=1$.

$\because \lim\limits_{x\to -1^-} f(x)=\lim\limits_{x\to -1^-}(x+6)=-1+6=5$，

$\lim\limits_{x\to -1^+} f(x)=\lim\limits_{x\to -1^+}(4-x)=4-(-1)=5$，

$\therefore \lim\limits_{x\to -1^-} f(x)=\lim\limits_{x\to -1^+} f(x)=\lim\limits_{x\to -1} f(x)=5$.

但 $\lim\limits_{x\to -1} f(x)\neq f(-1)$，所以函数在 $x=-1$ 处间断.

定义 4　如果 $\lim\limits_{x\to x_0^-} f(x)=f(x_0)$，则称函数 $f(x)$ 在点 x_0 **左连续**；如果 $\lim\limits_{x\to x_0^+} f(x)=f(x_0)$，则称函数 $f(x)$ 在点 x_0 **右连续**.

显然，函数 $f(x)$ 在点 x_0 连续的充分必要条件是函数 $f(x)$ 在点 x_0 既左连续，又右连续.

函数在区间上的连续性

定义 5　如果函数 $f(x)$ 在开区间 (a,b) 内每一点都连续，则称函数 $f(x)$ 在开区间 (a,b) 内连续；如果函数 $f(x)$ 在开区间 (a,b) 内连续，且在右端点 b 左连续，在左端点 a 右连续，则称函数 $f(x)$ 在闭区间 $[a,b]$ 上连续.

区间上的连续函数的图形是一条连续而不间断的曲线 .

初等函数的连续性

基本初等函数在其定义域内都是连续的.

由函数在某点连续的定义和极限的四则运算法则可得出以下定理：

定理 1　如果两个函数 $f(x)$ 与 $g(x)$ 都在点 x_0 处连续，则它们的和、差、积、商（分母不等于零）也都在点 x_0 处连续.

由此推出，有限个在点 x_0 处连续的函数的和、差、积、商也都在点 x_0 处连续.

关于复合函数的连续性，有以下定理：

定理 2　设函数 $u=\varphi(x)$ 在点 x_0 处连续，且 $\varphi(x_0)=u_0$，而函数 $y=f(u)$ 在点 u_0 处连续，那么复合函数 $y=f[\varphi(x)]$ 在点 x_0 连续.

由基本初等函数的连续性以及定理 1、定理 2 可得到结论：

一切初等函数在其定义区域内都是连续的.

上述结论为求函数的极限提供了一种简单的方法，如果 $f(x)$ 是初等函数，且 x_0 是函数 $f(x)$ 定义区间内的点，则 $\lim\limits_{x\to x_0} f(x)=f(x_0)$ ，则求极限的问题便转变成求函数值的问题.

【例 3】　求 $\lim\limits_{x\to 0}\sqrt{1-x^2}$.

解　函数 $y=\sqrt{1-x^2}$ 是初等函数，点 $x=0$ 是它的定义区间 $[-1,1]$ 的点，

所以　$\lim\limits_{x\to 0}\sqrt{1-x^2}=\sqrt{1-0^2}=1$.

【例 4】 求$\lim\limits_{x\to\frac{\pi}{2}}\ln\sin x$.

解 函数 $f(x)=\ln\sin x$ 是初等函数，$x=\frac{\pi}{2}$是函数定义域内的点，

所以 $\lim\limits_{x\to\frac{\pi}{2}}\ln\sin x=\ln\sin\frac{\pi}{2}=\ln 1=0$.

闭区间上连续函数的性质

定理 3(最大值最小值定理) 在闭区间$[a,b]$上连续的函数一定有最大值和最小值.

如图 1-9 所示，在闭区间$[a,b]$上连续的函数的图形是一段包括端点在内的连续曲线，点 $M_1(x_1,f(x_1))$是其最低点，函数在点 x_1 处取得最小值 $f(x_1)$；点 $M_2(x_2,f(x_2))$是其最高点，函数在点 x_2 处取得最大值 $f(x_2)$.

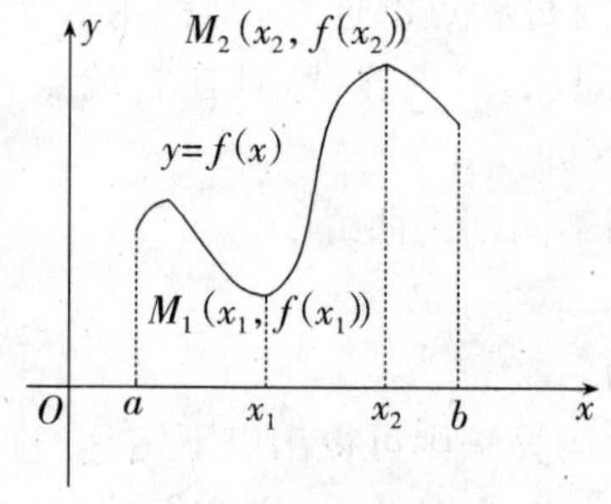

图 1-9

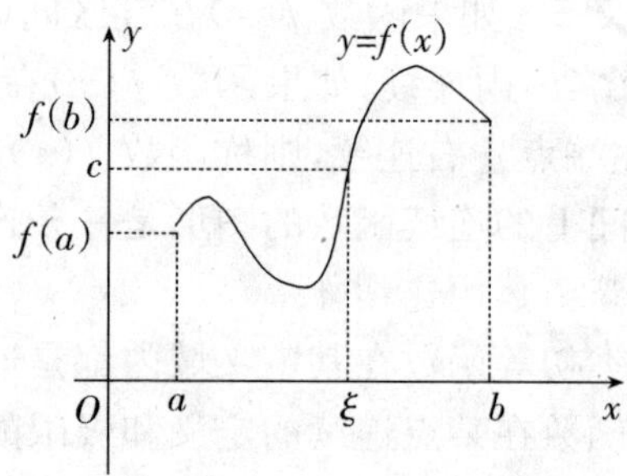

图 1-10

定理 4(介值定理) 设函数 $y=f(x)$在闭区间$[a,b]$上连续，$f(a)\neq f(b)$. 则对于 $f(a)$与 $f(b)$之间任意的一个值 c，至少存在一点 $\xi\in(a,b)$，使得 $f(\xi)=c$.

如图 1-10 所示，c 是介于 $f(a)$与 $f(b)$之间的一个值，过 c 且平行于 x 轴的直线 $y=c$ 与连续曲线 $y=f(x)$有一个交点，其横坐标为 ξ，则有 $f(\xi)=c$.

推论 如果函数 $y=f(x)$在闭区间$[a,b]$上连续，且 $f(a)$与 $f(b)$异号，那么在开区间(a,b)内至少有一点 ξ，使 $f(\xi)=0$.

巩固练习

1. 利用初等函数的连续性求下列极限：

(1) $\lim\limits_{x\to 1}\dfrac{2x}{x+1}$； (2) $\lim\limits_{x\to -1}\dfrac{4x^4-3x^3+1}{2x^3+5x^2-6}$；

(3) $\lim\limits_{x\to e}\dfrac{\ln x}{x}$； (4) $\lim\limits_{x\to 3}\arctan(\sqrt{x-2})$.

2. 讨论下列函数在 $x=0$ 处的连续性：

(1) $f(x)=\begin{cases} e^{-\frac{1}{x^2}}, & x\neq 0, \\ 0, & x=0; \end{cases}$　　(2) $y=\begin{cases} x^2-3, & x\geqslant 0, \\ -x, & x<0. \end{cases}$

3. 已知函数 $f(x)=\begin{cases} \dfrac{1-x^2}{1+x}, & x\neq -1, \\ A, & x=-1 \end{cases}$ 为连续函数，求 A 的值.

§1.5　函数与极限的应用

基础知识

【例 1】　(滑块的运动)在机械中常用一种曲柄连杆机构，当主动轮匀速转动时，连杆 AB 带动滑块 B 作往复直线运动. 设主动轮半径为 r，转动角速度为 ω，连杆长度为 l，求滑块 B 的运动规律(即运动路程 s 与时间 t 的关系).

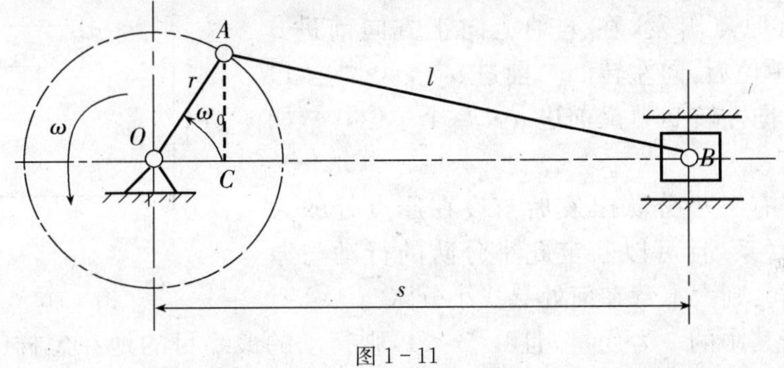

图 1-11

解　如图 1-11，设经过时间 t 时，滑块 B 离点 O 的距离为 s，求滑块 B 的运动规律就是建立 s 和 t 之间的函数关系. 假设主动轮开始旋转(即 $t=0$)时，OB 到 OA 的转角为 ω_0，经过时间 t 后，主动轮转了角 ωt，则 OB 到 OA 的转角为 $\varphi=\omega t+\omega_0$，因为

$$s=OC+CB,$$

且 $OC=r\cos(\omega t+\omega_0)$，$CB=\sqrt{AB^2-CA^2}=\sqrt{l^2-r^2\sin^2(\omega t+\omega_0)}$，

所以　$s=r\cos(\omega t+\omega_0)+\sqrt{l^2-r^2\sin^2(\omega t+\omega_0)}$.

上式就是所求滑块 B 的运动规律，它的定义域为 $[0,+\infty)$.

【例 2】　(RC 电路充电)在 RC 电路的充电过程中，电容器两端电压 $U(t)$ 与时间 t 的关系是 $U(t)=E(1-e^{-\frac{t}{RC}})$ (E,R,C 都是正常数)，问：当 $t\to+\infty$ 时，电压 $U(t)$ 的变化趋势如何？

解　因为 $R>0, C>0$，所以

$$\lim_{t\to+\infty}U(t)=\lim_{t\to+\infty}E(1-\mathrm{e}^{-\frac{t}{RC}})=E\lim_{t\to+\infty}\left(1-\frac{1}{\mathrm{e}^{\frac{t}{RC}}}\right)=E(1-0)=E.$$

即，当 $t\to+\infty$ 时，电压 $U(t)$ 将趋于稳定值 E.

【例 3】（盐水的浓度）一水箱中装有 5 000 L 的纯水，每升含 30 g 盐的盐水以 25 L/s 的速度注入这水箱，求 t s 时水箱中盐的浓度，并分析当 $t\to+\infty$ 时水箱中盐的浓度有何变化.

解　设 t s 时水箱中盐的浓度为 P. 依题意，得

$$P=\frac{30\times25t}{1\,000(5\,000+25t)}\ (t\geqslant0).$$

$$\lim_{t\to+\infty}P=\lim_{t\to+\infty}\frac{30\times25t}{1\,000(5\,000+25t)}=\frac{1}{1\,000}\lim_{t\to+\infty}\frac{30\times25}{\frac{5\,000}{t}+25}=3\%.$$

即当 $t\to+\infty$ 时，水箱中盐的浓度将趋向于稳定值 3%.

【例 4】 如图 1-12，在大沙漠上进行勘测工作时，先选定一点作为坐标原点，然后采用如下方法进行：从原点出发，在 x 轴上向正方向前进 a $(a>0)$ 个单位后，向左转 90°，前进 $a\cdot r(0<r<1)$ 个单位，再向左转 90°，又前进 $a\cdot r^2$ 个单位，…，如此连续下去.

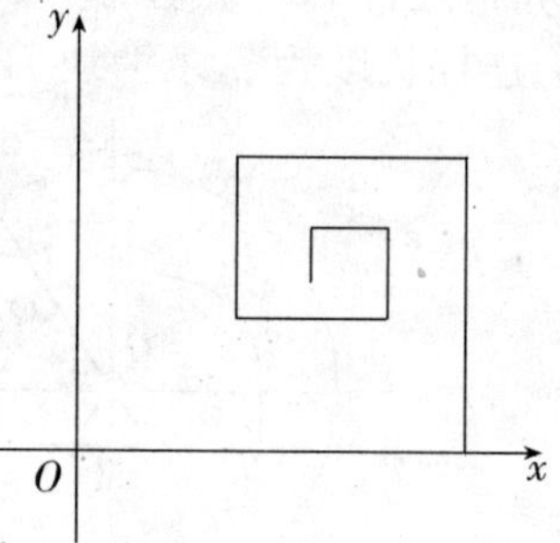

图 1-12

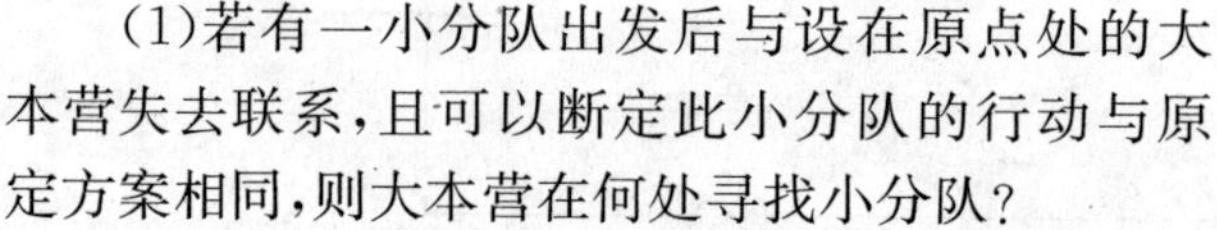

(1)若有一小分队出发后与设在原点处的大本营失去联系，且可以断定此小分队的行动与原定方案相同，则大本营在何处寻找小分队？

(2)若其中的 r 为变量，且 $0<r<1$，则行动的最终目的地在怎样的一条曲线上？

分析　小分队按原方案走，小分队最终应在运动的极限位置. 可先求最终目的地关于 r 的参数形式的方程.

解　(1)由已知可知即求这样运动的极限点，设运动的极限位置为 $Q(x,y)$，则

$$x=a-ar^2+ar^4-\cdots=\frac{a}{1-(-r^2)}=\frac{a}{1+r^2},$$

$$y=ar-ar^3+ar^5-\cdots=\frac{ar}{1+r^2},$$

∴大本营应在点 $\left(\frac{a}{1+r^2},\frac{ar}{1+r^2}\right)$ 附近去寻找小分队.

(2)由$\begin{cases} x=\dfrac{a}{1+r^2}, \\ y=\dfrac{ar}{1+r^2} \end{cases}$消去 r 得$\left(x-\dfrac{a}{2}\right)^2+y^2=\dfrac{a}{4}^2$（其中 $x>\dfrac{a}{2}, y>0$），

即行动的最终目的地在以$\left(\dfrac{a}{2},0\right)$为圆心，$\dfrac{a}{2}$为半径的圆上.

【例 5】 某公司全年的纯利润为 b 元，其中一部分作为奖金发给 n 位职工，奖金分配方案如下：首先将职工按工作业绩（工作业绩均不相同）从大到小，由 1 到 n 排序，第 1 位职工得奖金$\dfrac{b}{n}$元，然后将余额除以 n 发给第 2 位职工，按此方案将奖金逐一发给每位职工，并将最后剩余部分作为公司发展基金.

(1)设 $a_k(1\leqslant k\leqslant n)$为第 k 位职工所得奖金额，试求 a_2,a_3，并用 k,n,b 表示 a_k；

(2)证明 $a_k>a_{k+1}(k=1,2,\cdots,n-1)$，并解释此不等式关于分配原则的实际意义；

(3)发展基金与 n 和 b 有关，记为 $p_n(b)$，对常数 b，当 n 变化时，求$\lim\limits_{n\to\infty}P_n(b)$（可用公式$\lim\limits_{n\to\infty}\left(1-\dfrac{1}{n}\right)^n=\dfrac{1}{\mathrm{e}}$）.

(1)**解**　$a_1=\dfrac{b}{n}, a_2=\dfrac{1}{n}\left(1-\dfrac{1}{n}\right)\cdot b,\cdots,a_k=\dfrac{1}{n}\left(1-\dfrac{1}{n}\right)^{k-1}\cdot b.$

(2)**证明**　$a_k-a_{k+1}=\dfrac{1}{n^2}\left(1-\dfrac{1}{n}\right)^{k-1}\cdot b>0$，此奖金分配方案体现了按劳分配的原则.

(3)**解**　设 $f_k(b)$表示发给第 k 位职工后所剩余额，则

$$f_1(b)=\left(1-\frac{1}{n}\right)\cdot b, f_2(b)=\left(1-\frac{1}{n}\right)^2\cdot b,\cdots,f_k(b)=\left(1-\frac{1}{n}\right)^k\cdot b,$$

得 $p_n(b)=f_n(b)=\left(1-\dfrac{1}{n}\right)^n\cdot b$,

$$\begin{aligned}\text{故}\lim_{n\to\infty}p_n(b)&=\lim_{n\to\infty}\left(1-\frac{1}{n}\right)^n\cdot b=\lim_{n\to\infty}\left[\left(1+\frac{1}{-n}\right)^{-n}\right]^{-1}\cdot b\\&=\left[\lim_{-n\to\infty}\left(1+\frac{1}{(-n)}\right)^{-n}\right]^{-1}\cdot b=\frac{1}{\mathrm{e}}\cdot b=\frac{b}{\mathrm{e}}.\end{aligned}$$

【例 6】 一弹性小球自 $h_0=5$ m 高处自由下落，当它与水平地面每碰撞一次后速度减少到碰前的$\dfrac{7}{9}$，不计每次碰撞时间，计算小球从开始下落到停止运动所经过的路程和时间.

解　设小球第一次落地时速度为 v_0，则有 $v_0=\sqrt{2gh_0}=10(\mathrm{m/s})$，那么第二

次，第三次，…，第 $n+1$ 次落地速度分别为 $v_1=\frac{7}{9}v_0$，$v_2=\left(\frac{7}{9}\right)^2v_0$，…，$v_n=\left(\frac{7}{9}\right)^nv_0$.

小球开始下落到第一次与地相碰经过的路程为 $h_0=5$ m，

小球第一次与地相碰到第二次与地相碰经过的路程为 L_1，则 $L_1=2\times\frac{v_1^2}{2g}=10\times\left(\frac{7}{9}\right)^2$.

小球第二次与地相碰到第三次与地相碰经过的路程为 L_2，则 $L_2=2\times\frac{v_2^2}{2g}=10\times\left(\frac{7}{9}\right)^4$.

由数学归纳法可知，小球第 n 次到第 $n+1$ 次与地面碰撞经过路程为 $L_n=10\times\left(\frac{7}{9}\right)^{2n}$.

故从第一次到第 $n+1$ 次所经过的路程为 $S_{n+1}=h_0+L_1+L_2+\cdots+L_n$，则整个过程总路程为

$$S=\lim_{n\to\infty}S_{n+1}=5+\lim_{n\to\infty}10\times\frac{\left(\frac{7}{9}\right)^2\left[1-\left(\frac{7}{9}\right)^{2n}\right]}{1-\left(\frac{7}{9}\right)^2}$$

$$=5+10\times\frac{\left(\frac{7}{9}\right)^2}{1-\left(\frac{7}{9}\right)^2}=20.3(\text{m}),$$

小球从开始下落到第一次与地面相碰经过时间 $t_0=\sqrt{\frac{2h_0}{g_0}}=1(\text{s})$.

小球从第一次与地相碰到第二次与地相碰经过的时间 $t_1=2\times\frac{v_1}{g}=2\times\frac{7}{9}$，

同理可得 $t_n=2\times\left(\frac{7}{9}\right)^n$，$t_{n+1}=t_0+t_1+t_2+\cdots+t_n$，则

$$t=\lim_{n\to\infty}t_{n+1}=1+\lim_{n\to\infty}2\times\frac{\frac{7}{9}\times\left[1-\left(\frac{7}{9}\right)^n\right]}{1-\left(\frac{7}{9}\right)}=8(\text{s}).$$

【例 7】 求证：方程 $x=a\sin x+b(a>0,b>0)$ 至少有一个正根，且它不大于 $a+b$.

分析 要判定方程 $f(x)$ 是否有实根. 即判定对应的连续函数 $y=f(x)$ 的图象是否与 x 轴有交点，因此根据连续函数的性质，只要找到图象上的两点，满足

一点在 x 轴上方，另一点在 x 轴下方即可. 即要找到合适的两点，使函数值其一为负，另一为正.

证明　设 $f(x)=a\sin x+b-x$，则 $f(0)=b>0$.

$f(a+b)=a\sin(a+b)+b-(a+b)=a[\sin(a+b)-1]\leqslant 0$.

(i)若 $f(a+b)=a[\sin(a+b)-1]<0$，

因为 $f(x)=a\sin x+b-x$ 在$[0,a+b]$内是连续函数，由前面介值定理的推论，则存在一个 $x_0\in(0,a+b)$，使得 $f(x_0)=0$，

即 x_0 是方程 $x=a\sin x+b$ 不大于 $a+b$ 的正根.

(ii)若 $f(a+b)=a[\sin(a+b)-1]=0$，

则 $a+b$ 为方程 $x=a\sin x+b$ 的一个正根.

综合(i)(ii)，因此，方程 $x=a\sin x+b$ 至少存在一个正根，且它不大于 $a+b$.

巩固练习

1. 在边长 a 为的等边三角形里，连接各边中点做一个内接等边三角形，如此继续作下去，求所有这些等边三角形的面积之和.

2. 抛物线 $y=b\left(\dfrac{x}{a}\right)^2$、$x$ 轴及直线 AB：$x=a$ 围成了如图 1-13(1)的阴影部分，AB 与 x 轴交于点 A，把线段 OA 分成 n 等份，作以 $\dfrac{a}{n}$ 为底的内接矩形如图 1-13(2)，阴影部分的面积为 S 等于这些内接矩形面积之和在 $n\to\infty$ 时的极限值，求 S.

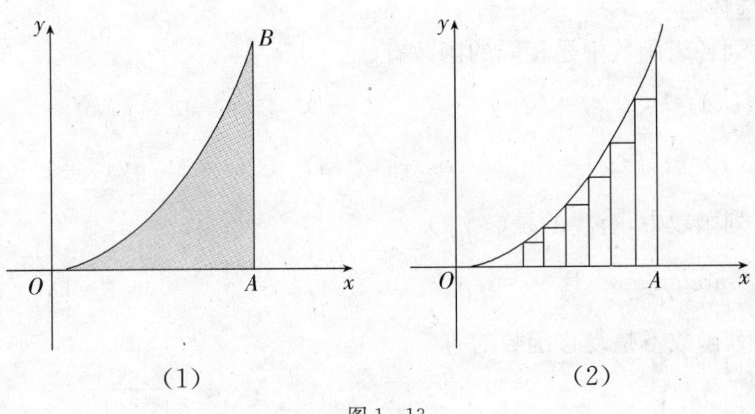

图 1-13

3. 证明方程 $x^5-3x-1=0$ 在区间(1,2)内有一个根.

4. 求证任何一个实系数一元三次方程 $a_0x^3+a_1x+a_2x+a_3=0(a_0,a_1,a_2,a_3\in\mathbf{R},a_0\neq 0)$至少有一个实数根.

复习题一

一、填空题

1. 设 $f(x)=\begin{cases}2^x, & -1\leqslant x<0,\\ 2, & 0\leqslant x<1,\\ x-1, & 1\leqslant x<3,\end{cases}$ 则 $f(x)$ 的定义域是________，$f(0)=$________，$f(1)=$________.

2. $y=\arccos\dfrac{2x}{1+x^2}$ 的定义域是________，值域是________.

3. 设 $f(x)=\begin{cases}e^x, & x\leqslant 0,\\ ax+b, & x>0.\end{cases}$ 若 $\lim\limits_{x\to 0}f(x)$ 存在，则 $a=$________，$b=$________.

4. 函数 $f(x)=\sqrt{25-x^2}+\dfrac{x-10}{\ln x}$ 的连续区间是________.

5. $f(x)=\begin{cases}e^{x^{\frac{1}{2}}}, & x\neq 0,\\ a, & x=0,\end{cases}$ 则 $\lim\limits_{x\to 0}f(x)=$________；若无间断点，则 $a=$________.

6. 已知 $\lim\limits_{n\to\infty}\dfrac{an^2+bn+5}{3n+2}=2$，则 $a=$________，$b=$________.

二、选择题

1. 下列各组函数中是相同的函数有(　　)

A. $f(x)=x, g(x)=(\sqrt{x})^2$　　B. $f(x)=|x|, g(x)=\sqrt{x^2}$

C. $f(x)=1, g(x)=\sin^2 x+\cos^2 x$　　D. $f(x)=\dfrac{x^3}{x}, g(x)=x^2$

2. 下列函数中，有界的是(　　)

A. $y=\arctan x$　　B. $y=\tan x$　　C. $y=\dfrac{1}{x}$　　D. $y=2^x$

3. 下列函数不是复合函数的有(　　)

A. $y=\left(\dfrac{1}{2}\right)^x$　　B. $y=\sqrt{-(1-x)^2}$

C. $y=\lg\sin x$　　D. $y=e^{\sqrt{1+\sin x}}$

4. 下列函数是初等函数的有(　　)

A. $y=\dfrac{x^2-1}{x-1}$　　B. $y=\begin{cases}1+x, & x>0,\\ x^2, & x\leqslant 0\end{cases}$

C. $y=\sqrt{-2-\cos x}$　　D. $y=\left(\dfrac{\sin(e^x-1)}{\lg(1+x^2)}\right)^{\frac{1}{2}}$

5. 下列函数中，(　　)不是基本初等函数.

A. $y=\left(\dfrac{1}{e}\right)^x$　　B. $y=\ln x^2$　　C. $y=\dfrac{\sin x}{\cos x}$　　D. $y=\sqrt[3]{x^5}$

6. 当 $x\to 0$ 时，下列变量中是无穷小量的有(　　)

A. $\sin\dfrac{1}{x}$　　B. e^x　　C. $2^{-x}-1$　　D. $\ln|x|$

7. 函数 $f(x)$在某点 x_0 处极限存在，则(　　)

A. $f(x)$在 x_0 的函数值必存在且等于极限值

B. $f(x)$在 x_0 的函数值必存在，但不一定等于极限值

C. $f(x)$在 x_0 的函数值可以不存在

D. 如果 $f(x_0)$存在，则必等于极限值

8. 如果 $\lim\limits_{x\to x_0^+}f(x)$与 $\lim\limits_{x\to x_0^-}f(x)$存在，则(　　)

A. $\lim\limits_{x\to x_0}f(x)$存在且$\lim\limits_{x\to x_0}f(x)=f(x_0)$

B. $\lim\limits_{x\to x_0}f(x)$存在，但不一定有$\lim\limits_{x\to x_0}f(x)=f(x_0)$

C. $\lim\limits_{x\to x_0}f(x)$不一定存在

D. $\lim\limits_{x\to x_0}f(x)$一定不存在

三、求下列极限：

(1) $\lim\limits_{x\to 1}(2x^2-3x+4)$；　　(2) $\lim\limits_{x\to 9}\dfrac{x-9}{\sqrt{x}-3}$；

(3) $\lim\limits_{x\to 1}\left(\dfrac{2}{x^2-1}-\dfrac{1}{x-1}\right)$；　　(4) $\lim\limits_{x\to 3}\dfrac{x^2-4}{x-3}$；

(5) $\lim\limits_{x\to\infty}\dfrac{x^2-2x+3}{3x^2+4}$；　　(6) $\lim\limits_{x\to\infty}\dfrac{3x^3+5x+1}{x^2+7x}$；

(7) $\lim\limits_{n\to\infty}(\sqrt{n+1}-\sqrt{n})$；　　(8) $\lim\limits_{n\to\infty}\dfrac{1+2+\cdots+(n-1)}{n^2}$.

四、设函数 $f(x)=\begin{cases}e^x, & x<0,\\ a+x, & x\geqslant 0.\end{cases}$ 当 a 为何值时，才能使 $f(x)$在 $x=0$ 处连续？

第二章　一元函数微分及其应用

微分学是微积分的重要组成部分，它的基本概念是导数与微分，其中导数是反映函数相对于自变量的变化快慢程度的概念，即一种变化率．微分反映的是当自变量有微小变化时，函数大约有多少变化．在这一章里将讨论导数与微分的概念及其计算方法，进一步利用函数的导数研究函数及曲线的形态，并介绍导数与微分在一些实际问题中的应用．

§2.1　导数概念

基础知识

导数定义

引例 1　作变速直线运动物体的**瞬时速度问题**．

已知自由落体的运动方程是 $s=\frac{1}{2}gt^2$，试求物体运动到时刻 t_0 时的瞬时速度 v_{t_0}．

分析　(1)瞬时速度也叫即时速度，是物体在某一时刻的速度，与平均速度是显然不同的．而我们只会计算物体作直线运动的平均速度，而且在计算中需要知道物体运动的时间 t 和在这一时间内所走过的距离 s，其计算公式为 $\bar{v}=\frac{s}{t}$，即所求的结果是物体在时间 t 内的运动的平均速度，而不是物体在该时刻 t_0 运动的瞬时速度，但是，我们可以将平均速度作为度量瞬时速度的近似值．

(2)用匀速直线运动近似代替物体作变速直线运动，并以平均速度代替物体在某一时刻的瞬时速度是我们能够得到的一个近似结果而不是精确值．现在的问题是如何才能减少以平均速度近似代替瞬时速度所产生的误差？我们可以取定 t_0 时刻附近的一段比较小的时间区间 Δt 来研究误差的变化方式，得到物体

从时刻 t_0 运动到时刻 $t_0+\Delta t$ 内所运动的距离 Δs 为：

$$\begin{aligned}\Delta s&=s(t_0+\Delta t)-s(t_0)\\&=\frac{1}{2}g(t_0+\Delta t)^2-\frac{1}{2}g{t_0}^2\\&=gt_0\Delta t+\frac{1}{2}g\Delta t^2.\end{aligned}$$

再求出在 Δt 时间内物体运动的平均速度　$\overline{v}_{t_0}=\dfrac{\Delta s}{\Delta t}=gt_0+\dfrac{1}{2}g\Delta t.$

显然，当我们计算平均速度时，平均速度接近于瞬时速度的程度依赖于所给定的时间区间的长度，时间区间越短，其精确程度就越高. 因此，可以引进极限这一分析工具，即当时间长度几乎为 0 时（$\Delta t\to 0$），平均速度的极限值就成了物体在时刻 t_0 的瞬时速度，

即
$$v_{t_0}=\lim_{\Delta t\to 0}\overline{v}_t=\lim_{\Delta t\to 0}\left(gt_0+\frac{1}{2}g\Delta t\right)=gt_0.$$

引例 2　求曲线 $y=f(x)$ 上点 x_0 处的**切线斜率**.

分析　我们知道，定义点 $M_0(x_0,y_0)$ 处的切线需要先在曲线 $y=f(x)$ 上找一动点 M，连接 MM_0 得割线，当动点 M 无限趋向于定点 M_0 时，割线 MM_0 的极限位置 M_0T 就是点 M_0 处的切线（见图 2－1）.

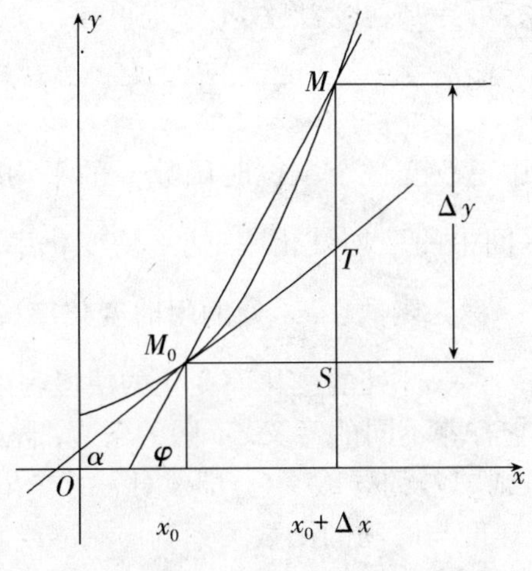

图 2－1

根据切线的定义，切线 M_0T 是割线 MM_0 的极限位置，于是，我们在求切线 M_0T 的斜率时可以通过计算割线 MM_0 的斜率的极限来求得. 即

$$\tan\varphi=\frac{MS}{M_0S}=\frac{\Delta y}{\Delta x},$$

$$\tan\alpha=\lim_{\Delta x\to 0}\tan\varphi=\lim_{\Delta x\to 0}\frac{\Delta y}{\Delta x}=\lim_{\Delta x\to 0}\frac{f(x_0+\Delta x)-f(x_0)}{\Delta x}.$$

注:在以上两个问题的研究中,我们使用了极限这一逼近工具,先找到解决问题的近似计算方法得到含参数的近似值,然后利用极限这一工具将近似值变为精确值.这种处理问题的方法在以后的学习中,我们将会继续用到.显然,对以上两个不同领域内问题的解决方法在数学方法上是完全一致的,于是我们可以将以上两个解决不同问题的通用方法归结为一个新的概念——导数.

定义1 设函数 $y=f(x)$ 在点 x_0 的某一邻域内有定义,当自变量 x 在点 x_0 处取得改变量 $\Delta x(\Delta x\neq 0)$ 时,函数值的相应改变量为 $\Delta y=f(x_0+\Delta x)-f(x_0)$.若当 $\Delta x\to 0$ 时,$\frac{\Delta y}{\Delta x}$ 的极限存在,则称函数 $y=f(x)$ 在点 x_0 处**可导**,并称此极限值为函数 $y=f(x)$ 在点 x_0 处的**导数**,记作 $f'(x_0)$,即

$$f'(x_0)=\lim_{\Delta x\to 0}\frac{\Delta y}{\Delta x}=\lim_{\Delta x\to 0}\frac{f(x_0+\Delta x)-f(x_0)}{\Delta x}, \quad ①$$

也可以记作 $y'\Big|_{x=x_0}$ 或 $\frac{\mathrm{d}y}{\mathrm{d}x}\Big|_{x=x_0}$ 或 $\frac{\mathrm{d}f}{\mathrm{d}x}\Big|_{x=x_0}$.

如果式①的极限存在,则称函数 $f(x)$ 在点 x_0 处可导;如果式①的极限不存在,就说函数 $f(x)$ 在点 x_0 处不可导,如果不可导的原因是由于 $\Delta x\to 0$ 时,$\frac{\Delta y}{\Delta x}\to\infty$,为了方便起见,也称函数 $f(x)$ 在点 x_0 处的导数为无穷大,记为 $f'(x_0)=\infty$.

可导与连续的关系:可导必连续,连续不一定可导.

对于函数 $y=f(x)$,比值 $\frac{\Delta y}{\Delta x}=\frac{f(x_0+\Delta x)-f(x_0)}{\Delta x}$ 表示自变量 x 在以 x_0 与 $x_0+\Delta x$ 为端点的区间中每改变一个单位时函数 y 的平均变化量,所以把 $\frac{\Delta y}{\Delta x}$ 称为函数 $y=f(x)$ 在该区间中的平均变化率;把平均变化率在 $\Delta x\to 0$ 时的极限,即导数 $f'(x_0)$ 或 $\frac{\mathrm{d}y}{\mathrm{d}x}\Big|_{x=x_0}$ 称为函数在 x_0 处的**瞬时变化率**(简称为**变化率**),它反映了函数 y 随着自变量 x 在 x_0 处的变化而变化的快慢程度.

在不同的领域内,它有着不同的意义、不同的解释.若运动物体路程与时间的函数关系为 $s=s(t)$,则 $s(t)$ 的导数 $s'(t)$ 即 s 对 t 的变化率就是物体在时刻 t 的速度,即 $v=s'(t)$;若速度与时间的函数关系为 $v=v(t)$,则 $v(t)$ 的导数 $v'(t)$ 即 v 对 t 的变化率就是物体在时刻 t 的加速度,即 $a=v'(t)$.简单地说,路程的导数是速度,速度的导数是加速度.

设在 $[0,t]$ 时间段内通过导线横截面的电荷量为 $Q=Q(t)$,$Q'(t)=\lim\limits_{\Delta t\to 0}\frac{\Delta Q}{\Delta t}$,即 Q 对 t 的变化率就是时刻 t 的电流强度,即 $i=Q'(t)$.

导数的几何意义:函数 $y=f(x)$ 在 x_0 处的导数 $f'(x_0)$ 在几何上表示曲线 $y=f(x)$ 在点 $M(x_0,y_0)$ 处的切线的斜率.

由此得，曲线 $y=f(x)$ 在点 $M(x_0,y_0)$ 处的切线方程为 $y-y_0=f'(x_0)(x-x_0)$.

注：当 $f'(x_0)=0$ 时，切线为平行于 x 轴的直线 $y=f(x_0)$；

当 $f'(x_0)=\infty$ 时，切线为垂直于 x 轴的直线 $x=x_0$；

当 $f'(x_0)$ 不存在且又不是无穷大时，没有切线.

如果函数 $y=f(x)$ 在区间 (a,b) 内每一点处都可导，就称函数 $f(x)$ 在区间 (a,b) 内可导. 这时，函数 $y=f(x)$ 对于 (a,b) 内每一个确定的 x 值，都有一个唯一确定的导数值与之对应，于是，每一个 x 值与对应的导数值之间就构成了一个新的函数关系，这个函数叫做 $y=f(x)$ 的**导函数**（简称为**导数**），记为 $f'(x)$，y' 或 $\frac{dy}{dx}$ 或 $\frac{df}{dx}$，即

$$f'(x)=\lim_{\Delta x\to 0}\frac{\Delta y}{\Delta x}=\lim_{\Delta x\to 0}\frac{f(x+\Delta x)-f(x)}{\Delta x},\qquad x\in(a,b).$$

于是计算函数 $y=f(x)$ 的导数 $f'(x)$ 可以整理为以下三个步骤：

(1)定义自变量 x 的改变量 Δx，计算函数值的改变量 Δy：$\Delta y=f(x+\Delta x)-f(x)$；

(2)计算比值：$\frac{\Delta y}{\Delta x}=\frac{f(x+\Delta x)-f(x)}{\Delta x}$；

(3)求极限：$y'=\lim\limits_{\Delta x\to 0}\frac{\Delta y}{\Delta x}$.

【例 1】　求函数 $f(x)=x^3$ 的导数.

解　(1) $\Delta y=f(x+\Delta x)-f(x)=(x+\Delta x)^3-(x)^3$
$=3x^2\Delta x+3x(\Delta x)^2+(\Delta x)^3$；

(2) $\frac{\Delta y}{\Delta x}=\frac{3x^2\Delta x+3x(\Delta x)^2+(\Delta x)^3}{\Delta x}=3x^2+3x(\Delta x)+(\Delta x)^2$；

(3) $f'(x)=\lim\limits_{\Delta x\to 0}[3x^2+3x(\Delta x)+(\Delta x)^2]=3x^2$.

即 $(x^3)'=3x^2$.

对于一般的幂函数 $y=x^\alpha(\alpha\in\mathbf{R})$，有下面的求导公式：$(x^\alpha)'=\alpha x^{\alpha-1}$.

导数基本公式

基本初等函数的导数公式

$c'=0$，　　$(x^\alpha)'=\alpha x^{\alpha-1}(\alpha\in\mathbf{R})$，

$(\log_a x)'=\frac{1}{x}\log_a e=\frac{1}{x\ln a}$，　　$(\ln x)'=\frac{1}{x}$，

$(a^x)'=a^x\ln a$，　　$(e^x)'=e^x$，

$(\sin x)'=\cos x$，　　$(\cos x)'=-\sin x$，

$(\tan x)'=\sec^2 x$，　　$(\cot x)'=-\csc^2 x$，

$(\sec x)'=\sec x\tan x$, $(\csc x)'=-\csc x\cot x$,

$(\arcsin x)'=\dfrac{1}{\sqrt{1-x^2}}$, $(\arccos x)'=-\dfrac{1}{\sqrt{1-x^2}}$,

$(\arctan x)'=\dfrac{1}{1+x^2}$, $(\text{arccot}\, x)'=-\dfrac{1}{1+x^2}$.

【例 2】 利用公式求下列函数的导数：

(1) $y=\sqrt{x}$； (2) $y=\dfrac{1}{x}$； (3) $y=\dfrac{\sqrt{x}}{\sqrt[3]{x}}$.

解 (1) $y'=(\sqrt{x})'=(x^{\frac{1}{2}})'=\dfrac{1}{2}x^{-\frac{1}{2}}=\dfrac{1}{2\sqrt{x}}$.

(2) $y'=\left(\dfrac{1}{x}\right)'=(x^{-1})'=(-1)x^{-2}=-\dfrac{1}{x^2}$.

(3) $y'=\left(\dfrac{\sqrt{x}}{\sqrt[3]{x}}\right)'=(x^{\frac{1}{6}})'=\dfrac{1}{6}x^{-\frac{5}{6}}=\dfrac{1}{6\sqrt[6]{x^5}}$.

上例中两个函数的导数：$(\sqrt{x})'=\dfrac{1}{2\sqrt{x}}$，$\left(\dfrac{1}{x}\right)'=-\dfrac{1}{x^2}$，今后常要用到，应熟记.

高阶导数

在求导数时，我们会发现，所计算出的函数 $y=f(x)$ 的导数 $f'(x)$ 依然是一个关于变量 x 的函数，于是，我们自然会考虑，这个函数很可能还是关于 x 的可导函数，这时，如果我们继续对其求导数，所得结果称为函数 $y=f(x)$ 的**二阶导数**，记作 $f''(x)$，即

$$f''(x)=[f'(x)]'.$$

二阶导数也可以采用以下方式表示 y'' 或 $\dfrac{d^2y}{dx^2}$ 或 $\dfrac{d^2f}{dx^2}$，同时称 $f'(x)$ 为函数 $y=f(x)$ 的一阶导数. 一般的，可得 n 阶导数的定义如下：

定义 2 如果函数 $y=f(x)$ 有直到 n 阶的导数，则称函数 $y=f(x)$ 的 $n-1$ 阶导数的导数称为函数 $y=f(x)$ 的 **n 阶导数**，记作 $f^{(n)}(x)$ 或 $y^{(n)}$ 或 $\dfrac{d^ny}{dx^n}$ 或 $\dfrac{d^nf}{dx^n}$.

二阶和二阶以上的导数称为**高阶导数**. 显然，求高阶导数只需要在前一阶导数的基础上运用一阶导数的求导方法进行运算就可以了. 函数 $f(x)$ 的 n 阶导数在 $x=x_0$ 处的导数值记为 $f^{(n)}$ 或 $y^{(n)}\Big|_{x=x_0}$ 或 $\dfrac{d^ny}{dx^n}\Big|_{x=x_0}$ 或 $\dfrac{d^nf}{dx^n}\Big|_{x=x_0}$.

巩固练习

1. 设函数 $f(x)$ 可导且下列极限均存在，则不成立的是(　　)

A. $\lim\limits_{x\to 0}\dfrac{f(x)-f(0)}{x}=f'(0)$　　B. $\lim\limits_{\Delta x\to 0}\dfrac{f(x_0)-f(x_0-\Delta x)}{\Delta x}=f'(x_0)$

C. $\lim\limits_{h\to 0}\dfrac{f(a+2h)-f(a)}{h}=f'(a)$　　D. $\lim\limits_{\Delta x\to 0}\dfrac{f(x_0+\Delta x)-f(x_0-\Delta x)}{2\Delta x}=f'(x_0)$

2. 若函数 $f(x)$在点 x_0 处可导，则$\lim\limits_{h\to 0}\dfrac{f(x_0-2h)-f(x_0)}{2h}=(\quad)$

A. $f'(x_0)$　B. $2f'(x_0)$　C. $-f'(x_0)$　D. $-2f'(x_0)$

3. 利用公式求下列函数的导数：

(1) $y=\sqrt[3]{x}$；　　(2) $y=\dfrac{1}{\sqrt{x}}$；

(3) $y=\log_2 x$；　　(4) $y=3^x$.

4. 利用公式求下列函数在指定点的导数：

(1) $y=\dfrac{x^2\sqrt{x}}{\sqrt[3]{x}}$，求 $y'|_{x=1}$；

(2) $f(x)=\dfrac{1}{x^2}$，求 $f''(2)$.

5. 求函数 $y=x^2$ 在点(1,1)处的切线方程.

§2.2　导数运算法则

基础知识

函数和、差、积、商求导法则

定理 1　若 u,v 都是关于 x 的可导函数，则

(1) $(u\pm v)'=u'\pm v'$；

(2) $(u\cdot v)'=u'v+uv'$；

(3) $\left(\dfrac{u}{v}\right)'=\dfrac{u'v-uv'}{v^2}\ (v\neq 0)$.

【例 1】　求函数 $y=x^4+\sqrt[3]{x}+\sqrt{x}$的导数.

解　将该函数化简成幂函数的标准形式得

$$y=x^4+x^{\frac{1}{3}}+x^{\frac{1}{2}}.$$

然后按代数和的求导法则得

$$y'=(x^4+x^{\frac{1}{3}}+x^{\frac{1}{2}})'=(x^4)'+(x^{\frac{1}{3}})'+(x^{\frac{1}{2}})'$$

$$=4x^{4-1}+\frac{1}{3}x^{\frac{1}{3}-1}+\frac{1}{2}x^{\frac{1}{2}-1}=4x^3+\frac{1}{3}x^{-\frac{2}{3}}+\frac{1}{2}x^{-\frac{1}{2}}.$$

【例 2】 求 $y=\sqrt{x}\sin x$ 的导数.

解 利用积的求导公式得,

$$y'=(\sqrt{x}\sin x)'=(x^{\frac{1}{2}})'\sin x+x^{\frac{1}{2}}(\sin x)'$$

$$=\frac{1}{2}x^{\frac{1}{2}-1}\sin x+x^{\frac{1}{2}}\cos x=\frac{1}{2\sqrt{x}}\sin x+\sqrt{x}\cos x.$$

如果将其推广到三个函数的情形,有如下公式

$$(uvw)'=u'vw+uv'w+uvw'.$$

【例 3】 求正切函数 $y=\tan x$ 的导数.

解 由于 $\tan x=\frac{\sin x}{\cos x}$,应用商的导数法则得

$$y'=(\tan x)'=\left(\frac{\sin x}{\cos x}\right)'=\frac{(\sin x)'\cos x-\sin x(\cos x)'}{\cos^2 x}.$$

$$=\frac{\cos^2 x+\sin^2 x}{\cos^2 x}=\frac{1}{\cos^2 x}=\sec^2 x.$$

即

$$y'=(\tan x)'=\frac{1}{\cos^2 x}=\sec^2 x.$$

复合函数的求导法则

定理 2 设函数 $y=f(u)$ 与 $u=\varphi(x)$ 可以构成复合函数 $y=f[\varphi(x)]$,若 $u=\varphi(x)$ 在 x 处有导数 $\frac{\mathrm{d}u}{\mathrm{d}x}=\varphi'(x)$,$y=f(u)$ 在对应点 u 处有导数 $\frac{\mathrm{d}y}{\mathrm{d}u}=f'(u)$,则复合函数 $y=f[\varphi(x)]$ 在点 x 处的导数也存在,且

$$\frac{\mathrm{d}y}{\mathrm{d}x}=\frac{\mathrm{d}y}{\mathrm{d}u}\cdot\frac{\mathrm{d}u}{\mathrm{d}x}\text{或}\ y'_u=y'_u\cdot u'_x.$$

上述结构表明:两个可导函数复合而成的复合函数的导数等于该函数对中间变量的导数再乘以该中间变量对自变量的导数(该法则主要应用在省略书写中间变量的复合函数求导过程中).

复合函数的求导法则可以推广到多个中间变量的情形. 例如,设 $y=f(u)$,$u=\varphi(v)$,$v=\psi(x)$ 均可导,则复合函数 $y=f\{\varphi[\psi(x)]\}$ 的导数为

$$\frac{\mathrm{d}y}{\mathrm{d}x}=\frac{\mathrm{d}y}{\mathrm{d}u}\cdot\frac{\mathrm{d}u}{\mathrm{d}v}\cdot\frac{\mathrm{d}v}{\mathrm{d}x}\text{或}\frac{\mathrm{d}y}{\mathrm{d}x}=f'(u)\cdot\varphi'(v)\cdot\psi'(x).$$

【例 4】 设 $y=\mathrm{e}^{x^2}$,求 $\frac{\mathrm{d}y}{\mathrm{d}x}$.

解 该函数是由 $y=\mathrm{e}^u$ 与 $u=x^2$ 复合而成,根据复合函数求导法则

$$\frac{\mathrm{d}y}{\mathrm{d}u}=\mathrm{e}^u=\mathrm{e}^{x^2},\qquad \frac{\mathrm{d}u}{\mathrm{d}x}=2x,$$

所以 $$\frac{dy}{dx}=\frac{dy}{du}\cdot\frac{du}{dx}=2xe^{x^2}.$$

【例 5】 设 $y=\sin x^2$,求 y'.

解 $y=\sin x^2$ 是由 $y=\sin u$ 与 $u=x^2$ 复合而成,

其中 $y'_u=\cos u, u'_x=2x$,

所以 $y'_x=y'_u\cdot u'_x=\cos u\cdot 2x=2x\cos x^2$.

【例 6】 求 $y=\ln\tan 2x$ 的导数.

解 $y=\ln\tan 2x$ 由 $y=\ln u, u=\tan v, v=2x$ 复合而成,

因为 $y'_u=\dfrac{1}{u}, u'_v=\sec^2 v, v'_x=2$,

所以 $y'_x=y'_u\cdot u'_v\cdot v'_x=\dfrac{1}{\tan 2x}\cdot\sec^2 2x\cdot 2=\dfrac{4}{\sin 4x}$.

从上面三个例子看出,求复合函数的导数时,首先要分析所给函数是由哪些函数复合而成的,然后求出函数对中间变量的导数以及中间变量对自变量的导数,最后应用复合函数的求导法则就可以求出所给函数的导数.

对复合函数的分解比较熟练后,可以不写出中间变量,而把中间变量看在眼里,记在心上,由外到内,逐层求导.**"层层求导,注意对象"**.在解题过程中,为了方便我们往往省略书写复合步骤的过程.

【例 7】 求下列函数的导数:

(1)$y=\sin^2 x$;　　(2)$y=(2x-3)^9$;

(3)$y=\cos^2 e^x$;　　(4)$y=[\arctan 2x]^2$.

解 (1)$y'=(\sin^2 x)'=2\sin x(\sin x)'=2\sin x\cos x=\sin 2x$.

(2)$y'=[(2x-3)^9]'=9(2x-3)^8\cdot(2x-3)'=9(2x-3)^8\cdot 2$
$=18(2x-3)^8$.

(3)$y'=(\cos^2 e^x)'=2\cos e^x(\cos e^x)'=2\cos e^x(-\sin e^x)(e^x)'$
$=-2e^x\cos e^x\sin e^x=-e^x\sin 2e^x$.

(4)$y'=\{[\arctan 2x]^2\}'=2\arctan 2x\cdot[\arctan 2x]'$
$$=2\arctan 2x\cdot\frac{1}{1+(2x)^2}\cdot(2x)'$$
$$=2\arctan 2x\cdot\frac{1}{1+4x^2}\cdot 2=\frac{4\arctan 2x}{1+4x^2}.$$

事实上,很多函数的复合过程并不完全是求导公式所给出的标准的复合方式,还会与四则运算交错构成,如果严格按照写出复合步骤的方式进行运算容易造成错误.所以,省略书写中间变量的过程是非常必要的.这时读者只要反复运用"复合函数的导数等于该函数对中间变量的导数再乘以该中间变量对自变量的导数"并结合四则运算即可.

【例 8】 求函数 $y=\ln(x+\sqrt{x^2+a^2})$ 的导数.

解 $y'=\dfrac{1}{x+\sqrt{x^2+a^2}}(x+\sqrt{x^2+a^2})'$

$$=\frac{1}{x+\sqrt{x^2+a^2}}\left[1+\frac{1}{2}(x^2+a^2)^{\frac{1}{2}-1}(x^2+a^2)'\right]$$

$$=\frac{1}{x+\sqrt{x^2+a^2}}\left[1+\frac{2x}{2\sqrt{x^2+a^2}}\right]=\frac{1}{\sqrt{x^2+a^2}}.$$

在上述解题过程的第二步复合函数求导运算中，只有 $\sqrt{x^2+a^2}$ 是复合函数，而 $x+\sqrt{x^2+a^2}$ 是一简单函数 x 与复合函数 $\sqrt{x^2+a^2}$ 的和.

巩固练习

1. 求下列函数的导数：

(1) $y=\dfrac{\sqrt{x}}{2}+\dfrac{1}{\sqrt{x}}+\mathrm{e}^2$； (2) $y=\ln x-\dfrac{2}{x}+\ln 5$；

(3) $y=x^2\ln x$； (4) $y=x^4\ln x+\mathrm{e}^x\cos x$；

(5) $\rho=\sqrt{\varphi}\sin\varphi$； (6) $y=\dfrac{\ln x}{x^2}$；

(7) $y=\dfrac{\sin x}{x}$； (8) $y=\dfrac{1-\ln x}{1+\ln x}$.

2. 求下列函数的导数：

(1) $y=\sin 5x$； (2) $y=\dfrac{1}{\sqrt[4]{(3x-5)^3}}$；

(3) $y=\arcsin\sqrt{x}$； (4) $y=\ln^4\sin x$；

(5) $y=\sqrt{x^2+1}$； (6) $y=\cos^3 x+\sin x^3$；

(7) $y=x^2\sin\dfrac{1}{x}$； (8) $y=\mathrm{e}^{-kx}\sin(ax+b)$.

§2.3 导数的应用

基础知识

函数的单调性

如何利用导数来判定函数的单调性呢？为此我们先考察函数的单调性与函

数的导数之间的关系.

如图 2-2 所示,函数 $y=f(x)$在区间$[a,b]$上单调增加,曲线上各点处的切线的倾斜角 α 都是锐角,于是切线的斜率 $\tan\alpha>0$,即 $f'(x)>0$. 如图 2-3 所示,函数 $y=f(x)$在区间$[a,b]$上单调减少,曲线上各点处的切线的倾斜角 α 都是钝角,于是切线的斜率 $\tan\alpha<0$,即 $f'(x)<0$.

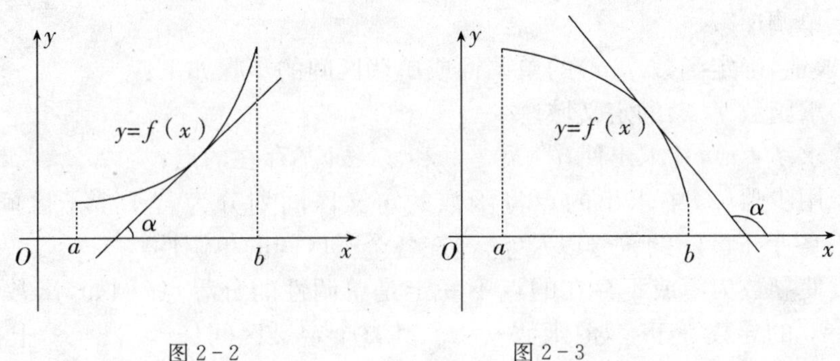

图 2-2　　图 2-3

这说明,函数的单调性与函数导数的符号有着密切的联系,反之,有:

定理 1　设函数 $y=f(x)$在$[a,b]$上连续,在(a,b)内可导,则有

(1)如果在(a,b)内 $f'(x)>0$,那么函数 $y=f(x)$在$[a,b]$上单调递增;

(2)如果在(a,b)内 $f'(x)<0$,那么函数 $y=f(x)$在$[a,b]$上单调递减.

注:将上述定理中的闭区间换成其他各种区间,结论仍成立.

一般来说,函数在其定义区间内并不是只单调递增或只单调递减的,而是有时单调递增,有时单调递减. 例如,函数 $y=x^2$ 在$(-\infty,0)$内单调递减,在$(0,+\infty)$内单调递增;函数 $y=\sqrt{x^2}=|x|$在$(-\infty,0)$内单调递减,在$(0,+\infty)$内单调递增,点 $x=0$ 是其单调区间的分界点,在点 $x=0$ 处,$f'(x)=0$ 或 $f'(x)$不存在. 因此,要确定函数在其定义区间上的单调性,需要先把这些点找出,然后用这些点把定义区间进行划分,再讨论各个部分区间上的单调性.

【例 1】　判别函数 $f(x)=(x-4)\sqrt[3]{x}$的单调性.

解　(1)函数的定义域为$(-\infty,+\infty)$;

(2)$f'(x)=(x^{\frac{4}{3}}-4x^{\frac{1}{3}})'=\dfrac{4}{3}x^{\frac{1}{3}}-\dfrac{4}{3}x^{-\frac{2}{3}}=\dfrac{4x-4}{3\sqrt[3]{x^2}}$;

(3)令 $f'(x)=0$,得 $x=1$;当 $x=0$ 时,$f'(x)$不存在;

(4)用 $x=0$ 及 $x=1$ 把定义域分为三个区间:$(-\infty,0)$,$(0,1)$,$(1,+\infty)$,列表确定 $f'(x)$的符号、$f(x)$的单调区间:

x	$(-\infty,0)$	0	$(0,1)$	1	$(1,+\infty)$
$f'(x)$	$-$	不存在	$-$	0	$+$
$f(x)$	↘		↘		↗

所以，函数 $f(x)=(x-4)\sqrt[3]{x}$ 在区间 $(1,+\infty)$ 上单调递增；在 $(-\infty,0)$ 和 $(0,1)$ 上单调递减.

一般地，确定函数 $f(x)$ 的单调性或单调区间的步骤如下：

(1)求函数 $f(x)$ 的定义域；

(2)求 $f'(x)$，并求出使 $f'(x)=0$ 和 $f'(x)$ 不存在的点；

(3)用步骤(2)中求出的点将函数的定义区间划分为若干个子区间，确定 $f'(x)$ 在各个子区间的符号以及 $f(x)$ 在各个子区间的单调性.

注：使导数为零或不存在的点不一定是单调性的分界点. 例如，函数 $y=x^3$ 在点 $x=0$ 的导数等于零，但函数 $y=x^3$ 其整个定义区间 $(-\infty,+\infty)$ 上都是单调递增的.

函数的极值

引例 观察图 2-4，可以发现，函数 $y=f(x)$ 在点 x_1,x_4 的值比其邻近点的值都大，曲线在该点处达到"峰顶"；在点 x_2,x_5 的值比其邻近点的值都小，曲线在该点处达到"谷底". 对于具有这种性质的点，我们引入函数的极值的概念.

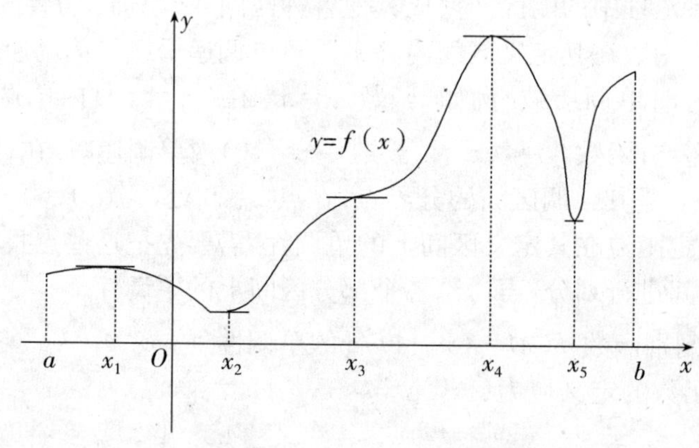

图 2-4

如图 2-4，称 x_1,x_4 为极大值点，x_2,x_5 为极小值点. 显然极值是一个局部性概念，只说明它们与附近的函数值比较总是大的或小的，而不能说它们就是整个定义区间上的最大或最小值. 事实上，图中 x_5 处的极小值比 x_1 处的极大值还大.

定义 1 设 $y=f(x)$ 点 x_0 的附近有定义，且对于该范围内的任意 x 总有

$f(x)\leqslant f(x_0)$，则称 $f(x_0)$ 是 $f(x)$ 的一个**极大值**；反之称为**极小值**.

极大值、极小值统称为**极值**. 事实上极值在导数为零的点(驻点)或导数点不存在的点处取得，但驻点或导数不存在的点不一定是极值点(具体可以看后面的例子).

定理 2　设 $f(x)$ 在点 x_0 连续，在点 x_0 的附近范围内可导(可不含 x_0)，若

(1)当 $x<x_0$ 时，$f'(x)<0$；当 $x>x_0$ 时，$f'(x)>0$，则 x_0 是极小值点；

(即从左至右经过点 x_0 时，$f'(x)$ 的符号由正变为负，如图 2－5 所示)

(2)当 $x<x_0$ 时，$f'(x)>0$；当 $x>x_0$ 时，$f'(x)<0$，则 x_0 是极大值点；

(即从左至右经过点 x_0 时，$f'(x)$ 的符号由负变为正，如图 2－6 所示)

(3)若 $f'(x)$ 不变号，则 x_0 不是极值点.

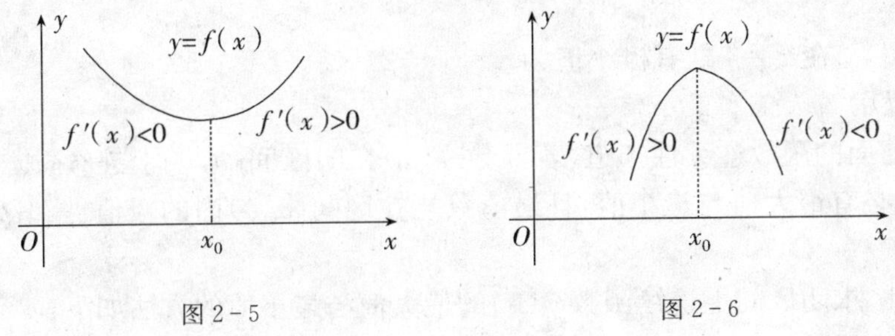

图 2－5　　　　图 2－6

【例 2】　求 $y=\frac{5}{3}x^{\frac{3}{5}}-x$ 的极值.

解　(1)函数的定义域是 $\mathbf{R}$.

(2)$y'=x^{-\frac{2}{5}}-1$，令 $y'=0$，则 $x_1=-1$，$x_2=1$；另外当 $x=0$ 时，y' 不存在.

因此 $f(x)$ 在 $0,-1,1$ 处均有可能取得极值.

(3)列表分析如下：

x	$(-\infty,-1)$	-1	$(-1,0)$	0	$(0,1)$	1	$(1,+\infty)$
y'	$-$	0	$+$	不存在	$+$	0	$-$
y	↘	极小值 $-\frac{2}{3}$	↗	没有极值	↗	极大值 $\frac{2}{3}$	↘

(4)由上表可以看出：

当 $x=-1$ 时，y 有极小值 $-\frac{2}{3}$；当 $x=1$ 时，y 有极大值 $\frac{2}{3}$；在 $x=0$ 处，y 无极值.

特别地：若 $f(x)$ 在 x_0 处存在一、二阶导数，且 $f'(x_0)=0$，$f''(x_0)\neq 0$，则以下判断极值点的方法更为简便.

定理 3　设 $f(x)$ 在 x_0 处具有二阶导数，且 $f'(x_0)=0$，$f''(x_0)\neq 0$. 则：

(1)若 $f''(x_0)<0$,则 $f(x)$在 x_0 处有极大值;

(2)若 $f''(x_0)>0$,则 $f(x)$在 x_0 处有极小值.

注:此定理只能判别驻点是否为极值点,且在驻点的二阶导数为零的时候此法不能判别.

【例 3】 求 $y=x^3-27x+2$ 的极值.

解 $y'=3x^2-27, y''=6x$.

令 $y'=0$,则 $x_1=-3, x_2=3$.

又 $y''|_{x=-3}=6\times(-3)=-18<0$,

所以,y 在 $x=-3$ 处有极大值为 $y=(-3)^3-27\times(-3)+2=56$.

而 $y''|_{x=3}=6\times3=18>0$,

所以,y 在 $x=3$ 处有极小值为 $y=3^3-27\times3+2=-52$.

函数的最大值和最小值

由前面的函数连续性知道,若函数 $f(x)$在闭区间$[a,b]$上连续,则 $f(x)$在$[a,b]$上必有最大值与最小值,且最值只能在区间(a,b)内的极值点和区间端点 a,b 取得.

因此,求闭区间上连续函数 $f(x)$的最大值与最小值的方法如下:

(1)求函数 $f(x)$的定义域;

(2)求 $f'(x)$,求出函数的驻点以及不可导点;

(3)计算 $f(x)$在驻点、不可导点、端点的函数值,比较大小,即可得函数的最大值与最小值.

【例 4】 求函数 $f(x)=x^4-8x^2+2$ 在$[-1,3]$上的最大值和最小值.

解 (1)指定的区间为$[-1,3]$;

(2)$f'(x)=4x^3-16x=4x(x+2)(x-2)$,

令 $f'(x)=0$,得$(-1,3)$内的驻点为 $x=0,2$;

(3)$f(-1)=-5, f(0)=2, f(2)=-14, f(3)=11$,

比较可得,函数的最大值为 $f(3)=11$,最小值为 $f(2)=-14$.

若函数在某个连续区间内只有唯一的极值点 x_0,可以断定,当 x_0 是 $f(x)$的极大(小)点时,$f(x_0)$就是函数 $f(x)$在该区间上的最大(小)值.这是实际应用中经常遇到的情况,现实生活中经常碰到要解决“最快”、“最大”、“最省”、“最低”等问题,都通常归结为某函数(数学上称为目标函数)的最值问题来解决.此时的最值就在唯一的极值点处取得.

【例 5】 如图 2-7 所示,设工厂 C 到铁路的垂直距离为 20 km,垂足为 A,铁路线上距 A 点 100 km 处有一原料供应站 B,现在要在 AB 之间

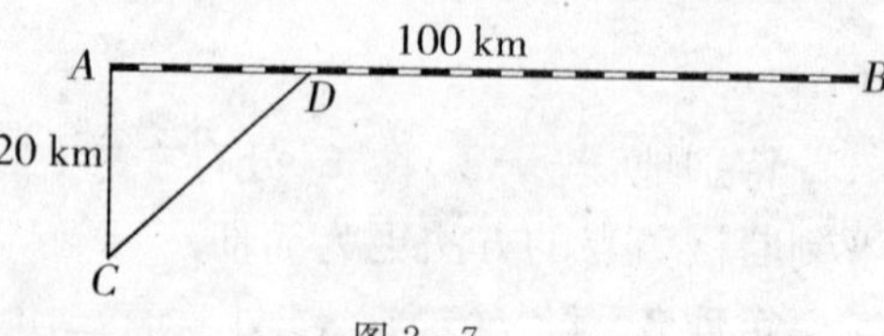

图 2-7

的线上选定一点 D 修建一个原料中转车站，再由车站 D 向工厂 C 修筑一条公路. 已知每吨公里铁路的运费与公路的运费之比为3∶5，为了使原料从供应站 B 运到工厂 C 的运费最省，问 D 点应选在何处？

解　首先，建立目标函数.

设 $AD=x$ km，则 $|DB|=100-x$，$|CD|=\sqrt{20^2+x^2}=\sqrt{400+x^2}$. 又设公路运费为 $5k$ 元/t·km（k 是正数），铁路运费为 $3k$ 元/t·km，从 B 点到 C 点需要的总运费为 y（元），则目标函数为 $y=5k\cdot|CD|+3k\cdot|DB|$，

即　$y=5k\sqrt{400+x^2}+3k(100-x)\ (0<x<100)$.

其次，将实际问题的最值转化为函数的最值.

问题转化为：求函数 $y=5k\sqrt{400+x^2}+3k(100-x)$ 在 $(0,100)$ 上的最小值.

求导数，得 $y'=5k\dfrac{x}{\sqrt{400+x^2}}-3k=k\left(\dfrac{5x}{\sqrt{400+x^2}}-3\right)$，

令 $y'=0$，得驻点 $x=15$（$x=-15$ 舍去）.

因为运费问题中必有最小值，现在又只有一个驻点 $x=15$，由此知 $x=15$ 为函数 y 的最小值点. 因此，当车站 D 建于 A，B 之间，且与 A 相距 15 km 处时，运费最省.

注：在实际问题中，如果函数 $f(x)$ 在某区间内，有唯一的驻点 x_0，而且从实际问题本身又可知道 $f(x)$ 在该区间内必定有最大值或最小值，则 x_0 就是 $f(x)$ 的最大值点或最小值点.

【例 6】　（易拉罐的设计）企业在设计易拉罐时，为了用最小的成本获得最大的利润，需要考虑在体积一定的情况下用料最省的问题. 测量一个你身边的易拉罐，分析它的设计是否达到了企业的期望，如果没有达到，请你改进.

解　设易拉罐的底面圆半径为 r，高为 h，表面积为 S，体积为 V（定值），则根据立体几何知识，得

$V=\pi r^2h$，$S=2\pi r^2+2\pi rh$.

于是，得　$S=2\pi r^2+\dfrac{2V}{r}$，$r\in(0,+\infty)$.

求导，得　$S'=4\pi r-\dfrac{2V}{r^2}$，令 $S'=0$，得 $r=\sqrt[3]{\dfrac{V}{2\pi}}$.

对 S 关于 r 求二阶导数，得　$S''=4\pi+\dfrac{4V}{r^3}$.

因为 $S''\left(\sqrt[3]{\dfrac{V}{2\pi}}\right)>0$，所以 S 在点 $r=\sqrt[3]{\dfrac{V}{2\pi}}$ 处取得极小值. 又在区间 $(0,+\infty)$ 内函数只有唯一驻点，所以函数 S 在该点取得最小值.

将 $r=\sqrt[3]{\frac{V}{2\pi}}$ 代入 $V=\pi r^2 h$ 中,得 $h=2\sqrt[3]{\frac{V}{2\pi}}$.

于是,得 $\frac{r}{h}=\frac{1}{2}$. 这就是说,当其底面圆半径与高之比为 1∶2 时,用料最省.

【例 7】 (面包价格的确定)某职业院校为了培养学生的创业能力,鼓励在毕业学年的学生在校园里开展各种营销活动. 学生蔡明利用业余时间在学院内的一家面包销售点打工. 经过一段时间统计,他发现某种面包以每块 2 元的价格销售时,每天能卖掉 500 块;若价格每提高 1 角,每天就会少卖掉 10 块. 另外,面包点每天的固定开销为 40 元,每块面包的成本为 1.5 元. 此后,蔡明决定独自经营该面包销售点. 问:蔡明怎样确定面包的价格,才能使获得的利润最大?

解 设 x 为每天的销售价格,y 为每天销售的块数,L 为每天的利润. 据题意,当 $x=2$ 时,$y=500$;当 $x=3$ 时,$y=400$.

于是,得 $\frac{y-500}{400-500}=\frac{x-2}{3-2}$. 解得 $y=500-100(x-2)=700-100x$.

每日的收入:$R(x)=xy$,每日的成本是:$C(x)=40+1.5y$.

每日的利润是:$L(x)=R(x)-C(x)=xy-(40+1.5y)$

$=(x-1.5)y-40$.

将 $y=700-100x$ 代入上式,得

$L(x)=(x-1.5)(700-100x)-40, x\in(0,+\infty)$.

求导:$L'(x)=700-100x-100(x-1.5)=850-200x$.

令 $L'(x)=0$,得 $x=4.25$. 求二阶导数:$L''(x)=-200$.

因为 $L''(4.25)<0$,所以 $L(x)$ 在 $x=4.25$ 处取得极大值. 又在区间内 $(0,+\infty)$ 只有唯一驻点,所以在点 $x=4.25$ 处必取得最大值,且最大值为 $L(4.25)=716.25$.

因此,蔡明应把面包的价格定为 4.25 元/块时,才能获得最大利润,且最大利润为 716.25 元.

* 曲率的定义

在生产实践和工程技术中,常常会遇到曲线的弯曲程度问题. 例如,设计铁路、高速公路的弯道时,就需要根据最高限速来确定弯道的弯曲程度. 为此,本节我们介绍描述曲线弯曲程度的概念——曲率及其计算公式.

直觉上,我们知道,直线不弯曲,半径小的圆比半径大的圆弯曲得厉害些,抛物线上在顶点附近比远离顶点的部分弯曲得厉害些. 那么如何用数量来描述曲线的弯曲程度呢?

如图 2-8 所示,$\overset{\frown}{M_1M_2}$ 和 $\overset{\frown}{M_2M_3}$ 是两段等长的曲线弧,$\overset{\frown}{M_2M_3}$ 比 $\overset{\frown}{M_1M_2}$ 弯曲得厉害些,当点 M_2 沿曲线弧移动到点 M_3 时,切线的转角 $\Delta\alpha_2$ 比从点 M_1 沿曲线弧

移动到点 M_2 时，切线的转角 $\Delta\alpha_1$ 要大些.

如图 2-9 所示，$\overset{\frown}{M_1M_2}$ 和 $\overset{\frown}{N_1N_2}$ 是两段切线转角同为 $\Delta\alpha$ 的曲线弧，$\overset{\frown}{N_1N_2}$ 比 $\overset{\frown}{M_1M_2}$ 弯曲得厉害些，显然，$\overset{\frown}{M_1M_2}$ 的弧长比 $\overset{\frown}{N_1N_2}$ 的弧长大.

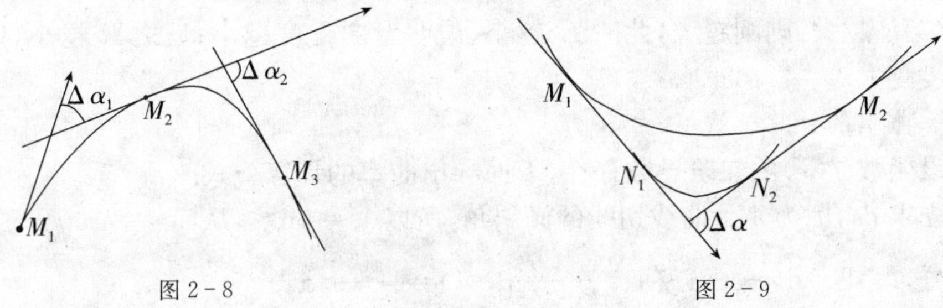

图 2-8　　图 2-9

这说明，曲线的弯曲程度与曲线的切线转角成正比，与弧长成反比. 由此，我们引入曲率的概念.

如图 2-10 所示，设 M,N 是曲线 $y=f(x)$ 上的两点，当点 M 沿曲线移动到点 N 时，切线相应的转角为 $\Delta\alpha$，曲线弧 $\overset{\frown}{MN}$ 的长为 Δs. 我们用 $\left|\frac{\Delta\alpha}{\Delta s}\right|$ 来表示曲线弧 $\overset{\frown}{MN}$ 的平均弯曲程度，并称它为曲线弧 $\overset{\frown}{MN}$ 的平均曲率，记为 $\overline{K}$，即 $\overline{K}=\left|\frac{\Delta\alpha}{\Delta s}\right|$.

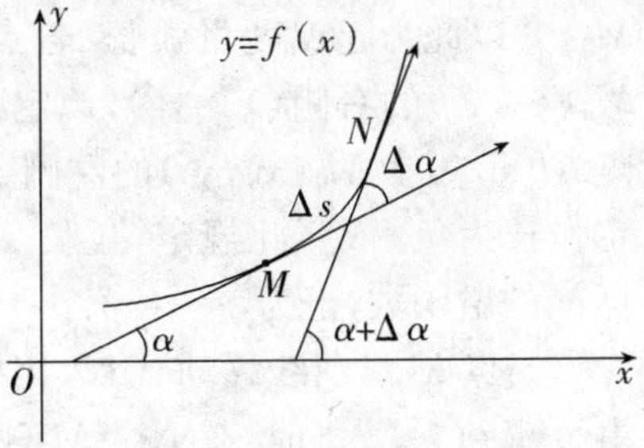

图 2-10

当 $\Delta s\to 0$（即 $N\to M$）时，若极限 $\lim\limits_{\Delta s\to 0}\frac{\Delta\alpha}{\Delta s}=\frac{\mathrm{d}\alpha}{\mathrm{d}s}$ 存在，从而极限 $\lim\limits_{\Delta s\to 0}\left|\frac{\Delta\alpha}{\Delta s}\right|=\left|\frac{\mathrm{d}\alpha}{\mathrm{d}s}\right|$ 存在，则称 $\lim\limits_{\Delta s\to 0}\left|\frac{\Delta\alpha}{\Delta s}\right|=\left|\frac{\mathrm{d}\alpha}{\mathrm{d}s}\right|$ 为曲线 $y=f(x)$ 在 M 点处的曲率，记为 K，即

$$K=\left|\frac{\mathrm{d}\alpha}{\mathrm{d}s}\right|\quad\left(\frac{\mathrm{d}\alpha}{\mathrm{d}s}\text{是曲线切线的倾斜角相对于弧长的变化率}\right).$$

【例 8】　求半径为 R 的圆的平均曲率及曲率.

解　如图 2-11 所示，

$$\Delta\alpha=\angle AO_1B=\frac{\Delta s}{R},$$

$$\therefore \overline{K}=\left|\frac{\Delta\alpha}{\Delta s}\right|=\left|\frac{\frac{\Delta s}{R}}{\Delta s}\right|=\frac{1}{R}.$$

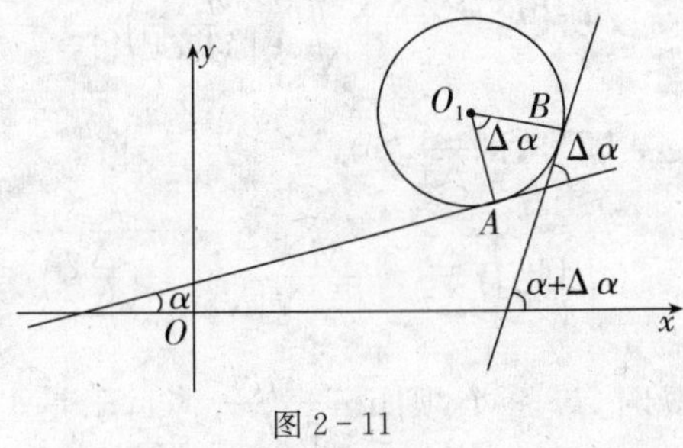

图 2-11

当 B 无限接近 A 时，即 $\Delta s\to 0$ 时，

$K=\left|\lim\limits_{\Delta s\to 0}\frac{\Delta\alpha}{\Delta s}\right|=\lim\limits_{\Delta s\to 0}\frac{1}{R}=\frac{1}{R}.$

可见：(1)圆周上某点的曲率与该圆周上任意一段弧的平均曲率相同.

(2)圆周上所有点处的曲率都相等，说明圆周的弯曲是均匀的.

(3)R 越大，则圆越大；此时 K 越小，说明弯曲程度越小；反之 R 越小，则弯曲程度越大.

* 曲率的计算公式

设函数 $f(x)$ 的二阶导数存在，下面导出曲率的计算公式.

先求 $\mathrm{d}\alpha$，因为 α 是曲线切线的倾斜角，所以 $y'=\tan\alpha$，从而 $\alpha=\arctan y'$，两边微分，得 $\mathrm{d}\alpha=\mathrm{d}(\arctan y')=\frac{1}{1+y'^2}\mathrm{d}(y')=\frac{y''}{1+y'^2}\mathrm{d}x.$

其次求 $\mathrm{d}s$，如图 2-12，在曲线上任取一点 M_0，并以此为起点度量弧长. 若点 $M(x,y)$ 在 $M_0(x_0,y_0)$ 的右侧 $(x>x_0)$，规定弧长为正；若点 $M(x,y)$ 在 $M_0(x_0,y_0)$ 的左侧 $x(x<x_0)$，规定弧长为负；依照此规定，弧长 s 是点的横坐标 x 的增函数，记为 $s=s(x)$.

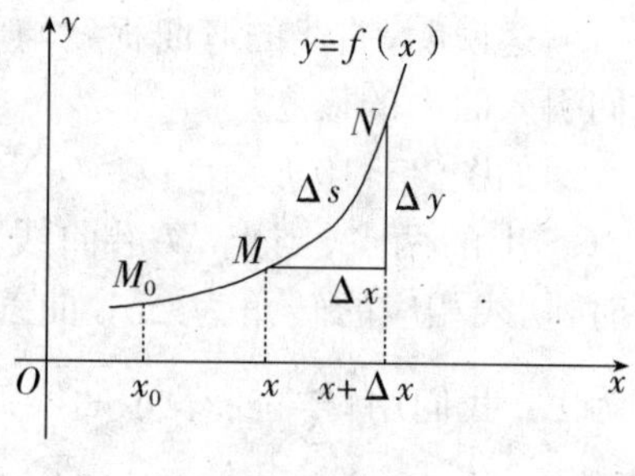

图 2-12

当点 M 沿曲线移动到 N，相应地，横坐标由 x 变到 $x+\Delta x$ 时，有 $\Delta s=\overset{\frown}{M_0N}-\overset{\frown}{M_0M}=\overset{\frown}{MN}$，

$$\text{即}\left(\frac{\Delta s}{\Delta x}\right)^2=\left(\frac{\overset{\frown}{MN}}{\Delta x}\right)^2=\left(\frac{\overset{\frown}{MN}}{|MN|}\right)^2\cdot\left(\frac{|MN|}{\Delta x}\right)^2$$

$$=\left(\frac{\overset{\frown}{MN}}{|MN|}\right)^2\cdot\frac{(\Delta x)^2+(\Delta y)^2}{(\Delta x)^2}$$

$$=\left(\frac{\overset{\frown}{MN}}{|MN|}\right)^2\left[1+\left(\frac{\Delta y}{\Delta x}\right)^2\right].$$

所以，$\frac{\Delta s}{\Delta x}=\pm\sqrt{\left(\frac{\overset{\frown}{MN}}{|MN|}\right)^2\left[1+\left(\frac{\Delta y}{\Delta x}\right)^2\right]}$，因为 $s(x)$ 是增函数，所以 Δs 与 Δx 同号，即 $\frac{\Delta s}{\Delta x}\geqslant 0$.

因此有 $\frac{\Delta s}{\Delta x}=\frac{\overset{\frown}{MN}}{|MN|}\sqrt{1+\left(\frac{\Delta y}{\Delta x}\right)^2}$，令 $\Delta x\to 0$，对上式两端取极限，由于 $\Delta x\to 0$ 时，$N\to M$，则 $\lim\limits_{\Delta x\to 0}\frac{MN}{|MN|}=1$，于是上式变为：$\lim\limits_{\Delta x\to 0}\frac{\Delta s}{\Delta x}=\sqrt{1+\left(\lim\limits_{\Delta x\to 0}\frac{\Delta y}{\Delta x}\right)^2}$，

即 $\frac{\mathrm{d}s}{\mathrm{d}x}=\sqrt{1+\left(\frac{\mathrm{d}y}{\mathrm{d}x}\right)^2}=\sqrt{1+(y')^2}$，所以 $\mathrm{d}s=\sqrt{1+y'^2}\,\mathrm{d}x$.

把 $d\alpha,ds$ 代入前面的曲率定义式 $K=\left|\dfrac{d\alpha}{ds}\right|$ 中，得 $K=\dfrac{|y''|}{(1+y'^2)^{\frac{3}{2}}}$. 这就是曲线 $y=f(x)$ 在点 (x,y) 处曲率的计算公式.

【例 9】 求曲线 $y=kx+b$ 上任意一点处的曲率.

解　因为 $y'=k,y''=0$，代入公式，得 $K=0$.

所以，直线上任意一点的曲率都等于零，这与我们的直觉“直线不弯曲”是一致的.

【例 10】 求抛物线 $y=ax^2+bx+c$ 上曲率最大的点.

解　因为 $y'=2ax+b,y''=2a$，所以 $K=\dfrac{|2a|}{[1+(2ax+b)^2]^{\frac{3}{2}}}$.

因为 $|2a|$ 为常数，所以分母 $[1+(2ax+b)^2]^{\frac{3}{2}}$ 越小，则 K 越大. 而 $x=-\dfrac{b}{2a}$ 时，上述分母最小，故 $K_{\max}=|2a|$. 事实上，此时与 $|2a|$ 相对应的点是 $\left(-\dfrac{b}{2a},\dfrac{4ac-b^2}{4a}\right)$，这正好是抛物线的顶点，因此顶点处曲率最大.

* 曲率圆和曲率半径

如图 2-13，设曲线 $y=f(x)$ 在点 $M(x,y)$ 处的曲率为 $K(K\neq0)$，在点 M 处的曲线的法线上，在凹的一侧取一点 D，使 $|DM|=\dfrac{1}{K}=\rho$. 以 D 为圆心，ρ 为半径所作的圆称为曲线在点 M 处的曲率圆；曲率圆的圆心 D 称为曲线在点 M 处的曲率中心；曲率圆的半径 ρ 称为曲线在点 M 处的曲率半径.

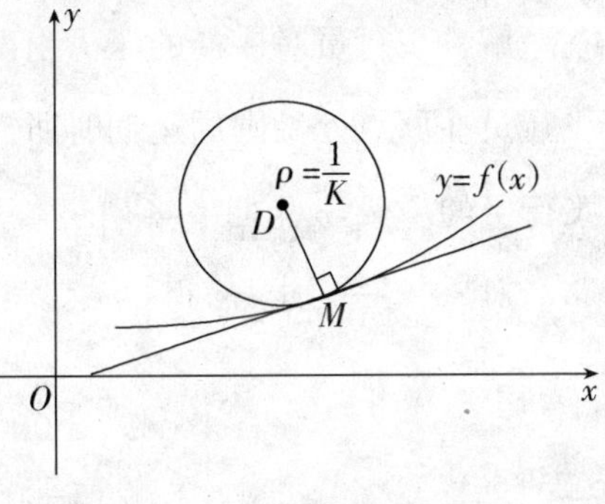

图 2-13

如例 10 中的抛物线顶点处的曲率最大为 $|2a|$. 那么，与之对应的曲率半径 $\rho=\dfrac{1}{|2a|}$ 就应该是最小的. 特别地，若 $K=0$，则该曲率半径 $\rho=+\infty$.

【例 11】 求双曲线 $xy=1$ 在点 $(1,1)$ 处的曲率半径.

解　$xy=1,y=\dfrac{1}{x},y'=-\dfrac{1}{x^2},y''=\dfrac{2}{x^3}$，且 $y'|_{x=1}=-1,y''|_{x=1}=2$，

代入以上公式得　$\rho=\dfrac{[1+(-1)^2]^{\frac{3}{2}}}{|2|}=\sqrt{2}$.

根据上述规定，曲率圆与曲线在点 M 处有相同的切线和曲率，且在点 M 邻近处凹凸性相同. 因此，在工程上常常用曲率圆在点 M 邻近处的一段圆弧来近似代替该点邻近处的小曲线弧.

【例 12】 用砂轮磨削工件时，选用砂轮的半径不应超过该工件内表面的截线上各点处曲率半径中的最小值，否则可能造成在砂轮与工件接触处附近磨掉太多的结果. 如图 2－14，设工件内表面的截线为抛物线 $y=0.4x^2$，现在要用砂轮磨削其内表面，问直径多大的砂轮比较合适？

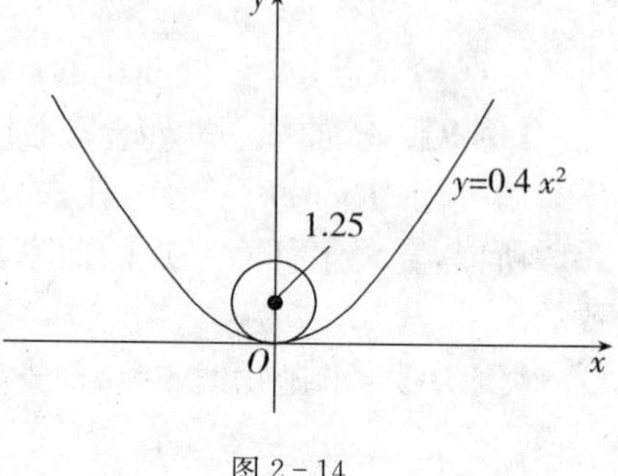

图 2－14

解 $y=0.8x, y''=0.8$,

$y'|_{x=0}=0, y''|_{x=0}=0.8$,

$\rho=\dfrac{(1+0^2)^{\frac{3}{2}}}{0.8}=1.25.$

所以选用砂轮的半径不得超过 1.25 单位长，即直径不得超过 2.50 单位长.

【例 13】 （飞行员对座椅的压力）飞机沿抛线 $y=\dfrac{x^2}{4\ 000}$（单位：m）俯冲飞行，在原点处为速度 $v=400$ m/s，飞行员体重 70 kg，求俯冲到原点时，飞行员对座椅的压力.

解 飞行员对座椅的压力由两部分构成，一部分是自身的重量，另一部分是飞行员在原点处做圆周运动时所需的向心力 F，且 $F=\dfrac{mv^2}{\rho}$，其中 v 为速度，m 为飞行员的质量，ρ 为曲率半径.

对 $y=\dfrac{x^2}{4\ 000}$求导，得

$$y'|_{x=0}=\left.\frac{x}{2\ 000}\right|_{x=0}=0, y''|_{x=0}=\frac{1}{2\ 000},$$

所以，曲率半径为 $\rho=\dfrac{(1+0^2)^{\frac{3}{2}}}{\dfrac{1}{2\ 000}}=2\ 000(\mathrm{m}).$

于是，所求向心力为 $F=\dfrac{70\times400^2}{2\ 000}=5\ 600(\mathrm{N}).$

故飞行员对座椅的压力 $P=70\times9.8+5\ 600=6\ 286(\mathrm{N}).$

由此可见，飞行员对座椅的压力是相当大的，当对座椅进行设计时必须考虑压力因素.

*边际分析

在经济学中，习惯上用平均和边际这两个概念来描述一个经济变量 y 对于另一个经济变量 x 的变化. 平均概念表示 x 在某一范围内取值时 y 的变化. 边际概念表示当 x 的改变量 Δx 趋于 0 时，y 的相应改变量 Δy 与 Δx 的比值的变化，即当 x 在某一给定值附近有微小变化时，y 的瞬时变化.

边际函数 根据导数的定义，导数 $f'(x_0)$ 表示 $f(x)$ 在点 $x=x_0$ 处的**变化**

率，在经济学中，称其为 $f(x)$在点 $x=x_0$ 处的**边际函数值**.

边际成本　成本函数 $C=C(x)$（x 是产量）的导数 $C'(x)$称为**边际成本函数**.

边际收入与边际利润　在估计产品销售量 x 时，给产品所定的价格 $p(x)$称为**价格函数**. 于是，收入函数 $R(x)=xp(x)$，利润函数 $L(x)=R(x)-C(x)$（$C(x)$是成本函数），收入函数的导数$R'(x)$称为**边际收入函数**，利润函数的导数 $L'(x)$称为**边际利润函数**.

【例 14】　某公司某产品的总利润 L(元)与日产量 x(t) 的关系为 $L(x)=250x-5x^2$，试求日产量分别为 20 t，25 t 及 30 t 时的边际利润，并解释其经济意义.

解　因为 $L'(x)=250-10x$，所以，所求边际利润分别为

$L'(20)=250-10\times 20=50$(元/t)，

$L'(25)=250-10\times 20=0$(元/t)，

$L'(30)=250-10\times 30=-50$(元/t).

上述结果可知，当销售量即需求量为 20 t 时，再增加 1 t 可使利润约增加 50 元；当销售量为 25 t 时，总利润达到最大，再增销售，总利润也不会增加；当销售量即需求量为 30 t 时，再增加 1 t 反而使利润约减少 50 元.

因此在不同的产量水平上，再增加生产 1 个单位产品时，总利润可能增加，可能保持不变，也可能减少，并非产量越大，总利润越大.

* 函数弹性

在边际分析中所研究的是函数的绝对改变量与绝对变化率，在经济问题中仅绝对改变量与绝对变化率还不能足以深入地分析问题，如：

甲产品单位价格 10 元，提高 1 元；

乙产品单位价格 200 元，提高 1 元.

两种产品的绝对改变量都是 1 元，但各与其原价相比，两者涨价的幅度差异很大，甲提价 10%，乙提价 0.5%. 因此，非常有必要研究函数的相对改变量与相对变化率. 为此引入下面定义：

定义 2　设函数 $y=f(x)$ 可导，我们把函数的相对改变量 $\frac{\Delta y}{y}=\frac{f(x+\Delta x)-f(x)}{f(x)}$，与自变量的相对改变量$\frac{\Delta x}{x}$之比，称为函数 $f(x)$从 x 到 $x+\Delta x$ **两点间的弹性**（或相对变化率）. 而极限$\lim\limits_{\Delta x\to 0}\frac{\Delta y/y}{\Delta x/x}$称为函数 $f(x)$在点 x 的**弹性**（或相对变化率），记为

$$\frac{\mathrm{E}y}{\mathrm{E}x}=\lim_{\Delta x\to 0}\frac{\Delta y/y}{\Delta x/x}=\lim_{\Delta x\to 0}\frac{\Delta y}{\Delta x}\cdot\frac{x}{y}=y'\frac{x}{y}.$$

注：函数 $f(x)$ 在 x 点的弹性 $\frac{Ey}{Ex}$ 反映随 x 的变化 $f(x)$ 变化幅度的大小，即 $f(x)$ 对 x 变化反应的强烈程度或**灵敏度**. 数值上，$\left.\frac{Ey}{Ex}\right|_{x=x_0}$ 表示 $f(x)$ 在点 x_0 处，当 x 产生 1% 的改变时，函数 $f(x)$ 近似地改变 $\left.\frac{Ey}{Ex}\right|_{x=x_0}$ %，在应用问题中解释弹性的具体意义时，通常略去"近似"二字.

【例 15】 求函数 $y=50e^{4x}$ 的弹性 $\frac{Ey}{Ex}$ 及 $\left.\frac{Ey}{Ex}\right|_{x=3}$.

解 因为 $\frac{Ey}{Ex}=\frac{x}{y}y'=\frac{x}{50e^{4x}}\times 200e^{4x}=4x$，所以 $\left.\frac{Ey}{Ex}\right|_{x=3}=12$.

下面介绍几个常见经济函数的弹性.

(1)**成本弹性** 设总成本函数 $C=C(q)$(q 为产量)，则成本弹性为

$$\frac{EC}{Eq}=\frac{q}{C(q)}C'(q).$$

它表示在产量为 q 的水平上，当产量增加 1% 时，总成本 C 变化的百分数.

(2)**需求弹性** 设需求函数 $Q=Q(p)$(p 为价格)，则需求弹性为

$$\frac{EQ}{Ep}=\frac{p}{Q(p)}Q'(P).$$

它表示在价格为 p 的水平上，当价格 p 改变 1% 时，需求量 Q 变化的百分数.

需求弹性表示某商品需求量对价格的变动的反应程度. 由于需求函数为价格的减函数，故需求价格弹性一般也为负值，它表明，当商品价格上涨(或下跌) 1% 时，其需求量将减少(或增加)约 $\left|\frac{EQ}{Ep}\right|$ %. 因此，在经济学中，比较商品需求弹性大小时，采用弹性的绝对值，当我们说商品的需求弹性大是指其绝对值大.

若 $\frac{EQ}{Ep}<-1\left(即\left|\frac{EQ}{Ep}\right|>1\right)$，则称该商品对价格富有弹性. 此时商品需求变动的百分比会高于商品价格变动的百分比，价格的变动对需求量的影响较大. 此时降价可使总收益增加，即薄利多销多收益.

若 $\frac{EQ}{Ep}=-1\left(即\left|\frac{EQ}{Ep}\right|=1\right)$，则称该商品对价格具有单位弹性. 此时商品需求变动的百分比与商品价格变动的百分比相等. 提价、降价对总收益没有明显的影响.

若 $-1<\frac{EQ}{Ep}<0\left(即\left|\frac{EQ}{Ep}\right|<1\right)$，则称该商品对价格缺乏弹性. 此时商品需求变动的百分比会低于商品价格变动的百分比，价格的变动对需求量的影响不大. 此时降价会使总收益减少，提价可使总收益增加.

(3)**收益弹性** 设收益函数 $R=R(q)$(q 为产量)，则收益弹性为

$$\frac{ER}{Eq}=\frac{q}{R(q)}R'(q).$$

它表示在价格为 q 的水平上，当产量增加 1%时，总收益 R 变化的百分数.

【例 16】 某商品的需求函数 $Q(p)=12-\frac{p}{2}$（p 为价格），求

(1)需求弹性；

(2)当 $p=6$ 时的需求弹性；

(3)在 $p=6$ 时，若价格上涨 1%，总收益增加还是减少？将变化百分之几？

(4)p 为何值时，总收益最大？最大总收益是多少？

解 (1)$\frac{EQ}{Ep}=\frac{dQ}{dp}\times\frac{p}{Q}=-\frac{1}{2}\times\frac{p}{12-\frac{p}{2}}=\frac{p}{p-24}$.

(2)$\left.\frac{EQ}{EP}\right|_{p=6}=-\frac{1}{3}$.

(3)因为$\left|\frac{EQ}{Ep}\right|\Big|_{p=6}=\frac{1}{3}<1$，属于缺乏弹性商品，故如价格上涨 1%时，总收益 R 会增加，增加多少？下面求总收益的变化百分数，即求当 $p=6$ 时，总收益 R 对价格 p 的弹性. 因为 $R=pQ=12p-\frac{p^2}{2}$，因此收益的弹性函数为：

$$\frac{ER}{Ep}=\frac{dR}{dp}\times\frac{p}{R}=(12-p)\times\frac{p}{12p-\frac{p^2}{2}}=\frac{2(12-p)}{24-p},$$

所以$\left.\frac{ER}{Ep}\right|_{p=6}=\frac{2}{3}$. 故如价格上涨 1%时，总收益 R 会增加 0.67%.

(4)因为 $R'=12-p$，令 $R'=0$，则 $p=12$，又 $R''|_{p=12}=-1<0$，

所以当 $p=12$ 时，总收益最大，最大值为 $R|_{p=12}=72$.

【例 17】 设 y 为某种商品的人均需求量，x 为消费者的人均收入水平，则关系 $y=f(x)$ 称为恩格尔函数. 若某城市化纤布的恩格尔函数为 $y=-1.6+0.2\ln x$，其中 x 为人均季收入（单位：元），y 为人均季需求的化纤布（单位：m）.

(1)求 y 对收入 x 的弹性；

(2)该市人均季收入为 9 000 元，试分析化纤布的弹性情况.

解 (1)求导，得 $y'=\frac{0.2}{x}$，

所求弹性为$\frac{Ey}{Ex}=\frac{x}{-1.6+0.2\ln x}\cdot\frac{0.2}{x}=\frac{0.2}{-1.6+0.2\ln x}=\frac{1}{-8+\ln x}$.

(2)令$\frac{Ey}{Ex}=1$，解得 $x=8\ 103$.

因此，当人均季收入小于 8 103 元时，弹性大于 1；当人均季收入大于 8 103

元时，弹性小于1，且随着收入的增加，弹性越来越小. 由于该市人均季收入为9 000元，弹性小于1，说明化纤布需求量是缺乏弹性的.

☞巩固练习

1. 求下列函数的极值点和极值：

(1) $f(x)=x^3-6x^2+9x-4$； (2) $y=3-2(x+1)^{\frac{1}{3}}$；

(3) $f(x)=2x^3+3x^2-12x+1$； (4) $f(x)=(x+1)e^{-x}$.

2. 要设计容积为 V 的有盖圆柱形储油桶，已知各单位面积造价是：侧面为底面的一半，盖为侧面的一半，问储油桶半径 r 取何值时造价最低？

3. 某商品的需求量 Q 是价格 p 的函数 $Q=Q(p)=75-p^2$，问 p 为何值时，总收益最大？

4. 生产某种商品 q 件时的总成本函数为 $C(q)=20+4q+0.01q^2$（元），单位销售价格为 $p=14-0.01q$（元/件），问产量为多少时可使利润达到最大？最大利润是多少？

5. 求下列曲线在指定点的曲率.

(1) $y=x^2-4x+1$，点 $(2,-3)$； (2) $y=x^{\frac{3}{2}}$，点 $(1,1)$；

(3) $y=x\sin x$，点 $(0,0)$； (4) $y=e^x$，点 $(0,1)$.

6. 求下列曲线在指定点的曲率半径.

(1) $y=\sin x$，点 $\left(\frac{\pi}{2},1\right)$； (2) $y=\ln(1-x^2)$，点 $(0,0)$.

7. 设工件内表面的截线为抛物线 $y=0.9x^2$，现在用砂轮磨削其内表面，问直径多大的砂轮比较合适？

8. 设某产品的总成本函数和总收入函数分别为 $C(x)=3+2\sqrt{x}$，$R(x)=\frac{5x}{x+1}$，其中 x 为该产品的销售量，求该产品的边际成本、边际收入和边际利润.

9. 设某产品的价格 p 与销售量 q 的函数关系式为 $q=60-30p$，求销售量为30个单位时的总收益与边际收益.

10. 某商品的市场需求函数为 $Q=a-bp$（a,b 为正数），求市场价格为 p_0 时的需求弹性.

§2.4　微分及其应用

☞基础知识

函数的微分

定义　设函数 $y=f(x)$ 在点 x 处可导，称 $f'(x)\Delta x$ 为函数在点 x 处的微分，记作 $\mathrm{d}y$，即 $\mathrm{d}y=f'(x)\Delta x$.

【例1】　求函数 $y=x^2$ 当 $x=2,\Delta x=0.01$ 时的增量和微分.

解　函数的增量为　$\Delta y=(2+0.01)^2-2^2=0.0401$，

函数的微分为　$\mathrm{d}y=(x^2)'\cdot\Delta x=2x\cdot\Delta x$，

将 $x=2,\Delta x=0.01$ 代入，得　$\mathrm{d}y=2\times2\times0.01=0.04$.

由上例结果可看出，$\Delta y\approx\mathrm{d}y$，误差是 0.000 1.

既然函数 y 有一个微分 $\mathrm{d}y$，那么，自变量 x 肯定也有微分 $\mathrm{d}x$ 的概念，下面来讨论自变量的微分问题. 用函数 $y=x$ 来研究自变量的微分，此时 $\mathrm{d}x=\mathrm{d}y=f'(x)\Delta x=x'\Delta x=\Delta x$，即自变量的微分等于自变量的改变量.

于是，微分可以有如下表达形式 $\mathrm{d}y=f'(x)\mathrm{d}x$.

即函数的微分等于函数的导数与自变量微分的乘积，从而有 $\frac{\mathrm{d}y}{\mathrm{d}x}=f'(x)$，即函数微分与自变量微分的商等于函数的导数，因此导数通常也叫做微商. 若函数可导，则函数必可微；反之，若函数可微，则必可导. 因此，导数与微分是一致的，通常把导数和微分统称为微分.

微分的基本公式与运算法则

从微分的定义 $\mathrm{d}y=f'(x)\mathrm{d}x$ 可知，求函数的微分就是所给函数的导数乘以 $\mathrm{d}x$，所以从导数的基本公式和运算法则就可以得到微分的基本公式和运算法则.

1. 微分基本公式

$\mathrm{d}c=0$（c 为常数），　　$\mathrm{d}(x^\alpha)=\alpha x^{\alpha-1}\mathrm{d}x$（$\alpha$ 为常数），

$\mathrm{d}(\log_a x)=\frac{1}{x}\log_a \mathrm{e}\,\mathrm{d}x$，　　$\mathrm{d}(\ln x)=\frac{1}{x}\mathrm{d}x$，

$\mathrm{d}(a^x)=a^x\ln a\,\mathrm{d}x$，　　$\mathrm{d}(\mathrm{e}^x)=\mathrm{e}^x\mathrm{d}x$，

$\mathrm{d}(\sin x)=\cos x\,\mathrm{d}x$，　　$\mathrm{d}(\cos x)=-\sin x\,\mathrm{d}x$，

$\mathrm{d}(\tan x)=\sec^2 x\,\mathrm{d}x$，　　$\mathrm{d}(\cot x)=-\csc^2 x\,\mathrm{d}x$，

$\mathrm{d}(\sec x)=\sec x\tan x\mathrm{d}x$，　　$\mathrm{d}(\csc x)=-\csc x\cot x\mathrm{d}x$，

$\mathrm{d}(\arcsin x)=\dfrac{1}{\sqrt{1-x^2}}\mathrm{d}x$，　　$\mathrm{d}(\arccos x)=-\dfrac{1}{\sqrt{1-x^2}}\mathrm{d}x$，

$\mathrm{d}(\arctan x)=\dfrac{1}{1+x^2}\mathrm{d}x$，　　$\mathrm{d}(\mathrm{arccot}\, x)=-\dfrac{1}{1+x^2}\mathrm{d}x$.

2. 微分的四则运算法则

设 u,v 都是 x 的可微函数，则有

(1) $\mathrm{d}(u\pm v)=\mathrm{d}u\pm \mathrm{d}v$；

(2) $\mathrm{d}(uv)=v\mathrm{d}u+u\mathrm{d}v$，特别地 $\mathrm{d}(Cu)=C\mathrm{d}u$（$C$ 是常数）；

(3) $\mathrm{d}\left(\dfrac{u}{v}\right)=\dfrac{v\mathrm{d}u-u\mathrm{d}v}{v^2}$.

3. 复合函数的微分法则

设 $y=f(u)$，$u=\varphi(x)$ 均可导，按定义，复合函数 $y=f[\varphi(x)]$ 的微分为

$$\mathrm{d}y=y'_x\cdot \mathrm{d}x=f'(u)\varphi'(x)\mathrm{d}x,$$

即复合函数的微分等于复合函数的导数乘以自变量的微分.

因为 $\varphi'(x)\mathrm{d}x=\mathrm{d}u$，所以上式又可写成

$$\mathrm{d}y=y'_u\mathrm{d}u \text{ 或 } \mathrm{d}y=f'(u)\mathrm{d}u.$$

即复合函数的微分等于函数对中间变量的导数乘以中间变量的微分.

求导数与求微分的运算统称为微分运算.

【例 2】 求下列函数的微分：

(1) $y=3x^2-x+1$；　　(2) $y=\tan 2^x$；

(3) $y=\sqrt{1+\ln x}$；　　(4) $y=\mathrm{e}^{-x}\cos x$.

解 (1) 利用微分的定义得

$$\mathrm{d}y=(3x^2-x+1)'\mathrm{d}x=(6x-1)\mathrm{d}x.$$

(2)（方法一）利用微分的定义得

$$\mathrm{d}y=(\tan 2^x)'\mathrm{d}x=\sec^2 2^x\cdot(2^x)'\mathrm{d}x=2^x\sec^2 2^x\ln 2\mathrm{d}x.$$

（方法二）利用复合函数的微分法则得

$$\mathrm{d}y=\sec^2 2^x\mathrm{d}(2^x)=\sec^2 2^x\cdot(2^x)'\mathrm{d}x=2^x\sec^2 2^x\ln 2\mathrm{d}x.$$

(3)
$$\begin{aligned}\mathrm{d}y&=\mathrm{d}\sqrt{1+\ln x}=\frac{1}{2\sqrt{1+\ln x}}\mathrm{d}(1+\ln x)\\&=\frac{1}{2\sqrt{1+\ln x}}\cdot\frac{1}{x}\mathrm{d}x=\frac{1}{2x\sqrt{1+\ln x}}\mathrm{d}x.\end{aligned}$$

(4) 利用乘积的微分法则得

$$\begin{aligned}\mathrm{d}y&=\mathrm{d}(\mathrm{e}^{-x}\cos x)=\cos x\mathrm{d}(\mathrm{e}^{-x})+\mathrm{e}^{-x}\mathrm{d}(\cos x)\\&=-\mathrm{e}^{-x}\cos x\mathrm{d}x-\mathrm{e}^{-x}\sin x\mathrm{d}x\\&=-\mathrm{e}^{-x}(\cos x+\sin x)\mathrm{d}x.\end{aligned}$$

【例 3】 在括号里填上适当的函数，使下列等式成立：

(1)d(　　)$=x\mathrm{d}x$；　　(2)d(　　)$=\csc^2 x\mathrm{d}x$.

解 与 $\mathrm{d}f(x)=f'(x)\mathrm{d}x$ 比较可知，这是已知函数的导数，求原来的函数的问题.

(1)已知函数的导数为 x，因为 $\left(\frac{1}{2}x^2\right)'=x$，所以 $\mathrm{d}\left(\frac{1}{2}x^2\right)=x\mathrm{d}x$.

此外，$\left(\frac{1}{2}x^2+1\right)'=x$，$\left(\frac{1}{2}x^2-2\right)'=x$，……，所以，$\mathrm{d}\left(\frac{1}{2}x^2+C\right)=x\mathrm{d}x$（$C$ 为任意常数）.

(2)已知函数的导数为 $\csc^2 x$，因为 $(-\cot x)'=\csc^2 x$，所以 $\mathrm{d}(-\cot x)=\csc^2 x$.

此外，$\mathrm{d}(-\cot x+2)=\csc^2 x\mathrm{d}x$，$\mathrm{d}(-\cot x-1)=\csc^2 x\mathrm{d}x$，…….

所以，$\mathrm{d}(-\cot x+C)=\csc^2 x\,\mathrm{d}x$（$C$ 为任意常数）.

【例 4】 在括号里填上适当的常数，使下列等式成立：

(1)$\cos 5x\mathrm{d}x=$(　　)$\mathrm{d}(\sin 5x)$；　　(2)$x^2\mathrm{d}x=$(　　)$\mathrm{d}(1-2x^3)$.

解 (1)因为 $\mathrm{d}(\sin 5x)=(\sin 5x)'\mathrm{d}x=5\cos 5x\mathrm{d}x$，

所以 $\cos 5x\mathrm{d}x=\left(\frac{1}{5}\right)\mathrm{d}(\sin 5x)$.

(2)因为 $\mathrm{d}(1-2x^3)=-6x^2\mathrm{d}x$，所以 $x^2\mathrm{d}x=\left(-\frac{1}{6}\right)\mathrm{d}(1-2x^3)$.

微分在近似计算中的应用

由微分的概念，当函数 $f(x)$ 在点 x_0 的导数 $f'(x_0)\neq 0$ 且当 $|\Delta x|$ 很小时，有 $\Delta y\approx \mathrm{d}y=f'(x_0)\Delta x$——利用此式可求函数增量 Δy 的近似值.

【例 5】 一个半径为 1 cm 的球，为了提高表面的光洁度，需要镀上一层铜，镀层厚度为 0.01 cm. 估计每只球需要用铜多少克？（铜的密度为 8.9 g/cm^3）

解 需用铜的质量等于镀层的体积乘以铜的密度. 设铜的体积为 V，半径为 r，镀铜的过程中球的半径发生了变化，由开始的 1 cm，增加了 0.01 cm，使得球的体积也产生了变化，而体积的增量 ΔV 即为所镀铜的体积.

由球的体积 $V=\frac{4}{3}\pi r^3$，则 $r_0=1$，$\Delta r=0.01$，求 ΔV 的近似值.

$$V'=4\pi r,\qquad V'|_{r_0=1}=4\pi.$$

利用近似计算公式，得 $\Delta V\approx \mathrm{d}V=V'|_{r_0=1}\times\Delta r=4\pi\times 0.01\approx 0.13(\mathrm{cm}^3)$，

因此需要用铜约为 $0.13\times 8.9=1.16$（克）.

根据 $\Delta y=f(x_0+\Delta x)-f(x_0)\approx \mathrm{d}y|_{x=x_0}=f'(x_0)\Delta x$，变形得 $f(x_0+\Delta x)\approx f(x_0)+f'(x_0)\Delta x$——利用此式可求函数 $f(x)$ 在 x_0 附近的近似值.

【例 6】 近似计算 $\sqrt[3]{996}$ 的值.

解 取 $f(x)=\sqrt[3]{x}$，令 $x_0=1\,000$，$\Delta x=-4$，由

$f(x_0+\Delta x)\approx f(x_0)+f'(x_0)\Delta x$，则 $f(996)\approx f(1\,000)+f'(1\,000)\times(-4)$，

因为 $f'(x)=\dfrac{1}{3\sqrt[3]{x^2}}$，$f'(1\,000)=\dfrac{1}{300}$，所以

$$\sqrt[3]{996}\approx\sqrt[3]{1\,000}+\frac{1}{300}\times(-4)=10-\frac{4}{300}\approx 9.99.$$

【例 7】 求 $\sin 31°$的近似值.

解 $\sin 31°=\sin(30°+1°)=\sin\left(\dfrac{\pi}{6}+\dfrac{\pi}{180}\right)$，

取 $f(x)=\sin x$，令 $x_0=\dfrac{\pi}{6}$，$\Delta x=\dfrac{\pi}{180}$.

因为 $f'(x)=(\sin x)'=\cos x$，利用近似公式得

$$\begin{aligned}\sin 31°&=f\left(\frac{\pi}{6}+\frac{\pi}{180}\right)\approx f\left(\frac{\pi}{6}\right)+f'\left(\frac{\pi}{6}\right)\times\frac{\pi}{180}\\&=\sin\frac{\pi}{6}+\cos\frac{\pi}{6}\times\frac{\pi}{180}\\&=\frac{1}{2}+\frac{\sqrt{3}}{2}\times\frac{\pi}{180}\approx 0.515\,1.\end{aligned}$$

在公式 $f(x_0+\Delta x)\approx f(x_0)+f'(x_0)\Delta x$ 中，若 $x_0=0$，$\Delta x=x-x_0=x$. 于是，当$|x|$ 很小时，有 $f(x)\approx f(0)+f'(0)x$.—— 利用此式可求函数 $f(x)$在 $x=0$附近的近似值. 工程上常用的近似计算公式有($|x|$很小)：

(1)$(1+x)^\alpha\approx 1+\alpha x$；　(2)$e^x\approx 1+x$；

(3)$\ln(1+x)\approx x$；　(4)$\sin x\approx x$；

(5)$\tan x\approx x$.

巩固练习

1. 求下列函数的微分：

(1)$y=\sin(3x+5)$；　(2)$y=e^x\sin x$；

(3)$y=\dfrac{\cos x}{1-x^2}$；　(4)$y=e^{-2x}\sin x^2$；

(5)$y=x^2e^{\sin x}+x\ln x$；　(6)$y=\sin^2 x+\sin x^2$.

2. 求下列各数的近似值：

(1)$\sqrt[3]{1.02}$；　(2)$\ln 1.03$；

(3)$\sin 29°$.

3. 半径为 10 cm 的金属薄片，受热后半径伸长了 0.05 cm，问面积约增大了多少？

4. 某公司生产一种新型游戏机，假设能全部出售，收入函数为 $R=36x-\dfrac{x^2}{20}$，

其中 x 为公司一天的产量,如果公司每天的产量从 250 增加到 260,请估计公司每天收入的增加量.

复习题二

一、填空题

1. 若函数 $y=\ln\sqrt{3}$,则 $y'=$________.

2. 若 $y=x(x-1)(x-2)(x-3)(x-4)$,则 $y'(0)=$________.

3. 曲线 $y=\sqrt{x}$在点(4,2)处的切线方程是________.

4. 设 $f(x)$是可导函数且 $f(0)=0$,则$\lim\limits_{x\to 0}\dfrac{f(x)}{x}=$________.

5. d(________)$=\dfrac{1}{\sqrt{x}}\mathrm{d}x$,$\mathrm{e}^{2x}\mathrm{d}x=$(________) $\mathrm{d}(\mathrm{e}^{2x})$.

二、选择题

1. 若 $f(x)=2^x$,则$\lim\limits_{\Delta x\to 0}\dfrac{f(0-\Delta x)-f(0)}{\Delta x}=$(　　)

A. 0　　B. 1　　C. $-\ln 2$　　D. $\dfrac{1}{\ln 2}$

2. 设 $f(x)=x\ln x$,且 $f'(x_0)=2$, 则 $f(x_0)=$(　　)

A. $\dfrac{2}{\mathrm{e}}$　　B. $\dfrac{\mathrm{e}}{2}$　　C. e　　D. 1

3. 函数 $f(x)$在点 x_0 处连续是在该点处可导的(　　)

A. 必要但不充分条件　　B. 充分但不必要条件

C. 充要条件　　D. 无关条件

4. 已知 $y=\cos x$,则 $y^{(8)}=$(　　)

A. $\sin x$　　B. $\cos x$　　C. $-\sin x$　　D. $-\cos x$

5. $\mathrm{d}(\sin 2x)=$(　　)

A. $\cos 2x\mathrm{d}x$　　B. $-\cos 2x\mathrm{d}x$　　C. $2\cos 2x\mathrm{d}x$　　D. $-2\cos 2x\mathrm{d}x$

6. 曲线 $y=x^2-2x$ 上切线平行于 x 轴的点是 (　　)

A. (0, 0)　　B. (1, −1)　　C. (- 1, −1)　　D. (1, 1)

三、求下列函数的导数:

(1) $y=x^3+x^{-3}+3^3$;　　(2) $y=(\sqrt{x}+1)\left(\dfrac{1}{\sqrt{x}}-1\right)$;

(3) $y=\mathrm{e}^{2x}\cos 3x$;　　(4) $y=\dfrac{\cos x}{1-\sin x}$;

(5) $y=(\ln 2x)^3$;　　(6) $y=\arctan\dfrac{1+x}{1-x}$;

(7) $y=\sin^3 x\ln x^2$； (8) $y=\cos\sqrt{x}+\ln\dfrac{1}{2x-1}$.

四、求下列函数在给定点处的导数值：

(1) $f(x)=\mathrm{e}^{-x}+\sin x$，求 $f'(0)$；

(2) $y=x\mathrm{e}^{\sin x}+\sin\dfrac{\pi}{4}$,求$\left.\dfrac{\mathrm{d}y}{\mathrm{d}x}\right|_{x=\frac{\pi}{2}}$；

(3) $f(x)=x^2\ln x$,求 $f''(\mathrm{e})$；

(4) $y=\ln(1+x^2)$,求 $y''(0)$.

五、求下列函数的微分：

(1) $y=(x-1)^2(x-2)^3$； (2) $y=\dfrac{\sin x}{1-x^2}$；

(3) $y=\mathrm{e}^x\sin^2 x$； (4) $y=2^{\sin\sqrt{x}}$.

六、当 a,b 取何值时,才能使曲线 $y=\ln\dfrac{x}{\mathrm{e}}$与曲线 $y=ax^2+bx$ 在 $x=1$ 有共同的切线.

七、设用 t 表示时间,u 表示物体的温度,v 表示该物体的体积,温度 u 随时间 t 变化,变化规律为 $u=1+2t$,体积 v 随温度 u 变化,变化规律为 $v=10+\sqrt{u-1}$,试求当 $t=5$ 时,物体体积增加的变化率.

第三章　一元函数积分及其应用

积分学是微积分的另一重要组成部分，它的基本概念是不定积分与定积分，其中不定积分讨论的是求已知函数的导函数问题的相反问题. 定积分讨论的是“微元法”在几何、物理、力学、经济学等各个领域中的广泛应用. 在这一章里将介绍不定积分与定积分的概念、基本公式、运算法则及其计算方法，举例说明定积分在实际问题中的应用.

§3.1　不定积分概念、基本公式、运算法则与直接积分法

基础知识

不定积分的定义

在微分学中已经解决了求已知函数的导数或微分的问题，但在一些实际问题中，常常遇到与此相反的问题.

引例 1　已知曲线的切线斜率 $k=f'(x)$，求曲线方程 $y=f(x)$.

引例 2　已知物体在时刻 t 的运动速度 $v=s'(t)$，求物体的运动方程 $s=s(t)$ 等等.

如果不考虑这些问题的实际意义，它们都是已知函数的导数（或微分），求原来的函数的问题. 为此，我们先引进**原函数**的概念.

定义 1　设 $f(x)$ 是定义在某区间上的已知函数，如果存在一个函数 $F(x)$，对于该区间上的每一点 x 都满足

$$F'(x)=f(x)，或\ \mathrm{d}F(x)=f(x)\mathrm{d}x,$$

则称函数 $F(x)$ 是 $f(x)$ 在该区间上的一个**原函数**.

例如，在区间 $(-\infty,+\infty)$ 内，因为 $(x^4)'=4x^3$，所以 $F(x)=x^4$ 是 $f(x)=4x^3$ 的原函数. 又因为在区间 $(-\infty,+\infty)$ 内，

$$(x^4+2)'=4x^3,\ (x^4+\sqrt{2})'=4x^3,\ (x^4+\ln 2)'=4x^3,$$

所以 x^4，x^4+2，$x^4+\sqrt{2}$，$x^4+\ln 2$ 也都是 $4x^3$ 的原函数.

一般地，我们有下面的定理：

定理 如果 $F(x)$ 是 $f(x)$ 的一个原函数，则 $F(x)+C$（C 为任意常数）也是 $f(x)$ 的原函数，且 $f(x)$ 的所有原函数都可表示成 $F(x)+C$ 的形式.

上述定理表明：如果函数 $f(x)$ 有一个原函数 $F(x)$，那么它就有无穷多个原函数，且它的一切原函数可以表示为 $F(x)+C$（C 为任意常数）的形式.

定义 2 函数的 $f(x)$ 全体原函数，叫做 $f(x)$ 的**不定积分**，记作

$$\int f(x)\mathrm{d}x,$$

其中"$\int$"叫做**积分号**，$f(x)$ 叫做**被积函数**，$f(x)\mathrm{d}x$ 叫做**被积表达式**，x 叫做**积分变量**.

如果 $F(x)$ 是 $f(x)$ 的一个原函数，则根据定义，有

$$\int f(x)\mathrm{d}x=F(x)+C,$$

其中 C 是任意常数，叫做**积分常数**.

由定义知，要求 $f(x)$ 的不定积分，只需求出它的一个原函数，再加上任意常数就可以了. 例如，因为 x^4 是 $4x^3$ 的一个原函数，所以 $4x^3$ 的不定积分是 x^4+C，即

$$\int 4x^3\mathrm{d}x=x^4+C.$$

为了简便起见，今后在不致发生混淆的情况下，不定积分也简称为积分，求不定积分的运算和方法分别称为积分运算和积分法.

【例 1】 求下列不定积分：

(1) $\int \mathrm{e}^x\mathrm{d}x$； (2) $\int x^2\mathrm{d}x$.

解 (1) 因为 $(\mathrm{e}^x)'=\mathrm{e}^x$，所以 $\int \mathrm{e}^x\mathrm{d}x=\mathrm{e}^x+C$.

(2) 因为 $\left(\frac{1}{3}x^3\right)'=x^2$，所以 $\int x^2\mathrm{d}x=\frac{1}{3}x^3+C$.

【例 2】 用微分法验证 $(\ln|x|)'=\frac{1}{x}$，并求函数 $f(x)=\frac{1}{x}$ 的不定积分.

解 因为，当 $x>0$ 时，$(\ln|x|)'=(\ln x)'=\frac{1}{x}$，

当 $x<0$ 时，$(\ln|x|)'=[\ln(-x)]'=\frac{-1}{-x}=\frac{1}{x}$，

所以，不论 $x>0$ 或 $x<0$，都有 $(\ln|x|)'=\frac{1}{x}$，

由不定积分的定义，有 $\int \frac{1}{x}\,\mathrm{d}x=\ln|x|+C$.

根据不定积分的定义，可以推得下面的关系式：

(1) $\left[\int f(x)\mathrm{d}x\right]'=f(x)$，或 $\mathrm{d}\left[\int f(x)\mathrm{d}x\right]=f(x)\mathrm{d}x$.　①

(2) $\int f'(x)\mathrm{d}x=f(x)+C$，或 $\int \mathrm{d}f(x)=f(x)+C$.　②

由此可见，微分运算与积分运算是互逆的. 如果对一个函数先积分再微分，则两者的作用互相抵消. 反过来，如果先微分再积分，则抵消后只差一个常数.

【例 3】 写出下列各式的结果：

(1) $\left[\int \mathrm{e}^x\sin 3x\mathrm{d}x\right]'$；　　(2) $\int (x^3\tan x)'\mathrm{d}x$.

解 (1)根据①式，得 $\left[\int \mathrm{e}^x\sin 3x\,\mathrm{d}x\right]'=\mathrm{e}^x\sin 3x$.

(2)根据②式，得 $\int (x^3\tan x)'\mathrm{d}x=x^3\tan x+C$.

从几何角度看，函数 $f(x)$ 的一个原函数 $y=F(x)$ 的图象叫做函数 $f(x)$ 的一条**积分曲线**. 于是 $f(x)$ 的不定积分 $y=F(x)+C$（C 为任意常数）的图象是由积分曲线 $y=F(x)$ 沿 y 轴上下平移而得到的一族积分曲线（叫做积分曲线族）.

又因为不论 C 取什么数，总有 $[F(x)]+C]'=f(x)$，所以，在每一条积分曲线上横坐标相同的点 $x=x_0$ 处作切线，这些切线都是平行的，其斜率都等于 $f(x_0)$，如图 3-1 所示.

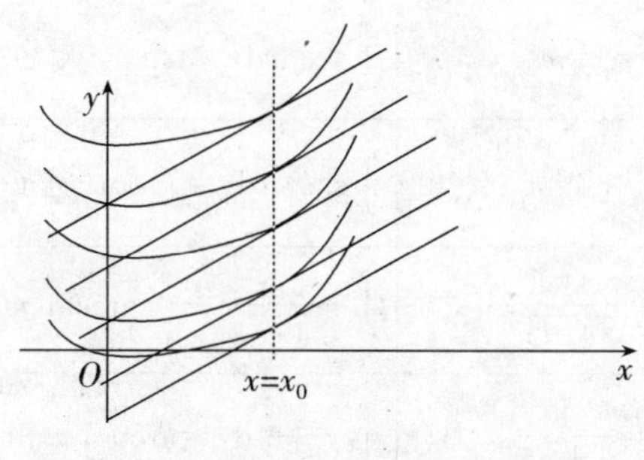

图 3-1

【例 4】 求过点(1,5)，且切线的斜率为 $2x$ 的曲线方程.

解 设所求曲线方程为 $y=f(x)$，依题意 $f'(x)=2x$，于是

$$\int 2x\mathrm{d}x=x^2+C,$$

即积分曲线族是 $y=x^2+C$. 将 $x=1, y=5$ 代入，得 $C=4$.

所以，所求曲线方程是 $y=x^2+4$.

不定积分的基本公式

因为求不定积分是求导数的逆运算，所以由导数的基本公式对应地可以得到基本积分公式，现将它们列表对照如下，如表 3－1.

表 3－1 基本积分表

	导数的基本公式	基本积分公式
(1)	$(C)'=0$	$\int 0\mathrm{d}x=C$(为任意常数)
(2)	$(x)'=1$	$\int \mathrm{d}x=x+C$
(3)	$\left(\frac{1}{\alpha+1}x^{\alpha+1}\right)'=x^{\alpha}(\alpha\neq-1)$	$\int x^{\alpha}\mathrm{d}x=\frac{1}{\alpha+1}x^{\alpha+1}+C$ (其中 $\alpha\neq-1$)
(4)	$(\ln\|x\|)'=\frac{1}{x}$	$\int\frac{1}{x}\mathrm{d}x=\ln\|x\|+C$
(5)	$\left(\frac{1}{\ln a}a^{x}\right)'=a^{x}$	$\int a^{x}\mathrm{d}x=\frac{1}{\ln a}a^{x}+C$ (其中 $a>0,a\neq1$)
(6)	$(\mathrm{e}^{x})'=\mathrm{e}^{x}$	$\int \mathrm{e}^{x}\mathrm{d}x=\mathrm{e}^{x}+C$
(7)	$(-\cos x)'=\sin x$	$\int\sin x\mathrm{d}x=-\cos x+C$
(8)	$(\sin x)'=\cos x$	$\int\cos x\mathrm{d}x=\sin x+C$
(9)	$(\tan x)'=\sec^{2}x$	$\int\sec^{2}x\mathrm{d}x=\tan x+C$
(10)	$(-\cot x)'=\csc^{2}x$	$\int\csc^{2}x\mathrm{d}x=-\cot x+C$
(11)	$(\arcsin x)'=\frac{1}{\sqrt{1-x^{2}}}$	$\int\frac{1}{\sqrt{1-x^{2}}}\mathrm{d}x=\arcsin x+C$
(12)	$(\arctan x)'=\frac{1}{1+x^{2}}$	$\int\frac{1}{1+x^{2}}\mathrm{d}x=\arctan x+C$

要证明以上基本积分公式成立，只要验证等号右边的导数等于左边的被积函数，例如第(3)个公式可验证如下：

因为$\left(\frac{x^{a+1}}{a+1}+C\right)'=x^{a}$，所以$\int x^{a}\mathrm{d}x=\frac{1}{a+1}x^{a+1}+C$ （其中 $a\neq-1$）.

【例 5】 求下列不定积分：

(1) $\int\sqrt[3]{x^{4}}\mathrm{d}x$；　　(2) $\int 2^{x}\mathrm{d}x$.

解　(1) $\int \sqrt[3]{x^4}\,\mathrm{d}x=\int x^{\frac{4}{3}}\,\mathrm{d}x=\dfrac{1}{\frac{4}{3}+1}x^{\frac{4}{3}+1}+C=\dfrac{3}{7}x^{\frac{7}{3}}+C.$

(2) $\int 2^x\,\mathrm{d}x=\dfrac{2^x}{\ln 2}+C.$

不定积分的基本运算法则

法则 1　被积函数中不为零的常数因子可以提到积分号的前面来，即

$$\int kf(x)\,\mathrm{d}x=k\int f(x)\,\mathrm{d}x\quad(k\neq 0).$$

法则 2　两个函数的代数和的积分等于这两个函数的积分的代数和，即

$$\int[f(x)\pm g(x)]\,\mathrm{d}x=\int f(x)\,\mathrm{d}x\pm\int g(x)\,\mathrm{d}x.$$

上式可以推广到有限个函数的代数和的情形.

【例 6】　求 $\int\left(5x-6+\dfrac{2}{x}+\dfrac{3}{x^2}\right)\mathrm{d}x.$

解

$$\begin{aligned}\int\left(5x-6+\frac{2}{x}+\frac{3}{x^2}\right)\mathrm{d}x&=\int 5x\,\mathrm{d}x-\int 6\,\mathrm{d}x+\int\frac{2}{x}\,\mathrm{d}x+\int\frac{3}{x^2}\,\mathrm{d}x\\&=5\int x\,\mathrm{d}x-6\int\mathrm{d}x+2\int\frac{1}{x}\,\mathrm{d}x+3\int\frac{1}{x^2}\,\mathrm{d}x\\&=\frac{5}{2}x^2-6x+2\ln|x|-\frac{3}{x}+C.\end{aligned}$$

注：在分项积分后，每一个积分都应有一个积分常数，但任意常数的代数和仍然是任意常数，所以在最后结果中只要写一个积分常数即可.

直接积分法

直接使用不定积分的基本公式和运算性质，或者对被积函数进行代数、三角恒等变形后，再使用不定积分的基本公式与运算性质，这样的积分方法叫做**直接积分法**.

【例 7】　求 $\int\dfrac{2x+1}{\sqrt{x}}\,\mathrm{d}x.$

解

$$\begin{aligned}\int\frac{2x+1}{\sqrt{x}}\,\mathrm{d}x&=\int\left(2\sqrt{x}+\frac{1}{\sqrt{x}}\right)\mathrm{d}x=2\int x^{\frac{1}{2}}\,\mathrm{d}x+\int x^{-\frac{1}{2}}\,\mathrm{d}x\\&=2\times\frac{2}{3}x^{\frac{3}{2}}+2x^{\frac{1}{2}}+C\\&=\frac{4}{3}x\sqrt{x}+2\sqrt{x}+C.\end{aligned}$$

【例 8】　求 $\int\sin^2\dfrac{x}{2}\,\mathrm{d}x.$

解　$\int\sin^2\dfrac{x}{2}\,\mathrm{d}x=\int\dfrac{1-\cos x}{2}\,\mathrm{d}x=\dfrac{1}{2}\int(1-\cos x)\,\mathrm{d}x=\dfrac{1}{2}(x-\sin x)+C.$

【例 9】 求$\int \tan^2 x\mathrm{d}x$.

解 $\int \tan^2 x\mathrm{d}x=\int (\sec^2 x-1)\mathrm{d}x=\int \sec^2 x\mathrm{d}x-\int \mathrm{d}x=\tan x-x+C$.

【例 10】 求$\int \frac{x^2}{1+x^2}\mathrm{d}x$.

解 $\int \frac{x^2}{1+x^2}\mathrm{d}x=\int \frac{x^2+1-1}{1+x^2}\mathrm{d}x=\int \left(1-\frac{1}{1+x^2}\right)\mathrm{d}x=x-\arctan x+C$.

巩固练习

1. 写出下列各式的结果：

(1) $\int (\sin^3 x \ln x)'\mathrm{d}x$； (2) $\left(\int \frac{\mathrm{e}^t}{1+\cos 2t}\mathrm{d}t\right)'$；

(3) $\int \mathrm{d}\left(\frac{\sec^2 x}{1+\tan x}\right)$； (4) $\mathrm{d}\left(\int \frac{x}{1+x^2}\mathrm{d}x\right)$.

2. 求下列不定积分：

(1) $\int \frac{1}{x^2}\mathrm{d}x$； (2) $\int 6^x\mathrm{d}x$；

(3) $\int \sqrt{x^3}\mathrm{d}x$； (4) $\int \frac{1}{\sqrt[4]{x^3}}\mathrm{d}x$.

3. 用直接积分法求下列不定积分：

(1) $\int \left(4x^3+\frac{1}{2\sqrt{x}}\right)\mathrm{d}x$； (2) $\int \left(\frac{1}{x}+\frac{1}{x^2}\right)\mathrm{d}x$；

(3) $\int (3\sec^2 x+2\csc^2 x)\mathrm{d}x$； (4) $\int 5^x\mathrm{e}^x\mathrm{d}x$.

4. 已知一物体以速度 $v(t)=t^2+4t+5$ 作直线运动，且当 $t=1$ 时，物体所经过的路程为 $s=8$，求该物体的运动方程.

§ 3.2 不定积分的换元积分法与分部积分法

基础知识

第一类换元积分法

引例 1 求积分$\int \cos 2x\,\mathrm{d}x$.

分析　我们知道$\int \cos x\,dx=\sin x+C$，但是求积分$\int \cos 2x\,dx$不能套用该公式，因为$\cos 2x$是一个复合函数. 所以，我们只能先将积分表达式变形，然后再应用基本公式求积分：

$$\int \cos 2x\,dx=\frac{1}{2}\int \cos 2x\cdot 2dx=\frac{1}{2}\int \cos 2x d(2x)$$

$$\xlongequal{\text{令 }2x=u}\frac{1}{2}\int \cos u du=\frac{1}{2}\sin u+C$$

$$\xlongequal{\text{回代 }u=2x}\frac{1}{2}\sin 2x+C.$$

因为$\left(\frac{1}{2}\sin 2x+C\right)'=\cos 2x$，所以$\frac{1}{2}\sin 2x+C$确实是$\cos 2x$的原函数，这说明上面的方法是正确的.

一般地，设$f(u)$具有原函数$F(u)$，即

$$F'(u)=f(u),\int f(u)du=F(u)+C.$$

如果$u=\varphi(x)$，且$\varphi(x)$可导，则根据复合函数的求导法则，有

$$dF[\varphi(x)]=f[\varphi(x)]\varphi'(x)dx,$$

根据不定积分的定义，得

$$\int f[\varphi(x)]\varphi'(x)dx=F[\varphi(x)]+C=[F(u)+C]_{u=\varphi(x)}=\left[\int f(u)du\right]_{u=\varphi(x)}.$$

于是有：

定理 1　设$f(u)$具有原函数$F(u)$，$u=\varphi(x)$可导，则有

$$\int f[\varphi(x)]\varphi'(x)dx=\left[\int f(u)du\right]_{u=\varphi(x)}.$$

上述定理表明，虽然$\int f[\varphi(x)]\varphi'(x)dx$是一个整体记号，但被积表达式中的$dx$可当作变量$x$的微分来对待，从而微分等式$\varphi'(x)dx=d[\varphi(x)]=du$可以方便地应用到被积表达式中来. 因此，可按下述步骤进行计算：

$$\int g(x)dx=\int f[\varphi(x)]\varphi'(x)dx$$

$$\xlongequal{\text{凑微分}}\int f[\varphi(x)]d\varphi(x)$$

$$\xlongequal{\text{令 }\varphi(x)=u}\int f(u)du$$

$$\xlongequal{\text{积分}}F(u)+C$$

$$\xlongequal{\text{回代 }u=\varphi(x)}F[\varphi(x)]+C.$$

通常把这种求不定积分的方法叫做**第一类换元积分法**. 上述步骤的关键是

怎样选择适当的变量代换 $u=\varphi(x)$，将 $g(x)\mathrm{d}x$ 凑成 $f[\varphi(x)]\mathrm{d}\varphi(x)$，因此第一类换元法又叫**凑微分法**.

【例 1】 求 $\int \frac{1}{3x+2}\mathrm{d}x$.

解 $\int \frac{1}{3x+2}\mathrm{d}x=\frac{1}{3}\int \frac{1}{3x+2}\mathrm{d}(3x+2)$ （凑微分）

$=\frac{1}{3}\int \frac{1}{u}\mathrm{d}u$ （换元：$3x+2=u$）

$=\frac{1}{3}\ln|u|+C$ （积分）

$=\frac{1}{3}\ln|3x+2|+C.$ （回代：$u=3x+2$）

熟练了以后，上述积分过程可简写为

$$\int \frac{1}{3x+2}\mathrm{d}x=\frac{1}{3}\int \frac{1}{3x+2}\mathrm{d}(3x+2)=\frac{1}{3}\ln|3x+2|+C.$$

【例 2】 求 $\int x\mathrm{e}^{x^2}\mathrm{d}x$.

解 $\int x\mathrm{e}^{x^2}\mathrm{d}x=\frac{1}{2}\int \mathrm{e}^{x^2}\mathrm{d}(x^2)=\frac{1}{2}\mathrm{e}^{x^2}+C.$

【例 3】 求 $\int 2x\cos x^2\mathrm{d}x$.

解 $\int 2x\cos x^2\mathrm{d}x=\int \cos x^2\mathrm{d}(x^2)=\sin x^2+C$.

【例 4】 求 $\int \frac{\ln x}{x}\mathrm{d}x$.

解 $\int \frac{\ln x}{x}\mathrm{d}x=\int \ln x\mathrm{d}(\ln x)=\frac{1}{2}\ln^2 x+C.$

【例 5】 求 $\int \tan x\mathrm{d}x$.

解 $\int \tan x\mathrm{d}x=\int \frac{\sin x}{\cos x}\mathrm{d}x=-\int \frac{1}{\cos x}\mathrm{d}(\cos x)=-\ln|\cos x|+C.$

类似地，可得 $\int \cot x\mathrm{d}x=\ln|\sin x|+C$.

第二类换元积分法

在第一类换元积分法中，通过变量代换 $\varphi(x)=u$，把积分 $\int f[\varphi(x)]\varphi'(x)\mathrm{d}x$ 化为 $\int f(u)\mathrm{d}u$. 我们也常常会遇到相反的情形，即通过变量代换 $x=\psi(t)$，将积分 $\int f(x)\mathrm{d}x$ 化为积分 $\int f[\psi(t)]\psi'(t)\mathrm{d}t$.

引例 2　求积分$\int \frac{\sin\sqrt{x}}{\sqrt{x}}dx$.

分析　为了去掉根号，可先设$\sqrt{x}=t$，即$x=t^2$，则$dx=2tdt$. 于是

$$\int \frac{\sin\sqrt{x}}{\sqrt{x}}dx=\int \frac{\sin t}{t}\cdot 2tdt=2\int \sin t\,dt=-2\cos t+C=-2\cos\sqrt{x}+C.$$

通过这种换元，我们求出了积分.

一般地，有下面的定理：

定理 2　设$x=\psi(t)$是单调、可导的函数，且$x=\psi(t)$具有反函数$t=\psi^{-1}(x)$. 又设$f[\psi(t)]\psi'(t)$具有原函数$F(t)$，则有换元公式：

$$\int f(x)dx \xlongequal{x=\psi(t)} \int f[\psi(t)]\psi'(t)dt=F(t)+C \xlongequal{\text{回代 } t=\psi^{-1}(x)} F[\psi^{-1}(x)]+C.$$

这种求不定积分的方法叫做**第二类换元积分法**.

【例 6】　求$\int \frac{1}{\sqrt{x}+\sqrt[3]{x}}dx$.

解　由于被积函数中含有根式$\sqrt{x}$，用直接积分法和凑微分法难以求解. 可通过换元去根式，化难为易.

设$x=t^6(t>0)$，则$\sqrt{x}=t^3$，$\sqrt[3]{x}=t^2$，$dx=6t^5dt$，于是

$$\begin{aligned}\int \frac{1}{\sqrt{x}+\sqrt[3]{x}}dx &=\int \frac{6t^5}{t^3+t^2}dt=6\int \frac{t^3}{t+1}dt\\ &=6\int \frac{(t^3+1)-1}{t+1}dt=6\int \left(t^2-t+1-\frac{1}{t+1}\right)dt\\ &=6\left(\frac{t^3}{3}-\frac{t^2}{2}+t-\ln|t+1|\right)+C\\ &=2\sqrt{x}-3\sqrt[3]{x}+6\sqrt[6]{x}-6\ln(\sqrt[6]{x}+1)+C.\end{aligned}$$

一般地，若被函数中含有根式$\sqrt[n]{ax+b}$，可作变量代换$x=\frac{1}{a}(t^n-b)(t>0)$.

【例 7】　求$\int \sqrt{a^2-x^2}dx(a>0)$.

解　被积函数中含有根式$\sqrt{a^2-x^2}$，与上例不同的是，被开方数是x的二次式，若令$a^2-x^2=t^2$进行换元，则在所得到的以t为积分变量的积分中仍然含有根式. 利用三角公式$\sin^2 t+\cos^2 t=1$可化去根式. 设$x=a\sin t\left(-\frac{\pi}{2}<t<\frac{\pi}{2}\right)$，则$\sqrt{a^2-x^2}=\sqrt{a^2-a^2\sin^2 t}=a\sqrt{1-\sin^2 t}=a\cos t$. 又$dx=a\cos t dt$，

于是$$\begin{aligned}\int \sqrt{a^2-x^2}dx &=\int a\cos t\cdot a\cos t dt=a^2\int \cos^2 t dt=a^2\int \frac{1+\cos 2t}{2}dt\\ &=\frac{a^2}{2}\left(t+\frac{1}{2}\sin 2t\right)+C=\frac{a^2}{2}(t+\sin t\cos t)+C.\end{aligned}$$

因为 $\sin t=\frac{x}{a}$，则 $t=\arcsin\frac{x}{a}$，$\cos t=\sqrt{1-\left(\frac{x}{a}\right)^2}$，代入上式并整理，得

$$\int\sqrt{a^2-x^2}\,\mathrm{d}x=\frac{a^2}{2}\arcsin\frac{x}{a}+\frac{x}{2}\sqrt{a^2-x^2}+C.$$

在把变量 t 还原为 x 时，也可根据 $\sin t=\frac{x}{a}$ 作辅助直角三角形，如图 3-2.

由图可知 $\quad \cos t=\frac{\sqrt{a^2-x^2}}{a}$.

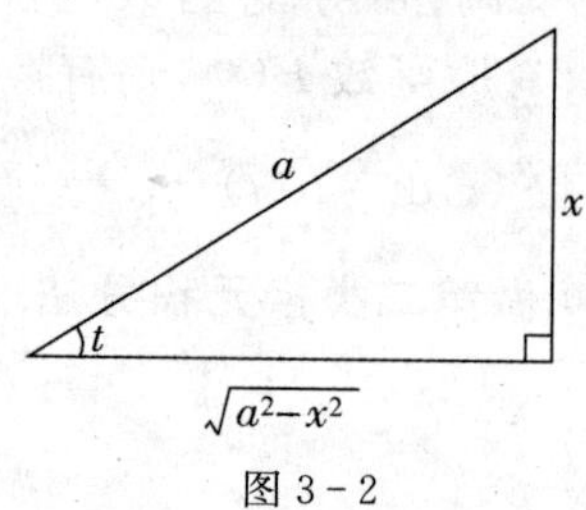

图 3-2

一般地，当被积函数含有形如 $\sqrt{a^2-x^2}$ 或 $\sqrt{x^2\pm a^2}$ 的根式时，可作如下的三角变换化去根号：

(1) 含 $\sqrt{a^2-x^2}$，令 $x=a\sin t\left(-\frac{\pi}{2}<t<\frac{\pi}{2}\right)$；

(2) 含 $\sqrt{x^2+a^2}$，令 $x=a\tan t\left(-\frac{\pi}{2}<t<\frac{\pi}{2}\right)$；

(3) 含 $\sqrt{x^2-a^2}$，令 $x=a\sec t\left(0<t<\frac{\pi}{2}\right)$.

分部积分法

前面我们介绍了直接积分法和换元积分法，但对于某些不定积分，用前面介绍的方法往往不能奏效，如：$\int x\cos x\,\mathrm{d}x$，$\int x\mathrm{e}^x\,\mathrm{d}x$，$\int \ln x\,\mathrm{d}x$ 等. 为此，本节将利用两个函数乘积的微分运算法则，推出一种新的求不定积分的方法——**分部积分法**.

定理 3 设函数 $u=u(x)$，$v=v(x)$ 具有连续导数，则

$$\int u\,\mathrm{d}v=uv-\int v\,\mathrm{d}u.$$

证明 根据两个函数乘积的微分公式，有

$$\mathrm{d}(uv)=u\,\mathrm{d}v+v\,\mathrm{d}u,$$

移项得

$$u\,\mathrm{d}v=\mathrm{d}(uv)-v\,\mathrm{d}u.$$

两边积分，得

$$\int u\,\mathrm{d}v=\int \mathrm{d}(uv)-\int v\,\mathrm{d}u,$$

即 $$\int u\mathrm{d}v=uv-\int v\mathrm{d}u.$$ ——此为**分部积分公式**.

【例 8】 求 $\int x\cos x\mathrm{d}x$.

解 设 $u=x,\mathrm{d}v=\cos x\mathrm{d}x=\mathrm{d}(\sin x)$,则 $\mathrm{d}u=\mathrm{d}x,v=\sin x$.

应用分部积分公式,得

$$\int x\cos x\mathrm{d}x=x\sin x-\int \sin x\mathrm{d}x=x\sin x+\cos x+C.$$

可以看到,由 $\mathrm{d}v=\cos x\mathrm{d}x=\mathrm{d}(\sin x)$求出 $v=\sin x$,实际是一个"凑"微分过程. 因此,在计算熟练后,可直接按下列步骤求积分:

$$\int uv'\mathrm{d}x=\int u\mathrm{d}v=uv-\int v\mathrm{d}u=uv-\int vu'\mathrm{d}x.$$

如上例可写为 $\int x\cos x\mathrm{d}x=\int x\mathrm{d}(\sin x)$

$$=x\sin x-\int \sin x\mathrm{d}x=x\sin x+\cos x+C.$$

注:求上述积分时,如果设 $u=\cos x,\mathrm{d}v=x\mathrm{d}x$,则

$$\mathrm{d}u=-\sin x\mathrm{d}x,v=\frac{x^2}{2}.$$

于是 $$\int x\cos x\mathrm{d}x=\frac{x^2}{2}\cos x+\int \frac{x^2}{2}\sin x\mathrm{d}x.$$

可以看到,上式右边的积分比原积分更难求出. 因此,在运用分部积分法时,选择适当的 u 与 $\mathrm{d}v$ 是很重要的,一般来说,选取 u 和 $\mathrm{d}v$ 一般要考虑以下两点:

(1)v 要容易求得;　　(2)$\int v\mathrm{d}u$ 要比 $\int u\mathrm{d}v$ 容易积出.

【例 9】 求 $\int x\mathrm{e}^x\mathrm{d}x$.

解 设 $u=x,\mathrm{d}v=\mathrm{e}^x\mathrm{d}x=\mathrm{d}(\mathrm{e}^x)$,则 $\mathrm{d}u=\mathrm{d}x,v=\mathrm{e}^x$. 应用分部积分公式,得

$$\int x\mathrm{e}^x\mathrm{d}x=x\mathrm{e}^x-\int \mathrm{e}^x\mathrm{d}x=x\mathrm{e}^x-\mathrm{e}^x+C.$$

或直接写为:$\int x\mathrm{e}^x\mathrm{d}x=\int x\mathrm{d}(\mathrm{e}^x)=x\mathrm{e}^x-\int \mathrm{e}^x\mathrm{d}(x)$

$$=x\mathrm{e}^x-\int \mathrm{e}^x\mathrm{d}x=x\mathrm{e}^x-\mathrm{e}^x+C.$$

【例 10】 求积分 $\int x^2\sin x\mathrm{d}x$.

解 $\int x^2\sin x\,\mathrm{d}x=\int x^2\mathrm{d}(-\cos x)$

$$=-x^2\cos x-\int(-\cos x)\mathrm{d}(x^2)$$
$$=-x^2\cos x+\int\cos x\cdot 2x\mathrm{d}x$$
$$=-x^2\cos x+\int 2x\cos x\,\mathrm{d}x$$
$$=-x^2\cos x+2\int x\mathrm{d}(\sin x)$$
$$=-x^2\cos x+2x\sin x-2\int\sin x\mathrm{d}x$$
$$=-x^2\cos x+2x\sin x+2\cos x+C.$$

例 10 表明，有时要多次运用分部积分法，才能求出结果.

由例 8、例 9、例 10 可知，下列类型的不定积分：$\int x^n e^{ax}\,\mathrm{d}x$，$\int x^n\sin ax\mathrm{d}x$，$\int x^n\cos ax\mathrm{d}x$ 可以采用分部积分法，并且选取 $u=x^n$，其中 n 是正整数.

【例 11】 求 $\int x^2\ln x\mathrm{d}x$.

解
$$\int x^2\ln x\mathrm{d}x=\int\ln x\mathrm{d}\left(\frac{1}{3}x^3\right)$$
$$=\frac{1}{3}x^3\ln x-\int\frac{1}{3}x^3\mathrm{d}(\ln x)$$
$$=\frac{1}{3}x^3\ln x-\frac{1}{3}\int x^3\cdot\frac{1}{x}\mathrm{d}x$$
$$=\frac{1}{3}x^3\ln x-\frac{1}{3}\int x^2\mathrm{d}x$$
$$=\frac{1}{3}x^3\ln x-\frac{1}{9}x^3+C.$$

【例 12】 求 $\int x\arctan x\mathrm{d}x$.

解
$$\int x\arctan x\mathrm{d}x=\int\arctan x\cdot x\mathrm{d}x=\int\arctan x\mathrm{d}\left(\frac{x^2}{2}\right)$$
$$=\frac{x^2}{2}\arctan x-\int\frac{x^2}{2}\mathrm{d}(\arctan x)$$
$$=\frac{x^2}{2}\arctan x-\frac{1}{2}\int\frac{x^2}{1+x^2}\mathrm{d}x$$
$$=\frac{x^2}{2}\arctan x-\frac{1}{2}\int\frac{(1+x^2)-1}{1+x^2}\mathrm{d}x$$
$$=\frac{x^2}{2}\arctan x-\frac{1}{2}\int\left(1-\frac{1}{1+x^2}\right)\mathrm{d}x$$

$$=\frac{x^2}{2}\arctan x-\frac{x}{2}+\frac{1}{2}\arctan x+C.$$

【例 13】 求积分$\int \arcsin x\mathrm{d}x$.

解 $$\int \arcsin x\mathrm{d}x=x\arcsin x-\int x\mathrm{d}(\arcsin x)$$
$$=x\arcsin x-\int x\cdot\frac{1}{\sqrt{1-x^2}}\mathrm{d}x$$
$$=x\arcsin x+\int\frac{1}{2\sqrt{1-x^2}}\mathrm{d}(1-x^2)$$
$$=x\arcsin x+\sqrt{1-x^2}+C.$$

由例 11、例 12、例 13 可知，下列类型的不定积分：$\int x^n\ln x\mathrm{d}x$，$\int x^n\arctan x\mathrm{d}x$，$\int x^n\arcsin x\mathrm{d}x$ 可以采用分部积分法求积分，并且选取 $u=\ln x$ 或 $\arctan x$ 或$\arcsin x$，其中 n 是非负整数.

巩固练习

1. 将适当的函数填入下面的括号，使等式成立：

(1)$5\mathrm{d}x=\mathrm{d}(\quad)$；　(2)$(\quad)\mathrm{d}x=\mathrm{d}(x^2)$；

(3)$3x^2\mathrm{d}x=\mathrm{d}(\quad)$；　(4)$(\quad)\mathrm{d}x=\mathrm{d}(x^4)$；

(5)$\sin x\mathrm{d}x=\mathrm{d}(\quad)$；　(6)$(\quad)\mathrm{d}x=\mathrm{d}(\tan x)$；

(7)$-\frac{1}{x^2}\mathrm{d}x=\mathrm{d}(\quad)$；　(8)$(\quad)\mathrm{d}x=\mathrm{d}(\ln x)$；

(9)$\mathrm{e}^{-x}\mathrm{d}x=\mathrm{d}(\quad)$；　(10)$(\quad)\mathrm{d}x=\mathrm{d}(2\sqrt{x})$.

2. 用换元积分法求下列不定积分：

(1)$\int(ax+b)^5\mathrm{d}x(a\neq0)$；　(2)$\int\sqrt{1-3x}\mathrm{d}x$；

(3)$\int\sin\frac{2}{3}x\mathrm{d}x$；　(4)$\int\mathrm{e}^{-\frac{1}{3}x}\mathrm{d}x$；

(5)$\int10^{-3x}\mathrm{d}x$；　(6)$\int\frac{\ln^2x}{x}\mathrm{d}x$；

(7)$\int\sin^3x\cdot\cos x\mathrm{d}x$；　(8)$\int\frac{\arctan x}{1+x^2}\mathrm{d}x$；

(9)$\int\frac{1}{\sqrt{9-x^2}}\mathrm{d}x$；　(10)$\int\frac{2x}{\sqrt{9+x^2}}\mathrm{d}x$；

(11)$\int\frac{1}{1+\sqrt{x}}\mathrm{d}x$；　(12)$\int\frac{\sqrt{x-1}}{x}\mathrm{d}x$；

(13) $\int \frac{\sqrt{x^2-4}}{x}\mathrm{d}x$；　　(14) $\int \frac{\cos\sqrt{x}}{\sqrt{x}}\mathrm{d}x$.

3. 用分部积分法求下列不定积分：

(1) $\int x\sin x\mathrm{d}x$；　　(2) $\int x\ln x\mathrm{d}x$；

(3) $\int x\mathrm{e}^{-x}\mathrm{d}x$；　　(4) $\int \ln(1+x^2)\mathrm{d}x$；

(5) $\int \arctan x\mathrm{d}x$；　　(6) $\int \mathrm{e}^{\sqrt{x}}\mathrm{d}x$.

§3.3 定积分的概念与微积分基本公式

基础知识

定积分的概念

引例 1 求曲边梯形的面积.

所谓曲边梯形是指由区间$[a,b]$上的连续曲线 $y=f(x)$，x 轴与直线 $x=a$，$x=b$ 所围成的平面图形，如图 3-3 所示.

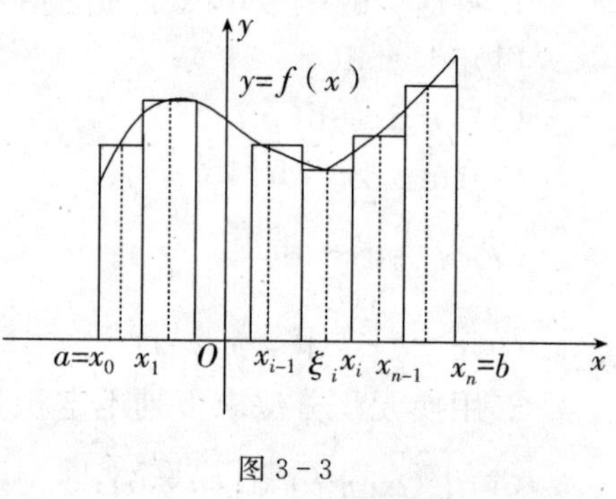

图 3-3

分析 如何求曲边梯形的面积呢？我们设想：把该曲边梯形沿着 y 轴方向切割成许多狭小的长条，把每个长条近似地看作一个矩形，用长乘以宽求得小矩形的面积，加起来就是曲边梯形面积的近似值，分割越细，误差越小，于是当所有的长条宽度趋于零时，所有小矩形面积之和的极限就可以定义为该曲边梯形的面积. 现将这一过程详述如下：

(1)分割：用分点 $a=x_0<x_1<x_2<\cdots<x_{n-1}<x_n=b$ 把底边$[a,b]$分成 n 个小区间$[x_{i-1},x_i]$$(i=1,2,\cdots,n)$，小区间长度记为 $\Delta x_i=x_i-x_{i-1}$$(i=1,2,\cdots,n)$；

(2)以直代曲取近似：在每一个小区间$[x_{i-1},x_i]$上任取一点 ξ_i，以 $f(\xi_i)$为高，则得小长条面积的近似值为 $\Delta A_i\approx f(\xi_i)\Delta x_i$$(i=1,2,\cdots,n)$；

(3)求和：把 n 个小矩形面积相加，就得到曲边梯形面积的近似值 $A\approx f(\xi_1)\cdot$

$\Delta x_1+f(\xi_2)\Delta x_2+\cdots+f(\xi_n)\Delta x_n=\sum\limits_{i=1}^{n}f(\xi_i)\Delta x_i$；

(4)求极限：让$[a,b]$区间内的分点无限增加，使最大的小区间的长度$\lambda=\max\limits_{1\leqslant i\leqslant n}\{\Delta x_i\}\to 0$，则上述和式的极限就是曲边梯形面积 A 的精确值，即

$$A=\lim_{\lambda\to 0}\sum_{i=1}^{n}f(\xi_i)\Delta x_i.$$

引例 2　变速直线运动的路程.

设某物体作直线运动，已知速度 $v=v(t)$是时间间隔$[T_1,T_2]$上的连续函数，且 $v(t)\geqslant 0$，计算这段时间内所走的路程.

解决这个问题的思路和步骤与引例 1 类似.

分析　(1)分割：用分点 $T_1=t_0<t_1<t_2<\cdots<t_{n-1}<t_n=T_2$ 把$[T_1,T_2]$分成 n 个小区间$[t_{i-1},t_i]$$(i=1,2,\cdots,n)$，每小段长度记为 $\Delta t_i=t_i-t_{i-1}$$(i=1,2,\cdots,n)$；

(2)以不变代变，取近似：把每小段$[t_{i-1},t_i]$上的运动视为匀速，任取时刻 $\xi_i\in[t_{i-1},t_i]$，作乘积 $v(\xi_i)\Delta t_i$，则这小段时间所走路程可近似表示为：$\Delta s_1\approx v(\xi_i)\Delta t_i$$(i=1,2,\cdots,n)$；

(3)求和：把 n 个小段时间上的路程相加，就得到总路程 s 的近似值 $s\approx v(\xi_i)\Delta t_1+v(\xi_2)\Delta t_2+\cdots+v(\xi_n)\Delta t_n=\sum\limits_{i=1}^{n}v(\xi_i)\Delta t_i$；

(4) 求极限：当$\lambda=\max\limits_{1\leqslant i\leqslant n}\{\Delta t_i\}\to 0$ 时，则上述和式的极限就是总路程 s 的精确值，即

$$s=\lim_{\lambda\to 0}\sum_{i=1}^{n}v(\xi_i)\Delta t_i.$$

上述两个引例，虽然实际意义不同，但是解决问题的数学方法是相同的：都是采取分割、近似代替、求和、取极限的思想方法，最后都归结为同一种结构的和式的极限. 事实上，可以用这一方法描述的量在各个科学技术领域中是很广泛的，如变力做功、液体中闸门的静压力、旋转体的体积、曲线的长度以及经济学中的某些量等等，也是归结为求和式的极限，数学上把这类和式的极限叫做定积分. 现抛开实际问题的具体意义，抓住它们在数量关系上共同的特性与本质加以概括，我们可以抽象出下述定积分的定义.

定义　设函数 $y=f(x)$在区间$[a,b]$上有定义，任取 $a=x_0<x_1<x_2<\cdots<x_{n-1}<x_n=b$，分$[a,b]$成 n 个小区间$[x_{i-1},x_i]$$(i=1,2,\cdots,n)$，小区间长度记为

$$\Delta x_i=x_i-x_{i-1}(i=1,2,\cdots,n),$$

记$\lambda=\max\limits_{1\leqslant i\leqslant n}\{\Delta x_i\}$，再在每一个小区间$[x_{i-1},x_i]$上任取一点 ξ_i，作乘积 $f(\xi_i)\Delta x_i$ 的

和式：$\sum_{i=1}^{n} f(\xi_i)\Delta x_i$，如果$\lambda\to 0$时上述和式的极限存在，且与区间的分法无关，与$\xi_i$的取法无关，则称此极限为函数$f(x)$在区间$[a,b]$上的定积分，记作

$$\int_a^b f(x)\mathrm{d}x，即\int_a^b f(x)\mathrm{d}x=\lim_{\lambda\to 0}\sum_{i=1}^{n} f(\xi_i)\Delta x_i.$$

其中，x称为积分变量，$f(x)$称为被积函数，$f(x)\mathrm{d}x$称为被积表达式，$[a,b]$称为积分区间，a为积分下限，b为积分上限.

按定积分的定义，上述两个引例中，曲边梯形面积为：$A=\int_a^b f(x)\mathrm{d}x(f(x)>0)$. 变速直线运动中的路程为$s=\int_{T_1}^{T_2} v(t)\mathrm{d}t(v(t)\geqslant 0)$.

注：(1)定积分是一个和式的极限，其值是一个实数，它的大小与被积函数$f(x)$和积分区间$[a,b]$有关，而与积分变量的记号无关，即$\int_a^b f(x)\mathrm{d}x=\int_a^b f(t)\mathrm{d}t$.

(2)在定积分的定义中，总是假设$a<b$，当$a>b$时，我们规定

$\int_b^a f(x)\mathrm{d}x=-\int_a^b f(x)\mathrm{d}x$（即互换定积分的上、下限，定积分要变号）；

若$a=b$，则有$\int_a^b f(x)\mathrm{d}x=0$；

(3)如果$f(x)$在区间$[a,b]$上连续，那么$f(x)$在$[a,b]$上可积.

(4)为方便记忆我们把定积分的定义概括为四步：先分割、常代变、近似和、求极限.

定积分的几何意义

当$f(x)\geqslant 0$时，积分$\int_a^b f(x)\mathrm{d}x$在几何上表示由曲线$y=f(x)$、两条直线$x=a$，$x=b$与x轴所围成的曲边梯形的面积，即$\int_a^b f(x)\mathrm{d}x=A$；

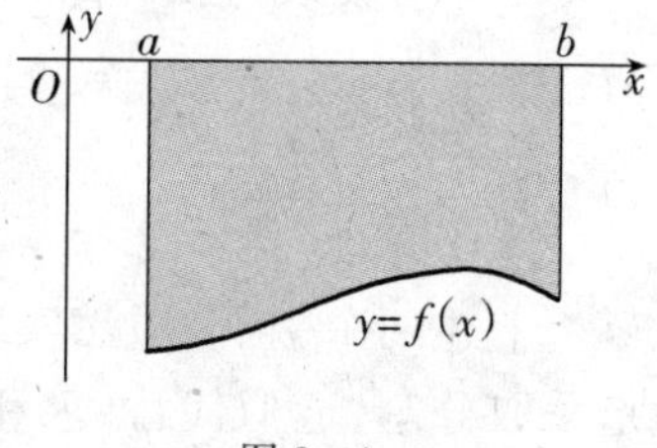

图 3-4

当$f(x)\leqslant 0$时，由曲线$y=f(x)$、直线$x=a$，$x=b$与x轴所围成的曲边梯形位于x轴的下方(图 3-4)，定积分在几何上表示上述曲边梯形面积的负值，即$\int_a^b f(x)\mathrm{d}x=-A$；

当$f(x)$既取得正值又取得负值时，函数$f(x)$的图形的某些部分在x轴的上方，而其他部分在x轴的下方(图 3-5)，此时，定积分$\int_a^b f(x)\mathrm{d}x$表示x轴上方的图形面积减去x轴下方的图形面积，即

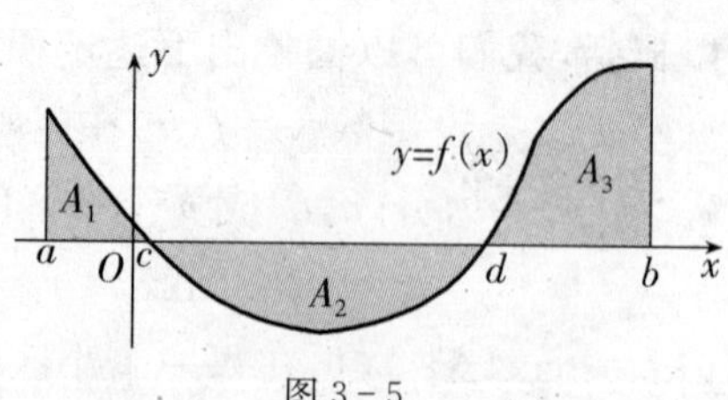

图 3-5

$$\int_a^b f(x)\mathrm{d}x = A_1 - A_2 + A_3.$$

【例 1】 用定积分表示图 3-6 中阴影部分的面积,并求出它的值.

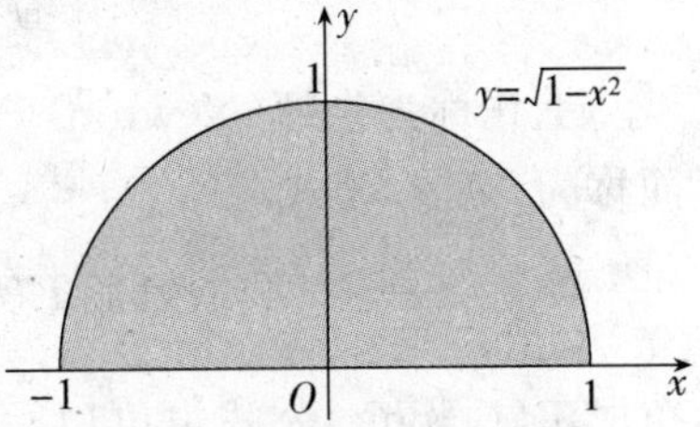

解 阴影部分为单位圆的上半部分,其面积用定积分表示为 $\int_{-1}^{1}\sqrt{1-x^2}\,\mathrm{d}x$,

显然 $\int_{-1}^{1}\sqrt{1-x^2}\,\mathrm{d}x = \frac{\pi}{2}$.

图 3-6

定积分的性质

性质 1 被积表达式中的常数因子可以提到积分号外,即

$$\int_a^b kf(x)\mathrm{d}x = k\int_a^b f(x)\mathrm{d}x.$$

性质 2 两个函数的代数和的积分等于各函数积分的代数和,即

$$\int_a^b [f(x)\pm g(x)]\mathrm{d}x = \int_a^b f(x)\mathrm{d}x \pm \int_a^b g(x)\mathrm{d}x.$$

这一结论可以推广到有限多个函数的代数和的情况.

性质 3(积分区间的可分割性) 对任意实数 c,有

$$\int_a^b f(x)\mathrm{d}x = \int_a^c f(x)\mathrm{d}x + \int_c^b f(x)\mathrm{d}x.$$

性质 4 如果在区间$[a,b]$上,$f(x)=1$,则 $\int_a^b 1\mathrm{d}x = \int_a^b \mathrm{d}x = b-a$.

性质 5 如果在区间$[a,b]$上,$f(x)\geqslant 0$,则 $\int_a^b f(x)\mathrm{d}x \geqslant 0$.

推论 如果在区间$[a,b]$上,$f(x)\leqslant g(x)$,则 $\int_a^b f(x)\mathrm{d}x \leqslant \int_a^b g(x)\mathrm{d}x$.

性质 6(积分中值定理) 如果 $f(x)$在区间$[a,b]$上连续,则至少存在一点$\xi\in[a,b]$,使

$$\int_a^b f(x)\mathrm{d}x = f(\xi)(b-a),$$

即$\frac{1}{b-a}\int_a^b f(x)\mathrm{d}x = f(\xi)$,$f(\xi)$称为连续函数 $f(x)$在区间$[a,b]$上的平均值. 如图 3-7,定积分 $\int_a^b f(x)\mathrm{d}x$ 表示的曲边梯形的面积等于底边相同而高为 $f(\xi)$的矩形的面积.

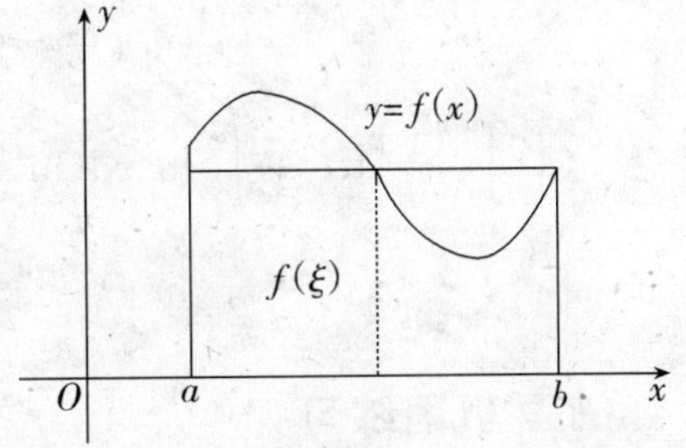

图 3-7

微积分基本公式

定理 设函数 $f(x)$在区间$[a,b]$上可

积，且 $F(x)$ 是 $f(x)$ 的一个原函数，则

$$\int_a^b f(x)\mathrm{d}x=F(b)-F(a).$$

上式称为**牛顿**(Newton)－**莱布尼茨**(Leibniz)**公式**，也叫**微积分基本公式**，简称为 N－L 公式.

为了方便，我们通常将 $F(b)-F(a)$ 记作 $F(x)\Big|_a^b$，所以牛顿(Newton)－莱布尼茨(Leibniz)公式也可以写成 $\int_a^b f(x)\mathrm{d}x=F(x)\Big|_a^b$. 它为定积分的计算提供了有效的途径，即要求函数 $f(x)$ 在区间 $[a,b]$ 上的定积分，只要求出函数 $f(x)$ 在区间 $[a,b]$ 上的一个原函数 $F(x)$，然后计算 $F(b)-F(a)$ 就可以了.

【例 2】 计算下列定积分：

(1) $\int_0^1 \frac{1}{x^2+1}\mathrm{d}x$；　　(2) $\int_1^4 \left(\sqrt{x}+\frac{1}{\sqrt{x}}\right)^2\mathrm{d}x$；

(3) $\int_{-1}^5 |x-2|\mathrm{d}x$；　　(4) $\int_1^{\mathrm{e}} \frac{\ln x}{x}\mathrm{d}x$.

解 (1) $\int_0^1 \frac{1}{x^2+1}\mathrm{d}x=\arctan x\big|_0^1=\arctan 1-\arctan 0=\frac{\pi}{4}$.

(2)
$$\begin{aligned}\int_1^4 \left(\sqrt{x}+\frac{1}{\sqrt{x}}\right)^2\mathrm{d}x &=\int_1^4\left(x+2+\frac{1}{x}\right)\mathrm{d}x\\ &=\left(\frac{1}{2}x^2+2x+\ln|x|\right)\Big|_1^4=13.5-\ln 4.\end{aligned}$$

(3) 被积函数是分段函数，$|x-2|=\begin{cases}x-2, & 2\leqslant x\leqslant 5,\\ 2-x, & -1\leqslant x<2.\end{cases}$

由积分区间的可分割性知：

$$\begin{aligned}\int_{-1}^5 |x-2|\mathrm{d}x &=\int_{-1}^2 (2-x)\mathrm{d}x+\int_2^5 (x-2)\mathrm{d}x\\ &=\left(2x-\frac{1}{2}x^2\right)\Big|_{-2}^2+\left(\frac{1}{2}x^2-2x\right)\Big|_2^5\\ &=4\frac{1}{2}+4\frac{1}{2}=9.\end{aligned}$$

(4)
$$\begin{aligned}\int_1^{\mathrm{e}} \frac{\ln x}{x}\mathrm{d}x &=\int_1^{\mathrm{e}} \ln x\mathrm{d}(\ln x)=\frac{1}{2}(\ln x)^2\Big|_1^{\mathrm{e}}\\ &=\frac{1}{2}(\ln \mathrm{e})^2-\frac{1}{2}(\ln 1)^2=\frac{1}{2}.\end{aligned}$$

巩固练习

1. 填空：

(1)定积分$\int_1^2 \ln(x+2)\mathrm{d}x$中,积分上限是________,积分下限是________,积分区间是________;

(2)由曲线$y=\sin x$与直线$x=0,x=\pi$及x轴围成的曲边梯形的面积,用定积分表示为____________;

(3)定积分$\int_2^2 \mathrm{e}^x \mathrm{d}x=$________.

2.求下列定积分:

(1) $\int_0^2 (\mathrm{e}^t-t)\mathrm{d}t$;　　(2) $\int_{-\frac{1}{2}}^{\frac{1}{2}} \frac{\mathrm{d}x}{\sqrt{1-x^2}}$;

(3) $\int_0^{\frac{\pi}{4}} \tan^2\theta \mathrm{d}\theta$;　　(4) $\int_0^{\frac{\pi}{2}} \left|\frac{1}{2}-\sin x\right| \mathrm{d}x$.

3. 设汽车以 36 km/h 的速度行使,到某处需要减速停车,此时汽车以等加速度为$a=-5\ \mathrm{m/s^2}$刹车.问从开始刹车到停车,汽车走了多远距离?

§3.4　定积分的计算方法

基础知识

换元积分法

运用牛顿—莱布尼茨公式进行定积分的计算,实际上是先求不定积分中的原函数,再求具体的值,因此与不定积分的基本积分方法相对应,定积分也有换元法和分部积分法.

定理1(换元积分法)　设函数$f(x)$在区间$[a,b]$上连续,作变换$x=\varphi(t)$,如果

(1)$\varphi(\alpha)=a,\varphi(\beta)=b$;

(2)当t从α变到β时,$x=\varphi(t)$单调地从a变到b;

(3)$x=\varphi(t)$在区间$[\alpha,\beta]$上有连续导数$\varphi'(t)$,则

$$\int_a^b f(x)\mathrm{d}x=\int_\alpha^\beta f[\varphi(t)]\varphi'(t)\mathrm{d}t.$$

上式称为定积分的换元公式.在应用公式时,可以从左到右,相当于不定积分的第二换元法;也可以从右到左,相当于不定积分的第一换元法(即凑微分法).

【例1】　计算$\int_3^8 \frac{x-1}{\sqrt{1+x}}\mathrm{d}x$.

解 令 $\sqrt{1+x}=t(t>0)$，则 $x=t^2-1$，$\mathrm{d}x=2t\mathrm{d}t$，且当 $x=3$ 时，$t=2$；当 $x=8$ 时，$t=3$.

于是 $\int_3^8 \frac{x-1}{\sqrt{1+x}}\mathrm{d}x=\int_2^3 \frac{t^2-2}{t}\cdot 2t\mathrm{d}t=2\int_2^3 (t^2-2)\mathrm{d}t=2\left(\frac{1}{3}t^3-2t\right)\Big|_2^3=8\frac{2}{3}$.

由例 1 可以看出，定积分的换元法与不定积分的换元法是有区别的. 不定积分的换元法在求得关于新变量的积分后，必须代回原变量 x，而定积分的换元法不必回代，但必须将积分限由 $x=a$ 和 $x=b$ 相应的换为 $t=\alpha$ 和 $t=\beta$. 即“换元必换限，(原)上限对(新)上限，(原)下限对(新)下限.”

【例 2】 计算 $\int_1^{\sqrt{3}} \frac{1}{\sqrt{4-x^2}}\mathrm{d}x$.

解 (方法一)令 $x=2\sin t\left(0\leqslant t\leqslant\frac{\pi}{2}\right)$，则 $\mathrm{d}x=2\cos t\mathrm{d}t$，且当 $x=1$ 时 $t=\frac{\pi}{6}$；$x=\sqrt{3}$时，$t=\frac{\pi}{3}$. 于是 $\int_1^{\sqrt{3}} \frac{1}{\sqrt{4-x^2}}\mathrm{d}x=\int_{\frac{\pi}{6}}^{\frac{\pi}{3}} \frac{1}{2\cos t}\cdot 2\cos t\mathrm{d}t=\int_{\frac{\pi}{6}}^{\frac{\pi}{3}} \mathrm{d}t=t\Big|_{\frac{\pi}{6}}^{\frac{\pi}{3}}=\frac{\pi}{6}$.

(方法二)

$$\int_1^{\sqrt{3}} \frac{1}{\sqrt{4-x^2}}\mathrm{d}x=\int_1^{\sqrt{3}} \frac{1}{2\sqrt{1-\left(\frac{x}{2}\right)^2}}\mathrm{d}x=\int_1^{\sqrt{3}} \frac{1}{\sqrt{1-\left(\frac{x}{2}\right)^2}}\mathrm{d}\left(\frac{x}{2}\right)$$

$$=\arcsin\frac{x}{2}\Big|_1^{\sqrt{3}}=\frac{\pi}{6}.$$

方法二对应于不定积分的第一类换元法，即凑微分法. 这种方法实际上是定积分的换元公式从右到左应用，因为没有引进新变量，注意积分上、下限不要作变换. 对于能用凑微分法求原函数的积分，应尽可能用第二种方法.

【例 3】 计算 $\int_0^{\frac{\pi}{2}} \cos^3 x\mathrm{d}x$.

解

$$\int_0^{\frac{\pi}{2}} \cos^3 x\mathrm{d}x=\int_0^{\frac{\pi}{2}} (1-\sin^2 x)\mathrm{d}\sin x=\left(\sin x-\frac{1}{3}\sin^3 x\right)\Big|_0^{\frac{\pi}{2}}$$

$$=\left(\sin\frac{\pi}{2}-\frac{1}{3}\sin^3\frac{\pi}{2}\right)-(\sin 0-\sin^3 0)=\frac{2}{3}.$$

【例 4】 计算 $\int_0^{\ln 2} \mathrm{e}^x(1+\mathrm{e}^x)^3\mathrm{d}x$.

解

$$\int_0^{\ln 2} \mathrm{e}^x(1+\mathrm{e}^x)^3\mathrm{d}x=\int_0^{\ln 2} (1+\mathrm{e}^x)^3\mathrm{d}(1+\mathrm{e}^x)=\frac{1}{4}(1+\mathrm{e}^x)^4\Big|_0^{\ln 2}$$

$$=\frac{1}{4}(1+\mathrm{e}^{\ln 2})^4-\frac{1}{4}(1+\mathrm{e}^0)^4$$

$$=\frac{81}{4}-\frac{16}{4}=\frac{65}{4}.$$

【例 5】 设函数 $f(x)$在$[-a,a]$上连续，证明：

(1)若 $f(x)$在$[-a,a]$上为偶函数(图 3-8),则$\int_{-a}^{a} f(x)\mathrm{d}x=2\int_{0}^{a} f(x)\mathrm{d}x$;

(2)若 $f(x)$在$[-a,a]$上为奇函数(图 3-9),则$\int_{-a}^{a} f(x)\mathrm{d}x=0$.

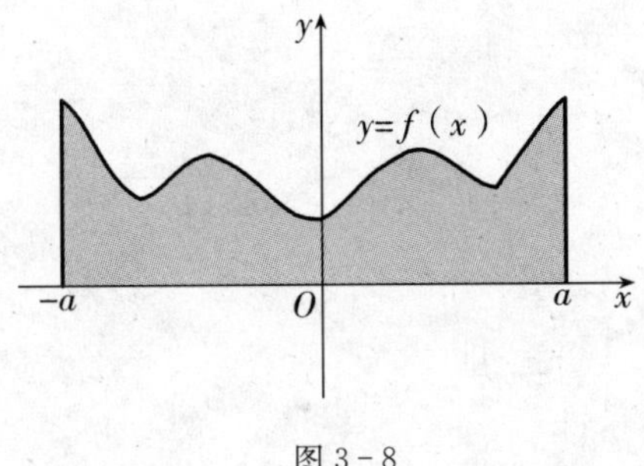

图 3-8

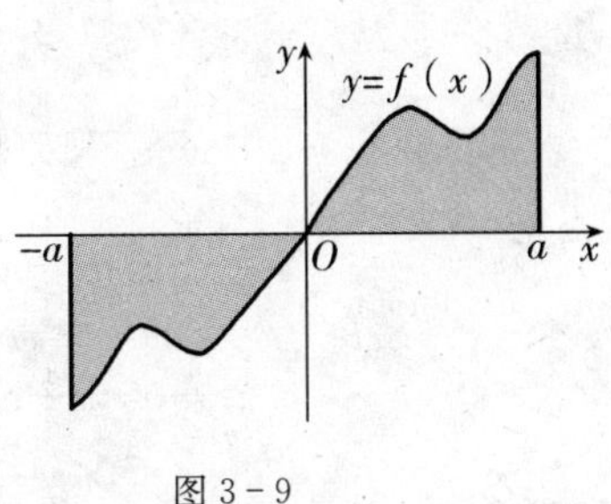

图 3-9

证明　因为$\int_{-a}^{a} f(x)\mathrm{d}x=\int_{-a}^{0} f(x)\mathrm{d}x+\int_{0}^{a} f(x)\mathrm{d}x$,

而$\int_{-a}^{0} f(x)\mathrm{d}x \xlongequal{\text{令} x=-t} -\int_{a}^{0} f(-t)\,\mathrm{d}t=\int_{0}^{a} f(-t)\mathrm{d}t=\int_{0}^{a} f(-x)\mathrm{d}x$,

所以$\int_{-a}^{a} f(x)\mathrm{d}x=\int_{0}^{a} f(-x)\mathrm{d}x+\int_{0}^{a} f(x)\mathrm{d}x=\int_{0}^{a}[f(-x)+f(x)]\mathrm{d}x$.

(1)若 $f(x)$在$[-a,a]$上为偶函数,则

$$\int_{-a}^{a} f(x)\mathrm{d}x=\int_{0}^{a}[f(-x)+f(x])\mathrm{d}x=\int_{0}^{a}[f(x)+f(x)]\mathrm{d}x=2\int_{0}^{a} f(x)\mathrm{d}x;$$

(2)若 $f(x)$在$[-a,a]$上为奇函数,则

$$\int_{-a}^{a} f(x)\mathrm{d}x=\int_{0}^{a}[f(-x)+f(x)]\mathrm{d}x=\int_{0}^{a}[-f(x)+f(x)]\mathrm{d}x=0.$$

在计算对称区间上的积分时,如能判断被积函数的奇偶性,可使计算简化.

【例 6】　计算$\int_{-1}^{1}\frac{x+1}{x^2+1}\mathrm{d}x$.

解　因为$\frac{x}{x+1}$是奇函数,$\frac{1}{x^2+1}$是偶函数,所以

$$\begin{aligned}\int_{-1}^{1}\frac{x+1}{x^2+1}\mathrm{d}x&=\int_{-1}^{1}\frac{x}{x^2+1}\mathrm{d}x+\int_{-1}^{1}\frac{1}{x^2+1}\mathrm{d}x\\&=2\int_{0}^{1}\frac{1}{x^2+1}\mathrm{d}x=2\arctan x\Big|_{0}^{1}=2\left(\frac{\pi}{4}-0\right)=\frac{\pi}{2}.\end{aligned}$$

分部积分法

定理 2　设函数 $u=u(x)$,$v=v(x)$在区间$[a,b]$上有连续的导数,则

$$\int_{a}^{b} u\mathrm{d}v=uv\Big|_{a}^{b}-\int_{a}^{b} v\mathrm{d}u.$$

上式称为定积分的分部积分公式.

【例 7】 计算$\int_1^e x\ln x\,dx$.

解 $$\int_1^e x\ln x\,dx=\frac{1}{2}\int_1^e \ln x\,dx^2=\frac{1}{2}x^2\ln x\Big|_1^e-\frac{1}{2}\int_1^e x^2\,d\ln x$$
$$=\frac{1}{2}e^2-\frac{1}{2}\int_1^e x^2\cdot\frac{1}{x}dx$$
$$=\frac{1}{2}e^2-\frac{1}{2}\int_1^e x\,dx$$
$$=\frac{1}{2}e^2-\frac{1}{4}x^2\Big|_1^e$$
$$=\frac{1}{2}e^2-\frac{1}{4}e^2+\frac{1}{4}=\frac{1}{4}e^2+\frac{1}{4}.$$

【例 8】 计算$\int_0^1 x^2e^x dx$.

解 $$\int_0^1 x^2e^x dx=\int_0^1 x^2 de^x=x^2e^x\Big|_0^1-\int_0^1 e^x dx^2=e-\int_0^1 e^x dx^2$$
$$=e-2\int_0^1 xe^x dx=e-2\int_0^1 x de^x=e-2xe^x\Big|_0^1+2\int_0^1 e^x dx.$$
$$=e-2e+2e^x\big|_0^1=e-2.$$

【例 9】 计算$\int_0^1 x\arctan x\,dx$.

解 $$\int_0^1 x\arctan x\,dx=\frac{1}{2}\int_0^1 \arctan x\,dx^2=\frac{1}{2}x^2\arctan x\Big|_0^1-\frac{1}{2}\int_0^1 x^2 d(\arctan x)$$
$$=\frac{\pi}{8}-\frac{1}{2}\int_0^b\frac{x^2}{1+x^2}dx=\frac{\pi}{8}-\frac{1}{2}\left(\int_0^1 dx-\int_0^1\frac{1}{1+x^2}dx\right)$$
$$=\frac{\pi}{8}-\frac{1}{2}x\Big|_0^1+\frac{1}{2}\arctan x\Big|_0^1$$
$$=\frac{\pi}{8}-\frac{1}{2}+\frac{\pi}{8}=\frac{\pi}{4}-\frac{1}{2}.$$

巩固练习

1. 用换元积分法求下列定积分：

(1) $\int_{-2}^1\frac{dx}{(11+5x)^3}$； (2) $\int_0^1 xe^{x^2}dx$；

(3) $\int_0^1\frac{x}{1+x^2}dx$； (4) $\int_0^1\frac{1}{\sqrt{4+5x}-1}dx$；

(5) $\int_0^3\frac{x}{\sqrt{1+x}}dx$； (6) $\int_0^2\frac{1}{\sqrt{x^2+4}}dx$.

2. 用分部积分法求下列定积分：

(1) $\int_0^1 xe^{-x}dx$;　　(2) $\int_0^{\frac{\pi}{2}} x\cos x dx$;

(3) $\int_0^{\frac{1}{2}} \arcsin x dx$;　　(4) $\int_1^{e} x^2 \ln x dx$.

§3.5　一元函数积分的应用

基础知识

微元法

在前面求曲边梯形面积的计算中,我们可以看到,用定积分解决实际问题可以分为四个步骤:

第一步:选择一个被分割的变量 x 和被分割的区间$[a,b]$,将所求量 Q 在该区间上分为许多部分量之和,即 $Q=\sum\limits_{i=1}^{n}\Delta Q_i$. 也就是说,所求量 Q 在给定的区间$[a,b]$上具有可加性;

第二步:求各部分量的近似值,$\Delta Q_i\approx f(\xi_i)\Delta x_i(i=1,2,\cdots,n)$;

第三步:求出所求量 Q 的近似值,$Q=\sum\limits_{i=1}^{n}\Delta Q_i\approx\sum\limits_{i=1}^{n}f(\xi_1)\Delta x_1$;

第四步:求当 $\lambda=\max\limits_{1\leqslant i\leqslant n}\{\Delta x_i\}\to 0$ 时的 Q 近似值的极限,则得

$$Q=\lim_{\lambda\to 0}\sum_{i=1}^{n}f(\xi_i)\Delta x_i=\int_a^b f(x)dx.$$

在实际应用时,常常将上述四步简化成实用的两步:

(1)在区间$[a,b]$上任取一个微小区间$[x,x+dx]$,再写出在这个小区间上的部分量 ΔQ 的近似值,记为 $dQ=f(x)dx$,称为 Q 的微元.

(2)将微元 dQ 在$[a,b]$上积分(无限累加),即得 $Q=\int_a^b f(x)dx$.

这种解决问题的方法称为**微元法**.

值得注意的是,用微元法解决实际问题时,确定微元是关键. 微元作为 ΔQ 的近似表达式要尽量准确,一般根据问题的实际意义和数量关系,在小区间$[x,x+dx]$上以“常代变”、“匀代不匀”、“直代曲”的思想,写出微元 $dQ=f(x)dx$.

本节将用实例说明定积分的微元法,讨论定积分在几何、物理、经济等工程技术领域的具体应用.

平面图形的面积

(1)由连续曲线 $y=f(x)$,直线 $x=a$,$x=b(a<b)$和 x 轴所围成的曲边梯形的面积.

由定积分的几何意义我们知道:$A=\int_a^b f(x)\mathrm{d}x(f(x)\geqslant 0)$,

或 $A=-\int_a^b f(x)\mathrm{d}x(f(x)\leqslant 0)$.

(2)由两条连续曲线 $y=f_1(x)$,$y=f_2(x)(f_1(x)\leqslant f_2(x))$及两条直线 $x=a$,$x=b(a<b)$所围成的平面图形(图 3-10)的面积.

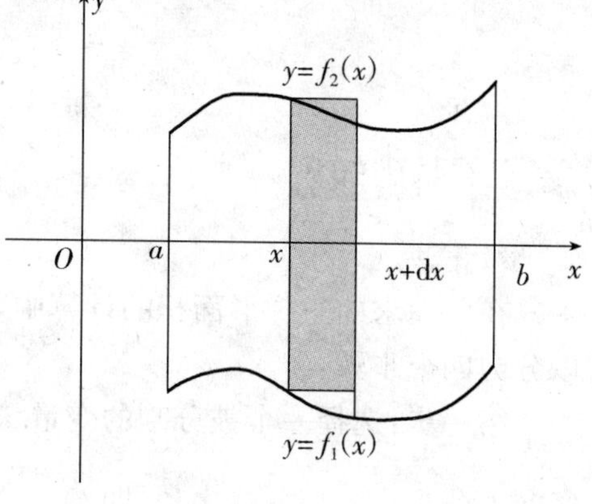

图 3-10

①选取 x 为积分变量,则积分区间为$[a,b]$;

②在$[a,b]$内任取一个小区间$[x,x+\mathrm{d}x]$,对应的部分面积 ΔA 近似等于以$[f_2(x)-f_1(x)]$为高、$\mathrm{d}x$ 为底的矩形的面积;即面积微元为

$\mathrm{d}A=[f_2(x)-f_1(x)]\mathrm{d}x$;

③所求图形的面积为

$A=\int_a^b \mathrm{d}A=\int_a^b [f_2(x)-f_1(x)]\mathrm{d}x$.

【例 1】 求直线 $y=x$ 与抛物线 $y=x^2-2x$ 围成图形的面积.

解 直线 $x-y=0$ 与抛物线 $y=x^2-2x$ 围成的图形如图 3-11 所示.

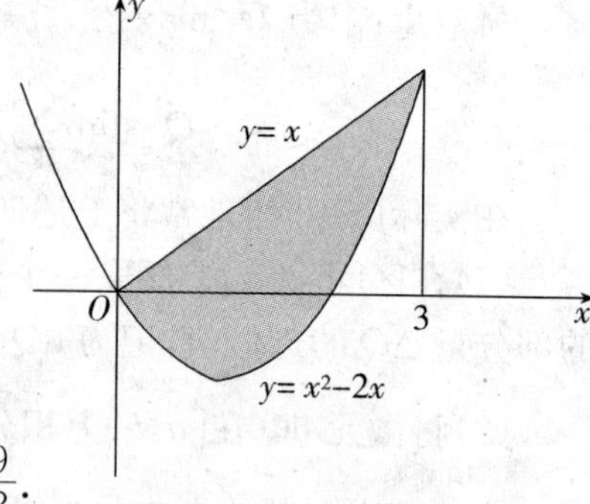

图 3-11

联立方程组$\begin{cases}x-y=0,\\ y=x^2-2x,\end{cases}$

解得:$\begin{cases}x=0,\\ y=0,\end{cases}\begin{cases}x=3,\\ y=3.\end{cases}$

根据公式得所求图形的面积为

$A=\int_0^3 (3x-x^2)\mathrm{d}x=\left(\frac{3}{2}x^2-\frac{1}{3}x^3\right)\Big|_0^3=\frac{9}{2}$.

(3)由两条连续曲线 $x=\varphi_1(y)$,$x=\varphi_2(y)$ $(\varphi_1(y))\leqslant\varphi_2(y))$及两条直线 $y=c$,$y=d(c<d)$所围成的平面图形的面积.

①选取 y 为积分变量,则积分区间为$[c,d]$;

②在$[c,d]$内任取一个小区间$[y,y+\mathrm{d}y]$,对应的部分面积 ΔA 近似等于以$[\varphi_2(y)-\varphi_1(y)]$为高、$\mathrm{d}y$ 为底的矩形的面积(图 3-12),即面积微元为$\mathrm{d}A=$

$[\varphi_2(y)-\varphi_1(y)]dy$;

③所求图形的面积为

$$A=\int_c^d dA=\int_c^d[\varphi_2(y)-\varphi_1(y)]dy.$$

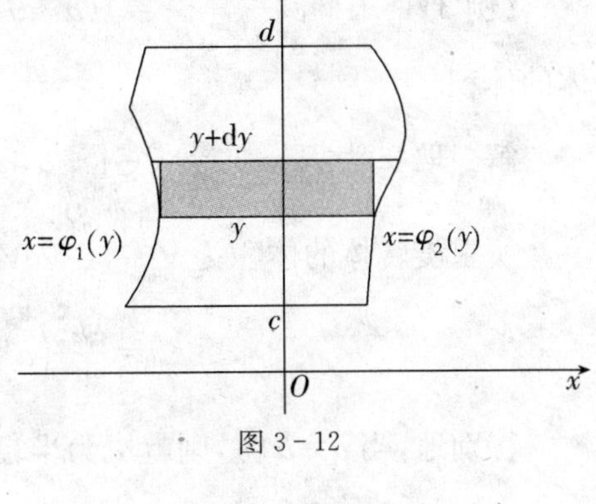

图 3－12

【例 2】 求由抛物线 $y^2=x$ 及直线 $x+y-2=0$ 所围成图形的面积.

解 围成的图形如图 3－13 所示，联立方程组 $\begin{cases}y^2=x,\\x+y-2=0,\end{cases}$

解得 $\begin{cases}x=1,\\y=1,\end{cases}\begin{cases}x=4,\\y=-2,\end{cases}$ 根据公式，得

$$A=\int_{-2}^{1}[(2-y)-y^2]dy$$

$$=\left(2y-\frac{y^2}{2}-\frac{y^3}{3}\right)\Big|_{-2}^{1}=\frac{9}{2}.$$

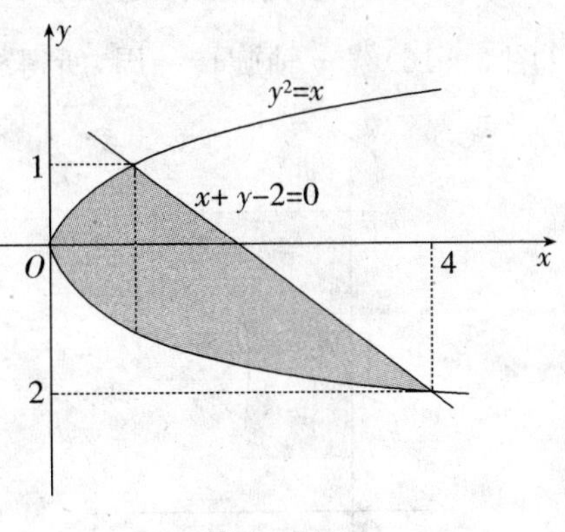

图 3－13

注：本例也可选取 x 为积分变量，将图形分为两块，但计算过程较复杂. 因此，用定积分求平面图形的面积时，应恰当地选取积分变量，尽量使图形不分块或少分块.

旋转体的体积

(1)由连续曲线 $y=f(x)$、直线 $x=a$，$x=b$ 及 x 轴围成的曲边梯形(图3－14)绕 x 轴旋转一周，所得旋转体(图 3－15)的体积.

①选取 x 为积分变量，积分区间为$[a,b]$；

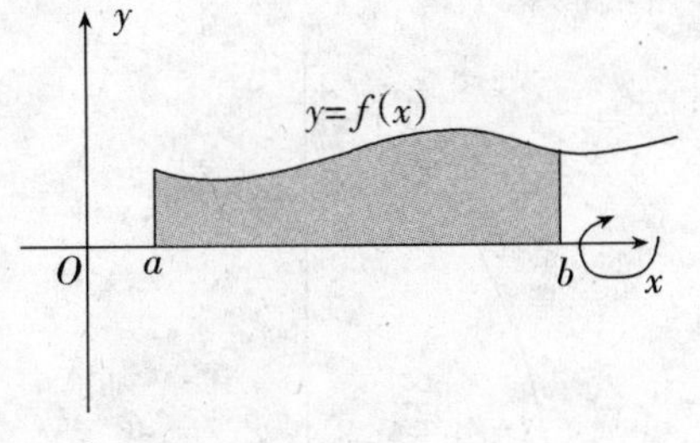

图 3－14

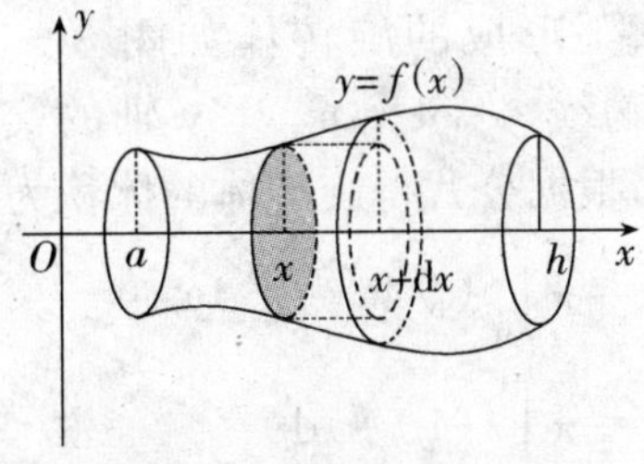

图 3－15

②在$[a,b]$内任取一个小区间$[x,x+dx]$，与之对应的部分立体的体积近似等于底半径为 $f(x)$、高为 dx 的圆柱的体积，于是，体积微元为 $dV=\pi[f(x)]^2dx$；

③旋转体的体积为　$V=\int_a^b dV=\pi\int_a^b f^2(x)dx.$

【例 3】 求椭圆$\frac{x^2}{a^2}+\frac{y^2}{b^2}=1(a>0,b>0)$绕 x 轴旋转一周所形成的旋转椭球体的体积.

解 取 x 为积分变量,$x\in[-a,a]$,则 $y=\frac{b}{a}\sqrt{a^2-x^2}$,

所求旋转体的体积为 $V=\int_{-a}^{a}\mathrm{d}V=\pi\int_{-a}^{a}f^2(x)\mathrm{d}x=\int_{-a}^{a}\frac{\pi b^2}{a^2}(a^2-x^2)\mathrm{d}x.$

$$=\frac{\pi b^2}{a^2}\left(a^2x-\frac{1}{3}x^3\right)\bigg|_{-a}^{a}=\frac{4}{3}\pi ab^2.$$

特别地,当 $a=b$ 时,则就成为半径为 a 的球体,它的体积为 $V=\frac{4}{3}\pi a^3$.

(2)类似地,由连续曲线 $x=g(y)$,直线 $y=c$,$y=d$ 及 y 轴围成的曲边梯形(图 3-16)绕 y 轴旋转一周,所得旋转体(图 3-17)的体积为 $V=\pi\int_{c}^{d}g^2(y)\mathrm{d}y$.

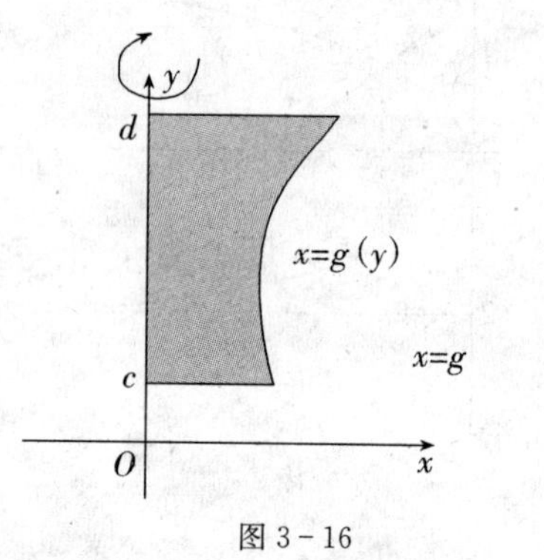

图 3-16

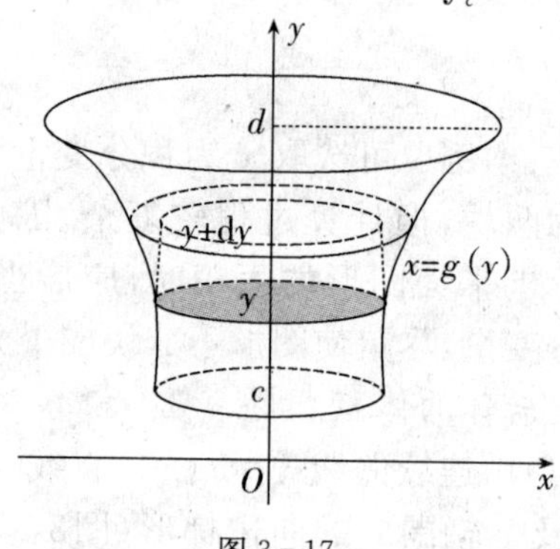

图 3-17

【例 4】 求由抛物线 $y=4-x^2$ 及 x 轴围成的图形绕 y 轴旋转一周所得旋转体的体积.

解 形成的旋转体如图 3-18 所示,抛物线 $y=4-x^2$ 及 y 轴的交点为(0,4),根据公式得旋转体的体积为

$$V=\pi\int_{0}^{4}(\sqrt{4-y})^2\mathrm{d}y$$

$$=\pi\int_{0}^{4}(4-y)\mathrm{d}y$$

$$=\pi\left(4y-\frac{y^2}{2}\right)\bigg|_{0}^{4}=8\pi.$$

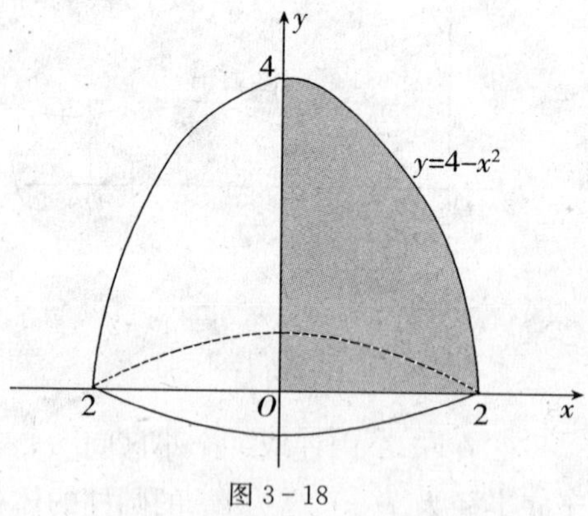

图 3-18

变力沿直线所做的功

【例 5】现有一弹簧,原长 1 m,已知每压缩 1 cm 需要 1 N 的力.若自 0.6m 处压缩至 0.3m 处,需做多少功?

解　取弹簧的平衡点作为原点建立坐标系（如图3－19）.由胡克定律知，在弹性限度内，将弹簧拉长（或缩短）所需的力 F 与弹簧伸长（或缩短）的量 x 成正比，即 $F=kx$，其中 k 叫弹性系数.依题意，当 $x=0.01$ m 时，$F=1$ N，所以 $k=100$（N/m）.于是 $F=100x$，故功微元 $\mathrm{d}W=100x\mathrm{d}x$，$x\in[0.3,0.6]$，所以，所求功为 $W=\int_{0.3}^{0.6}100x\mathrm{d}x=50x^2\Big|_{0.3}^{0.6}=13.5$ J.

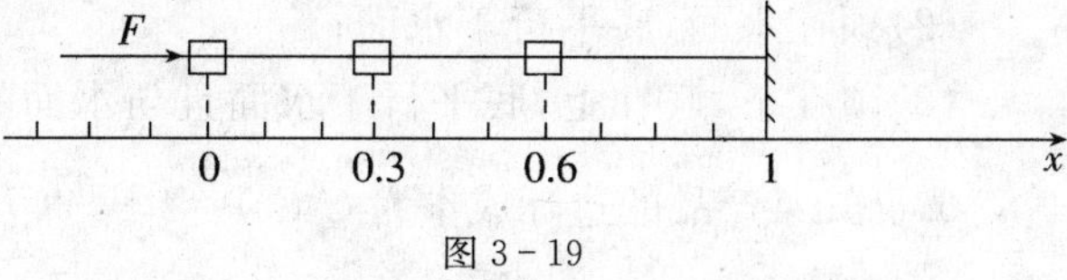

图 3－19

液体的压力

【例 6】　设有一水平放置的半径为 R 的圆柱形油桶，里面盛有半桶油，设油的密度为 ρ，求油桶的一个端面上所受的压力.

解　桶的一个端面是圆板，现在要计算的是当油面过圆心时，垂直放置的一个半圆板的一侧所受到压力.

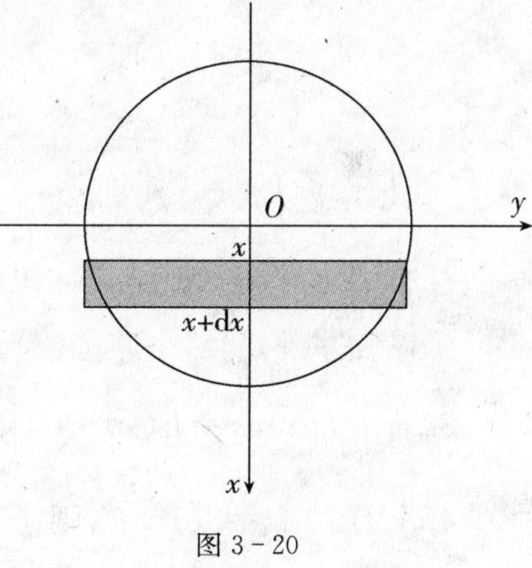

图 3－20

建立如图3－20所示的直角坐标系，则圆的方程为 $x^2+y^2=R^2$.取 x 为积分变量，在 x 的变化区间 $[0,R]$ 上取微小区间 $[x,x+\mathrm{d}x]$，视这细条上压强不变，则压力微元是 $\mathrm{d}F=\rho gx\mathrm{d}s=2\rho gxy\mathrm{d}x=2\rho gx\sqrt{R^2-x^2}\mathrm{d}x$，于是端面所受的压力为

$$F=\int_0^R\mathrm{d}F=\int_0^R 2\rho gx\sqrt{R^2-x^2}\mathrm{d}x=-\frac{2}{3}\rho g(R^2-x^2)^{\frac{3}{2}}\Big|_0^R=\frac{2}{3}\rho gR^3.$$

巩固练习

1. 求下列曲线所围成的平面图形的面积：

(1) $y=x^2$ 与 $y=2-x^2$；　　(2) $y=x^2$，$y=2x^2$ 与 $y=1$.

2. 平面图形由 $y=x^2$ 和 $y=1$ 围成，试求该图形绕 x 轴旋转所成的旋转体的体积.

3. 求由曲线 $y=x^2$，$y^2=8x$ 分别绕 x 轴、y 轴旋转所得旋转体的体积.

4. 一圆锥形的容器顶朝下放置，上底半径为 1 m，高 3 m，锥中盛水深 2 m，如将水全部抽出，问需做功多少？

5. 设有底为 a，高为 h 的等腰三角形薄板铅直的沉没在水中.在下列情况下，试分别计算薄板上一侧所受的压力：

(1) 底与水面相平；

(2)顶在水面,底平行于水面;

(3)顶在下,底在上,底平行于水面且与水面的距离为 h.

6. 已知某产品的边际成本为 $C'(x)=4+\frac{x}{4}$(万元/百台),边际收入为 $R'(x)=8-x$(万元/百台),求:

(1)产量由 1 百台增加到 5 百台时,总成本与总收入的增量;

(2)产量为多少时,总利润最大;

(3)若固定成本为 1 万元,分别求总成本函数与总利润函数;

(4)求总利润最大时的总成本、总收入与总利润.

复习题三

一、填空题

1. 若 $f(x)$ 连续,则 $\left(\int f(x)\mathrm{d}x\right)'=$________.

2. 已知 $f(x)$ 的一个原函数为 e^{-x},则 $f(x)=$________.

3. 若 $\int f(x)\mathrm{d}x=F(x)+C$,则 $\int \mathrm{e}^{x}f(\mathrm{e}^{x})\mathrm{d}x=$________.

4. $\int f(x)\mathrm{d}x=3\mathrm{e}^{\frac{x}{3}}+C$,则 $f(x)=$________.

5. 设 $f(x)$ 在 $[a,b]$ 上连续,当 $a=b$ 时,$\int_a^a f(x)\mathrm{d}x=$________,当 $f(x)=1$ 时,$\int_a^b f(x)\mathrm{d}x=$________.

6. 设 $\int_b^a (1-2x)\mathrm{d}x=-2$,则 $a=$________.

二、选择题

1. $\int x\mathrm{d}(\mathrm{e}^{-x})=$( )

A. $x\mathrm{e}^{-x}+C$　　B. $x\mathrm{e}^{-x}+\mathrm{e}^{-x}+C$

C. $-x\mathrm{e}^{-x}+C$　　D. $x\mathrm{e}^{-x}-\mathrm{e}^{-x}+C$

2. 若 $f(x)$ 是 $g(x)$ 的原函数,则( )

A. $\int f(x)\mathrm{d}x=g(x)+C$　　B. $g(x)\mathrm{d}x=f(x)+C$

C. $\int g'(x)\mathrm{d}x=g(x)+C$　　D. $\int f'(x)\mathrm{d}x=g(x)+C$

3. 设 $f(x)=\mathrm{e}^{-x}$,则 $\int \frac{f'(\ln x)}{x}\mathrm{d}x=$( )

A. $-\frac{1}{x}+C$　　B. $-\ln x+C$

C. $\frac{1}{x}+C$　　D. $\ln x+C$

4. 已知 $\int f(x)\mathrm{d}x=F(x)+C$,则 $\int \frac{1}{x}f(\ln x)\mathrm{d}x=$(　　)

A. $F(\ln x)+C$　　B. $F(\ln x)$

C. $\frac{1}{x}F(\ln x)+C$　　D. $F\left(\frac{1}{x}\right)+C$

5. 下列等式成立的是(　　)

A. $\frac{d}{\mathrm{d}x}\int f(x)\mathrm{d}x=f(x)$　　B. $\int f'(x)\mathrm{d}x=f(x)$

C. $\mathrm{d}\int f(x)\mathrm{d}x=f(x)$　　D. $\int \mathrm{d}f(x)=f(x)$

6. 若 $\int f(x)\mathrm{d}x=\mathrm{e}^{-2x}+C$,则 $f'(x)=$(　　)

A. $-2\mathrm{e}^{-2x}$　　B. $2\mathrm{e}^{-2x}$

C. $-4\mathrm{e}^{-2x}$　　D. $4\mathrm{e}^{-2x}$

三、求下列不定积分:

(1) $\int (2^x+x^4+\sec^2 x)\mathrm{d}x$;　　(2) $\int \frac{(1-x)^3}{x^2}\mathrm{d}x$;

(3) $\int \frac{1}{\sin^2 x\cdot\cos^2 x}\mathrm{d}x$;　　(4) $\int \sqrt{3x-7}\mathrm{d}x$;

(5) $\int x\sqrt{x^2-2}\mathrm{d}x$;　　(6) $\int \frac{2x}{1+x^2}\mathrm{d}x$;

(7) $\int \frac{1}{\sqrt{1-4x^2}}\mathrm{d}x$;　　(8) $\int \frac{1}{x\ln x}\mathrm{d}x$;

(9) $\int \frac{\arcsin^3 x}{\sqrt{1-x^2}}\mathrm{d}x$;　　(10) $\int \frac{\mathrm{e}^x}{1+\mathrm{e}^{2x}}\mathrm{d}x$;

(11) $\int \frac{1}{1+\sqrt[3]{x}}\mathrm{d}x$;　　(12) $\int \frac{x}{\sqrt{x-3}}\mathrm{d}x$;

(13) $\int \ln x\mathrm{d}x$;　　(14) $\int \arccos x\mathrm{d}x$;

(15) $\int (x^2+1)\mathrm{e}^x\mathrm{d}x$;　　(16) $\int x^2\mathrm{e}^x\mathrm{d}x$.

四、求下列定积分:

(1) $\int_0^1 (x+\sqrt{x})\mathrm{d}x$;　　(2) $\int_{\frac{1}{\sqrt{3}}}^{\sqrt{3}} \frac{\mathrm{d}x}{1+x^2}$;

(3) $\int_{e}^{e^2}\frac{dx}{x\ln x}$；　(4) $\int_{0}^{3}e^{\frac{x}{3}}dx$；

(5) $\int_{2}^{2\sqrt{3}}\frac{dx}{4+x^2}$；　(6) $\int_{1}^{e}\frac{1+5\ln x}{x}dx$；

(7) $\int_{0}^{1}\frac{dx}{e^x+e^{-x}}$；　(8) $\int_{-1}^{1}\frac{dx}{\sqrt{5-4x}}$；

(9) $\int_{0}^{4}\frac{1}{1+\sqrt{t}}dx$；　(10) $\int_{0}^{1}\frac{dx}{\sqrt{4-x^2}}$；

(11) $\int_{0}^{\frac{1}{2}}\arccos x dx$；　(12) $\int_{0}^{\sqrt{3}}2x\arctan x dx$；

(13) $\int_{0}^{2}x\ln(x+1)dx$；　(14) $\int_{\frac{1}{e}}^{2}|\ln x|dx$.

五、已知曲线在各点的切线斜率为其切点横坐标的 3 倍，且曲线过点(0,1)，求曲线方程.

六、求下列图形的面积：

(1)由曲线 $xy=2$ 与直线 $x+y=3$ 所围图形；

(2)曲线 $y=\sin x, y=\cos x$ 及直线 $x=0, x=\frac{\pi}{2}$ 所围图形.

七、计算由 $y=x^2-4, y=0$ 围成的曲边梯形绕 x 轴旋转一周而成的旋转体的体积.

八、设有一直径为 20 m 的半球形水池，池内贮满水，若要把水抽尽，问至少需要作多少功？

九、一梯形大坝高 20 m，顶宽 50 m，底宽 30 m，若水平面离坝顶 4 m，求大坝所受压力.

十、某厂生产某种商品 q 千件的边际成本为 $C'(q)=q+36$(万元/千件)，其固定成本是 9 800(万元). 求其成本函数.

十一、已知某产品的边际成本为 $C'(q)=4q$(万元/百台)，边际收入为 $R'(q)=60-12q$(万元/百台). 如果该产品的固定成本为 10 万元，求：

(1)产量为多少时总利润 $L(q)$ 最大？

(2)从最大利润产量的基础上再增产 200 台，总利润会发生什么变化？

第二篇　职业模块

第四章　微分方程及其应用

微分方程是积分学的进一步发展，它列出的是所研究的函数及其导数或微分之间的关系式，不是函数的导数本身，而是导函数所满足的关系式，通过求解微分方程，可以得到要找的未知函数. 在这一章里将介绍微分方程的基本概念和常见的几种类型的微分方程及其解法，特别介绍"拉普拉斯变换"求解微分方程的应用.

§4.1　微分方程的基本概念与变量分离法

☞基础知识

微分方程的概念

先看下面的例子.

引例 1　一曲线通过点(1,2)，且在该曲线上任一点 $M(x,y)$处的切线的斜率为 $2x$，求这曲线的方程.

解　设曲线的方程为 $y=y(x)$，则有 $y'=2x$.　①

这是含有未知函数导数的方程，满足：当 $x=1$ 时，$y=2$，即 $f(1)=2$ 或 $y|_{x=1}=2$. 解方程①，得

$$y=\int y'\mathrm{d}x=\int 2x\mathrm{d}x=x^2+C, \quad ②$$

将 $y|_{x=1}=2$ 代入②式，得 $C=1$.

故所求曲线方程为 $y=x^2+1$.

引例 2　列车在平直的线路上以 20 m/s 的速度匀速行驶，到站时制动刹车，获得加速度 -0.4 m/s²，求从制动刹车到最后停止过程中列车的运动方程.

解　设制动后列车的运动方程为 $s=s(t)$，则有

$$s''=-0.4, \quad ①$$

这是含有未知函数二阶导数的方程，满足：$s|_{t=0}=0, s'|_{t=0}=20$.

解方程①，得

$$s'=\int s''\mathrm{d}t=\int(-0.4)\mathrm{d}t=-0.4t+C_1, \quad ②$$

$$s=\int s'\mathrm{d}t=\int(-0.4t+C_1)\mathrm{d}t=-0.2t^2+C_1t+C_2, \quad ③$$

将 $s|_{t=0}=0, s'|_{t=0}=20$ 代入②，③式，得 $C_1=20, C_2=0$.

故制动后列车的运动方程为 $s=-0.2t^2+20t$.

从引例 1、引例 2 可以看到，在确定变量之间的函数关系时，有时需要建立含有该函数的导数(或微分)的方程，通过求解方程从而求得该函数. 为了研究方便起见，给出下面的定义.

定义 1 含有未知函数的导数(或微分)的方程称为**微分方程**.

本章只讨论微分方程中未知函数是一元函数(只有一个自变量)的情形，这样的微分方程也叫做常微分方程.

方程 $y'=2x$，$s''=-0.4$ 都是微分方程，而 $\sqrt{1+x^2}+y^2=1$，$\tan x+xy-2=0$ 不是微分方程.

定义 2 微分方程中所含未知函数的导数的最高阶数，称为**微分方程的阶数**.

例如，微分方程 $y'=2x$ 的阶数是 1，称为一阶微分方程；微分方程 $s''=-0.4$ 的阶数是 2，称为二阶微分方程. 通常把二阶及二阶以上的微分方程称为高阶微分方程，本章主要讨论一阶和二阶微分方程.

定义 3 如果微分方程中所含未知函数及其各阶导数的项全是一次项，则称该微分方程为**线性微分方程**.

例如，$y'=xy$ 是一阶线性微分方程；$y''-6y'+7y=2x$ 是二阶线性微分方程；但 $y''-3yy'=2x$ 不是线性微分方程.

定义 4 满足微分方程的函数称为微分方程的**解**. 若微分方程的解中含有相互独立的任意常数，且其个数等于微分方程的阶数，则称此解为微分方程的**通解**；不含任意常数的解称为微分方程的**特解**.

用来确定通解中任意常数的条件称为初始条件.

一般地，一阶微分方程的初始条件是 $y|_{x=x_0}=y_0$；二阶常微分方程的初始条件是 $y|_{x=x_0}=y_0, y'|_{x=x_0}=y'_0$.

变量分离法

形如 $\frac{\mathrm{d}y}{\mathrm{d}x}=f(x)g(y)$ 的微分方程称为可

这样的微分方程用变量分离法求解如下

(1)分离变量 $\frac{1}{g(y)}\mathrm{d}y=f(x)\mathrm{d}$

(2)两边积分　$\int \frac{1}{g(y)}\mathrm{d}y=\int f(x)\mathrm{d}x$;

(3)求出通解　$G(y)=F(x)+C$.

其中 $G(y)$,$F(x)$分别是函数$\frac{1}{g(y)}$和 $f(x)$的一个原函数,C 是任意常数.

【例 1】　求微分方程 $y'-2xy=0$ 的通解.

解　原方程可化为　$\frac{\mathrm{d}y}{\mathrm{d}x}=2xy$,

分离变量,得　$\frac{1}{y}\mathrm{d}y=2x\mathrm{d}x$,

两边积分,得　$\int \frac{1}{y}\mathrm{d}y=\int 2x\mathrm{d}x$,

$$\ln|y|=x^2+C_1,$$

$$y=\pm \mathrm{e}^{x^2+C_1}=\pm \mathrm{e}^{C_1}\cdot \mathrm{e}^{x^2}=C_2\mathrm{e}^{x^2}\ (C_2=\pm \mathrm{e}^{C_1}\neq 0).$$

若 $C_2=0$,则 $y=C_2\mathrm{e}^{x^2}=0$,代入方程,也是该微分方程的解.

所以,原方程的通解为 $y=C\mathrm{e}^{x^2}$(C 为任意常数).

【例 2】　求微分方程 $\mathrm{e}^x\mathrm{d}x-(1+\mathrm{e}^x)\mathrm{d}y=0$ 的通解.

解　将原方程变形并分离变量,得 $\mathrm{d}y=\frac{\mathrm{e}^x}{1+\mathrm{e}^x}\mathrm{d}x$,

两边积分,得　$\int \mathrm{d}y=\int \frac{\mathrm{e}^x}{1+\mathrm{e}^x}\mathrm{d}x$,

$$y=\ln(1+\mathrm{e}^x)+C,$$

所以,原方程的通解为 $y=\ln(1+\mathrm{e}^x)+C$(C 为任意常数).

【例 3】　求微分方程 $y\frac{\mathrm{d}y}{\mathrm{d}x}=-\frac{\sqrt{1-y^2}}{\sqrt{1-x^2}}$满足初始条件 $y|_{x=0}=1$ 的特解.

解　分离变量,得　$\frac{y}{\sqrt{1-y^2}}\mathrm{d}y=-\frac{1}{\sqrt{1-x^2}}\mathrm{d}x$,

两边积分,得　$\int \frac{y}{\sqrt{1-y^2}}\mathrm{d}y=-\int \frac{1}{\sqrt{1-x^2}}\mathrm{d}x$,

$$-\sqrt{1-y^2}=-\arcsin x-C,$$

方程的通解为　$\sqrt{1-y^2}=\arcsin x+C$ (C 为任意常数).

将 $y|_{x=0}=1$ 代入通解,得 $C=0$.

所以,原方程的特解为$\sqrt{1-y^2}=\arcsin x$.

需要指出,微分方程的解可以写成显函数,也可以写成隐函数.

【例 4】　设跳伞员的质量为 m,离开跳伞塔时的速度为零,下落过程中所受空气阻力与速度成正比.求跳伞员下落速度与时间的函数关系.

解　设跳伞员下落速度为 $v=v(t)$,则所受外力为 $F=mg-kv$(k 为大于零

的常数)，根据牛顿第二运动定律 $F=ma$，得

$$m\frac{\mathrm{d}v}{\mathrm{d}t}=mg-kv,$$

这就是 $v(t)$ 满足的微分方程，初始条件为 $v|_{t=0}=0$.

分离变量，得 $\dfrac{\mathrm{d}v}{mg-kv}=\dfrac{\mathrm{d}t}{m}$,

两边积分，得 $\displaystyle\int\frac{\mathrm{d}v}{mg-kv}=\int\frac{\mathrm{d}t}{m}$,

$$-\frac{1}{k}\ln(mg-kv)=\frac{t}{m}+C_1\ (mg-kv>0),$$

得
$$v=\frac{mg}{k}+C\mathrm{e}^{-\frac{k}{m}t}\left(C=-\frac{\mathrm{e}^{-kC_1}}{k}\right).$$

初始条件 $v|_{t=0}$ 代入通解，得 $C=-\dfrac{mg}{k}$.

所以，跳伞员下落速度与时间的函数关系为 $v=\dfrac{mg}{k}(1-\mathrm{e}^{-\frac{k}{m}t})$. 从中可以看出，随着时间 t 的增大，速度 v 逐渐接近于常数$\dfrac{mg}{k}$，且不会超过$\dfrac{mg}{k}$，也就是说，跳伞后开始阶段是加速运动，但以后逐渐接近于等速运动.

巩固练习

1. 指出下列方程的阶数，并指出其是否是线性方程：

(1) $\dfrac{\mathrm{d}y}{\mathrm{d}x}=y^2+x^2$；　　(2) $\dfrac{\mathrm{d}y}{\mathrm{d}x}=x+x\sin y$；

(3) $\dfrac{\mathrm{d}^4y}{\mathrm{d}x^4}-2\dfrac{\mathrm{d}^3y}{\mathrm{d}x^3}+\dfrac{\mathrm{d}^2y}{\mathrm{d}x^2}=0$；　　(4) $x'''+x''+x'+x=t$；

(5) $\left(\dfrac{\mathrm{d}r}{\mathrm{d}s}\right)^3=\sqrt{1+\dfrac{\mathrm{d}^2r}{\mathrm{d}s^2}}$；　　(6) $x^2\mathrm{d}y+y^2\mathrm{d}x=0$.

2. 求下列可分离变量的微分方程的通解：

(1) $\dfrac{\mathrm{d}y}{\mathrm{d}x}=\dfrac{1+y^2}{y(1+x^2)}$；　　(2) $y\mathrm{d}x+(x^2-4x)\mathrm{d}y=0$；

(3) $xy'=y\ln y$；　　(4) $x(y^2-1)\mathrm{d}x+y(x^2-1)\mathrm{d}y=0$.

3. 已知曲线在任意一点处的切线斜率等于这个点的横坐标，且曲线通过点(1,0)，求该曲线的方程.

4. 设物体运动的速度与物体到原点的距离成正比，已知物体在 10 s 时与原点相距 100 m，在 15 s 时与原点相距 200 m，求物体的运动规律.

§4.2　一阶线性微分方程

☞基础知识

一阶微分方程的一般形式是 $F(x,y,y')=0$ 或 $y'=f(x,y)$.

形如 $y'+P(x)y=Q(x)$ 的微分方程称为**一阶线性微分方程**.

当 $Q(x)\neq 0$ 时,方程 $y'+P(x)y=Q(x)$ 称为**一阶线性非齐次微分方程**;

当 $Q(x)=0$ 时,方程 $y'+P(x)y=0$ 称为对应于非齐次 $y'+P(x)y=Q(x)$ 的**一阶线性齐次微分方程**.

例如 $\frac{\mathrm{d}y}{\mathrm{d}x}=y+x^2$, $\frac{\mathrm{d}x}{\mathrm{d}t}=x\sin t+t^2$;线性的;

$yy'-2xy=3$, $y'-\cos y=1$,非线性的.

$y'+P(x)y=0$ 是可分离变量的微分方程,分离变量,得

$$\frac{1}{y}\mathrm{d}y=-P(x)\mathrm{d}x,$$

两边积分,得

$$\int\frac{1}{y}\mathrm{d}y=-\int P(x)\mathrm{d}x\ ,$$

$$\ln y=-\int P(x)\mathrm{d}x+\ln C,$$

所以,方程 $y'+P(x)y=0$ 的通解为 $y=C\mathrm{e}^{-\int P(x)\mathrm{d}x}$.

方程 $y'+P(x)y=Q(x)$ 不能用分离变量法求解,因其形式与方程 $y'+P(x)y=0$ 类似,因此,猜想它们的通解也应有类似的形式,不妨设方程 $y'+P(x)y=Q(x)$ 的通解为 $y=C(x)\mathrm{e}^{-\int P(x)\mathrm{d}x}$,其中 $C(x)$ 是待定函数.

因为 $y'=C'(x)\mathrm{e}^{-\int P(x)\mathrm{d}x}-C(x)P(x)\mathrm{e}^{-\int P(x)\mathrm{d}x}$,将 y 和 y' 代入方程 $y'+P(x)y=Q(x)$,得

$$C'(x)\mathrm{e}^{-\int P(x)\mathrm{d}x}-C(x)P(x)\mathrm{e}^{-\int P(x)\mathrm{d}x}+P(x)C(x)\mathrm{e}^{-\int P(x)\mathrm{d}x}=Q(x),$$

$$C'(x)\mathrm{e}^{-\int P(x)\mathrm{d}x}=Q(x),$$

$$C'(x)=Q(x)\mathrm{e}^{\int P(x)\mathrm{d}x},$$

积分,得

$$C(x)=\int Q(x)\mathrm{e}^{\int P(x)\mathrm{d}x}\,\mathrm{d}x+C,$$

所以,方程 $y'+P(x)y=Q(x)$ 的通解为

$$y=\mathrm{e}^{-\int P(x)\mathrm{d}x}\left(\int Q(x)\mathrm{e}^{\int P(x)\mathrm{d}x}\,\mathrm{d}x+C\right),$$

或 $$y=\mathrm{e}^{-\int P(x)\mathrm{d}x}\cdot\int Q(x)\mathrm{e}^{\int P(x)\mathrm{d}x}\,\mathrm{d}x+C\mathrm{e}^{-\int P(x)\mathrm{d}x},$$

其中积分 $\int Q(x)\mathrm{e}^{\int P(x)\mathrm{d}x}\,\mathrm{d}x$ 及 $\int P(x)\mathrm{d}x$ 均只取一个原函数.

由通解形式知，非齐次方程的通解等于它的一个特解再加上对应齐次方程的通解.

上面求非齐次方程的通解，先求出对应的齐次方程的通解 $y=C\mathrm{e}^{-\int P(x)\mathrm{d}x}$，再假设非齐次方程的通解为 $y=C(x)\mathrm{e}^{-\int P(x)\mathrm{d}x}$，然后代入原方程确定待定函数 $C(x)$，即可得通解，此法称为**常数变易法**.

归纳上述知识，可得表 4-1.

表 4-1

一阶线性齐次 $y'+P(x)y=0$	①变量分离法	②公式法：(C 为任意常数) $y=C\mathrm{e}^{-\int P(x)\mathrm{d}x}$
一阶线性非齐次 $y'+P(x)y=Q(x)$	①常数变异法	②公式法：(C 为任意常数) $y=\mathrm{e}^{-\int P(x)\mathrm{d}x}\left(\int Q(x)\mathrm{e}^{\int P(x)\mathrm{d}x}\,\mathrm{d}x+C\right)$

【例 1】 求微分方程 $y'-\frac{2}{x}y=x$ 的通解.

解 （公式法），将 $P(x)=-\frac{2}{x}$，$Q(x)=x$ 代入公式，得

$$y=\mathrm{e}^{-\int\left(-\frac{2}{x}\right)\mathrm{d}x}\left(\int x\mathrm{e}^{\int\left(-\frac{2}{x}\right)\mathrm{d}x}\,\mathrm{d}x+C\right)=x^2\left(\int x\cdot\frac{1}{x^2}\mathrm{d}x+C\right)=x^2(\ln|x|+C),$$

所以，方程的通解为 $y=x^2(\ln|x|+C)$.

（常数变易法），对应的齐次方程为 $y'-\frac{2}{x}y=0$，其通解为 $y=Cx^2$.

假设原方程的通解为 $y=C(x)x^2$. 将 $y'=C'(x)x^2+2C(x)x$ 及 $y=C(x)x^2$ 代入原方程，得 $$C'(x)x^2+2C(x)x-2C(x)x^2=x,$$

$$C'(x)=\frac{1}{x},$$

积分，得 $$C(x)=\ln|x|+C,$$

所以，方程的通解为 $y=x^2(\ln|x|+C)$.

【例 2】 求方程 $y'+\frac{1}{x}y=\frac{\sin x}{x}$ 的通解.

解 $P(x)=\frac{1}{x}$，$Q(x)=\frac{\sin x}{x}$，

$$y=e^{-\int\frac{1}{x}dx}\left(\int\frac{\sin x}{x}\cdot e^{\int\frac{1}{x}dx}dx+C\right)$$
$$=e^{-\ln x}\left(\int\frac{\sin x}{x}\cdot e^{\ln x}dx+C\right)$$
$$=\frac{1}{x}\left(\int\sin x dx+C\right)=\frac{1}{x}(-\cos x+C).$$

【例 3】 求方程 $x^2dy+(2xy-x+1)dx=0$ 满足初始条件 $y|_{x=1}=0$ 的特解.

解 把方程化成$\frac{dy}{dx}+\frac{2}{x}y=\frac{x-1}{x^2}$，则 $P(x)=\frac{2}{x}$，$Q(x)=\frac{x-1}{x^2}$.

由公式，所求微分方程的通解为

$$y=e^{-\int\frac{2}{x}dx}\left(\int\frac{x-1}{x^2}e^{\int\frac{2}{x}dx}dx+C\right)$$
$$=e^{-2\ln x}\left(\int\frac{x-1}{x^2}e^{2\ln x}dx+C\right)$$
$$=\frac{1}{x^2}\left(\int(x-1)dx+C\right)=\frac{1}{x^2}\left(\frac{1}{2}x^2-x+C\right)$$
$$=\frac{1}{2}-\frac{1}{x}+\frac{C}{x^2}.$$

把初始条件 $y|_{x=1}=0$ 代入通解，得 $C=\frac{1}{2}$，

故所求微分方程的特解为 $y=\frac{1}{2}-\frac{1}{x}+\frac{1}{2x^2}$.

巩固练习

1. 求下列微分方程的通解：

(1) $y'+\frac{1}{x}y=\frac{\sin x}{x}$；　　(2) $\frac{dy}{dx}+3y=e^{2x}$；

(3) $\frac{dy}{dx}=\frac{1-2x}{x^2}y-1$；　　(4) $(x+1)y'-2y=(x+1)^{\frac{2}{7}}$.

2. 求下列微分方程满足初始条件的特解：

(1) $x^2dy+(2xy-x+1)dx=0$，$y|_{x=1}=0$；

(2) $y'+2xy=xe^{-x^2}$，$y|_{x=0}=1$；

(3) $y'-\frac{2y}{1-x^2}-1-x=0$，$y|_{x=0}=0$.

§4.3 二阶线性微分方程

基础知识

二阶线性微分方程

形如
$$y''+P(x)y'+Q(x)y=f(x) \quad ①$$
的微分方程称为二阶线性微分方程. 当 $f(x)=0$ 时,方程①称为**二阶线性齐次微分方程**;当 $f(x)\neq 0$ 时,方程①称为**二阶线性非齐次微分方程**.

对于一般的二阶齐次线性次微分方程的解的结构有如下定理:

定理 如果函数 $y_1(x)$,$y_2(x)$是齐次方程
$$y''+P(x)y'+Q(x)y=0 \quad ②$$
的两个解,则有

(1)对于任意的常数 C_1,C_2,函数 $y=C_1y_1(x)+C_2y_2(x)$也是方程②的解.

(2)若 $y_1(x)\neq 0$,且 $y_2(x)$不是 $y_1(x)$的常数倍,则 $y=C_1y_1(x)+C_1y_2(x)$就是方程②的通解(其中 C_1,C_2 为任意常数).

定理证明从略.

注:(a) 定理中(1)所述事实常称作叠加原理,表达式 $y=C_1y_1(x)+C_2\cdot y_2(x)$叫做 $y_2(x)$与 $y_1(x)$的线性组合,叠加原理表明方程②的解的任意线性组合仍是方程②的解.

(b) 定理中(2)告诉我们,只要知道方程②的两个线性无关解(所谓线性无关是指其中任何一个解都不是另一个的常数倍),也就知道了它的全部解,其他任何解都能够表示成这两个线性无关解的线性组合.

定理对方程①也成立.

证明从略.

现在探讨二阶常系数齐次线性微分方程的求解问题.

二阶常系数线性齐次微分方程

形如
$$y''+py'+qy=0 \quad ③$$
的方程称为**二阶常系数线性齐次微分方程**,其中 p,q 为常数.

根据上述定理,要求方程③的通解,只须求出其两个线性无关的特解 y_1,y_2 就可以了,下面讨论这两个特解的求法.

先来分析方程③可能有什么形式的特解. 从方程的形式上看,它的特点是 y'',

y'与 y 各乘以常数因子后相加等于零,如果能找到一个函数 y,使得 y'',y'与 y 之间只相差一个常数,这样的函数就有可能是方程③的特解. 易知在初等函数中,函数 e^{rx}符合上述要求,于是,令 $y=e^{rx}$来尝试求解,其中 r 为待定常数.

将 $y=e^{rx}$,$y'=re^{rx}$,$y''=r^2e^{rx}$代入方程③,得

$$e^{rx}(r^2+pr+q)=0,$$

即

$$r^2+pr+q=0, \tag{④}$$

由此可见,如果 r 是方程④的根,则 $y=e^{rx}$就是方程③的特解,这样,齐次方程③的求解问题就转化为代数方程④的求根问题.

称方程④为微分方程③的特征方程,并称特征方程的两个根 y_1,y_2 为特征根. 根据初等代数的知识,特征根有三种可能的情况,下面分别讨论.

(1)特征方程有两个不相等的实根:

特征根为 $r_{1,2}=\dfrac{-p\pm\sqrt{p^2-4q}}{2}(p^2-4q>0)$,方程③的两个特解为 $y_1=e^{r_1x}$,$y_2=e^{r_2x}$,且线性无关,从而方程③的通解为

$$y=C_1e^{r_1x}+C_2e^{r_2x}.$$

(2)特征方程有两个相等的实根:

特征根为 $r_{1,2}=-\dfrac{p}{2}(p^2-4q=0)$,这样只能得到方程③的一个特解 $y_1=e^{r_1x}$,因此,我们还要设法找出另一个特解,并使 y_2 与 y_1 线性无关,即$\dfrac{y_2}{y_1}\neq$常数,为此设

$$\frac{y_2}{e^{r_1x}}=u,\text{即 } y_2=ue^{r_1x},$$

其中 $u=u(x)$为待定函数. 将 $y_2=ue^{r_1x}$,$y_2'=e^{r_1x}(u'+r_1u)$,$y_2''=e^{r_1x}(u''+2r_1u'+r_1{}^2u)$代入方程③,得

$$e^{r_1x}[u''+(2r_1+p)u'+(r_1{}^2+pr_1+q)]=0.$$

因为 $e^{r_1x}\neq0$,$2r_1+p=0$,$r_1^2+pr_1+q=0$,所以

$$u''=0,$$

积分,得 $u=C_1x+C_2$. 为简便起见,取 $u=x$,得 $y_2=xe^{r_1x}$,从而方程③的通解为

$$y=(C_1+C_2x)e^{r_1x}.$$

(3)特征方程有一对共轭复根:

特征根为 $r_{1,2}=\dfrac{-p\pm\sqrt{4q-p^2}\,\mathrm{i}}{2}=\alpha\pm\beta\mathrm{i}(p^2-4q<0)$,方程③的两个复数形式的特解为 $y_1=e^{r_1x}$,$y_2=e^{r_2x}$. 应用欧拉公式 $e^{\mathrm{i}\theta}=\cos\theta+\mathrm{i}\sin\theta$,得

$$y_1=e^{\alpha x}(\cos\beta x+\mathrm{i}\sin\beta x),y_2=e^{\alpha x}(\cos\beta x-\mathrm{i}\sin\beta x).$$

令$\overline{y_1}=\frac{1}{2}(y_1+y_2)=e^{\alpha x}\cos\beta x$，$\overline{y_2}=\frac{1}{2i}(y_1-y_2)=e^{\alpha x}\sin\beta x$，由定理可知，$\overline{y_1}$，$\overline{y_2}$也是方程③的特解，且线性无关，故方程③的通解为：

$$y=e^{\alpha x}(C_1\cos\beta x+C_2\sin\beta x).$$

综上所述，要求二阶常系数线性齐次微分方程③的通解，只须先求出其特征方程④的根，再根据根的情况便可确定其通解，现列表 4－2 总结如下(其中 C_1，C_2 为任意常数)：

表 4－2

特征方程 $r^2+pr+q=0$ 的根	微分方程 $y''+py'+qy=0$ 通解
有两个不相等的实根：r_1，r_2	$y=C_1e^{r_1x}+C_2e^{r_2x}$
有两个相等的实根：$r_1=r_2=r$	$y=(C_1+C_2x)e^{rx}$
有一对共轭复根：$r_{1,2}=\alpha\pm i\beta$	$y=(C_1\cos\beta x+C_2\sin\beta x)e^{\alpha x}$

【例 1】 求微分方程 $y''+2y'-3=0$ 的通解.

解 特征方程为 $r^2+2r-3=0$，特征根为 $r_1=-3$，$r_2=1$. 所以，方程的通解为

$$y=C_1e^{-3x}+C_2e^{x}(C_1,C_2\text{ 为任意常数}).$$

【例 2】 求微分方程 $y''+4y'+4y=0$ 的通解.

解 特征方程为 $r^2+4r+4=0$，特征根为 $r_1=r_2=-2$. 所以，方程的通解为

$$y=(C_1+C_2x)e^{-2x}(C_1,C_2\text{ 为任意常数}).$$

【例 3】 求微分方程 $y''+2y'+5y=0$ 的通解.

解 特征方程为 $r^2+2r+5=0$，特征根为 $r_{1,2}=-1\pm 2i$. 所以，方程的通解为

$$y=(C_1\cos 2x+C_2\sin 2x)e^{-x}(C_1,C_2\text{ 为任意常数}).$$

巩固练习

1. 求微分方程的特解：

(1) $y''-4y'+13y=0$，$y|_{x=0}=0$，$y'|_{x=0}=3$；

(2) $y''=3\sqrt{y}$，$y|_{x=0}=1$，$y'|_{x=0}=2$.

2. 求下列二阶微分方程的通解：

(1) $y''+2y'+y=0$；

(2) $y''-6y'+25y=0$；

(3) $y''+4y'+1=0$；

(4) $y''-4y'-21y=0$.

3. 一质点运动的加速度为 $a=-2v-5s$，若该质点以初速度 $v_0=12$ m/s 由原点出发，试求质点的运动方程.

§4.4　拉普拉斯变换的概念

在高等数学中，为了把复杂的计算转化为较简单的计算，往往采用变换的方法. 拉普拉斯变换(简称拉氏变换)就是其中的一种. 拉氏变换是分析和求解常系数微分方程的常用方法. 用拉氏变换分析和综合线性系统(如线性电路)的运动过程在工程上有着广泛的应用.

基础知识

无限区间上的广义积分

在前面定积分的学习中，我们讨论定积分 $\int_a^b f(x)\mathrm{d}x$ 时，总是假定积分区间$[a,b]$是有限的，但在实际问题中还常遇到积分区间是无限的情形.

如图 4-1，求由曲线 $y=\mathrm{e}^{-x}$，直线 $x=0$，$y=0$ 围成的开口曲边梯形的面积.

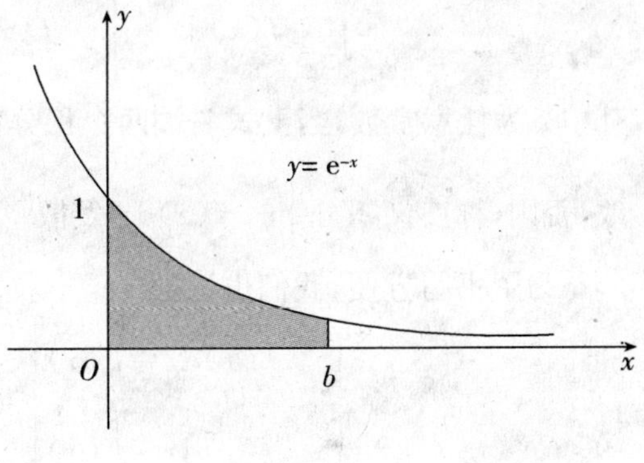

图 4-1

任取 $b>0$，先求由曲线 $y=\mathrm{e}^{-x}$，直线 $x=b$，$x=0$ 及 $y=0$ 围成的曲边梯形的面积，得

$$\int_0^b \mathrm{e}^{-x}\mathrm{d}x=-\mathrm{e}^{-x}\Big|_0^b=-(\mathrm{e}^{-b}-1)=1-\mathrm{e}^{-b}.$$

当 $b\to\infty$ 时，曲边梯形面积的极限就是所求开口曲边梯形的面积，得

$$\lim_{b\to+\infty}\int_0^b \mathrm{e}^{-x}\mathrm{d}x=\lim_{b\to+\infty}(1-\mathrm{e}^{-b})=1-0=1.$$

定义 1　设函数 $f(x)$ 在区间$[a,+\infty)$上连续，在$[a,+\infty)$内任取一点 $b(b>0)$，得到定积分 $\int_a^b f(x)\mathrm{d}x$，称极限

$$\lim_{b\to+\infty}\int_a^b f(x)\mathrm{d}x$$

为函数 $f(x)$ 在无限区间$[a,+\infty)$上的**广义积分**，记为 $\int_0^{+\infty} f(x)\mathrm{d}x$，即

$$\int_0^{+\infty} f(x)\mathrm{d}x=\lim_{b\to+\infty}\int_a^b f(x)\mathrm{d}x.$$

若极限 $\lim\limits_{b\to+\infty}\int_a^b f(x)\mathrm{d}x$ 存在，则称广义积分 $\int_a^{+\infty} f(x)\mathrm{d}x$ 收敛，否则，则称广义积分 $\int_0^{+\infty} f(x)\mathrm{d}x$ 发散.

类似地，函数 $f(x)$ 在无限区间上 $(-\infty,b]$ 的广义积分定义为

$$\int_{-\infty}^{b} f(x)\mathrm{d}x=\lim_{a\to-\infty}\int_0^b f(x)\mathrm{d}x,$$

当极限 $\lim\limits_{a\to-\infty}\int_a^b f(x)\mathrm{d}x$ 存在时，称广义积分 $\int_{-\infty}^{b} f(x)\mathrm{d}x$ **收敛**，否则，称广义积分 $\int_{-\infty}^{b} f(x)\mathrm{d}x$ **发散**.

函数 $f(x)$ 在无限区间 $(-\infty,+\infty)$ 上的广义积分定义为

$$\int_{-\infty}^{+\infty} f(x)\mathrm{d}x=\int_c^{+\infty} f(x)\mathrm{d}x+\int_{-\infty}^{c} f(x)\mathrm{d}x,$$

其中 c 为任意常数，当上式右端两个积分都收敛时，称广义积分 $\int_{-\infty}^{+\infty} f(x)\mathrm{d}x$ 收敛，否则，称广义积分 $\int_{-\infty}^{+\infty} f(x)\mathrm{d}x$ 发散.

为了书写方便，我们也记：

$$\int_a^{+\infty} f(x)\mathrm{d}x=F(x)\Big|_a^{+\infty}=F(+\infty)-F(a),$$

$$\int_{-\infty}^{b} f(x)\mathrm{d}x=F(x)\Big|_{-\infty}^{b}=F(b)-F(-\infty),$$

$$\int_{-\infty}^{+\infty} f(x)\mathrm{d}x=F(x)\Big|_{-\infty}^{+\infty}=F(+\infty)-F(-\infty).$$

其中 $F(x)$ 是 $f(x)$ 的一个原函数，$F(+\infty)=\lim\limits_{b\to+\infty}F(b)$，$F(-\infty)=\lim\limits_{a\to-\infty}F(a)$.

【例 1】 判断下列广义积分的敛散性：

(1) $\int_0^{+\infty}\dfrac{1}{1+x^2}\mathrm{d}x$； (2) $\int_{-\infty}^{0}\dfrac{x}{1+x^2}\mathrm{d}x$； (3) $\int_{-\infty}^{+\infty} x\mathrm{e}^{-x^2}\mathrm{d}x$.

解 (1) $\int_0^{+\infty}\dfrac{1}{1+x^2}\mathrm{d}x=\lim\limits_{b\to+\infty}\int_0^b\dfrac{1}{1+x^2}\mathrm{d}x=\lim\limits_{b\to+\infty}[\arctan x]_0^b$

$$=\lim_{b\to+\infty}\arctan b=\frac{\pi}{2},$$

所以广义积分 $\int_0^{+\infty}\dfrac{1}{1+x^2}\mathrm{d}x$ 收敛.

(2) $\int_{-\infty}^{0}\dfrac{x}{1+x^2}\mathrm{d}x=\dfrac{1}{2}\int_{-\infty}^{0}\dfrac{1}{1+x^2}\mathrm{d}(x^2+1)$

$$=\frac{1}{2}\ln(1+x^2)\Big|_{-\infty}^{0}$$

$$=\lim_{x\to-\infty}\frac{1}{2}[0-\ln(1+x^2)]=-\infty,$$

所以广义积分 $\int_{-\infty}^{0}\frac{x}{1+x^2}\mathrm{d}x$ 发散.

(3) $\int_{-\infty}^{+\infty}xe^{-x^2}\mathrm{d}x=\int_{-\infty}^{0}xe^{-x^2}\mathrm{d}x+\int_{0}^{+\infty}xe^{-x^2}\mathrm{d}x$

$$=-\frac{1}{2}e^{-x^2}\Big|_{-\infty}^{0}-\frac{1}{2}e^{-x^2}\Big|_{0}^{+\infty}=0.$$

所以广义积分 $\int_{-\infty}^{+\infty}xe^{-x^2}\mathrm{d}x$ 收敛.

拉普拉斯变换的定义

定义 2　设函数 $f(t)$ 在 $t\geqslant 0$ 时有定义，且广义积分 $\int_{0}^{+\infty}f(t)e^{-st}\mathrm{d}t$ 在 s 的某一区域内收敛，则由此积分确定的参数为 s 的函数

$$F(s)=\int_{0}^{+\infty}f(t)e^{-st}\mathrm{d}t \qquad ①$$

称为**函数 $f(t)$ 的拉普拉斯变换**，记作：$F(s)=L[f(t)]$. 函数 $F(s)$ 也可称为 $f(t)$ **的像函数.**

若 $F(s)$ 是 $f(t)$ 的拉氏变换，则称 $f(t)$ 是 $F(s)$ 的拉氏逆变换(或称为 $F(s)$ 的像原函数)，记为：$f(t)=L^{-1}[F(s)]$.

注：(1)在拉氏变换中，只要求 $f(t)$ 在 $[0,+\infty)$ 内有定义. 为了研究方便，以后总假定在 $(-\infty,0)$ 内 $f(t)=0$.

(2)拉氏变换中的参数 s 是在复数域中取值的，但我们只讨论 s 是实数的情况，所得结论也适应于 s 是复数的情况.

(3)拉氏变换是将给定的函数通过广义积分转化为一个新的函数，是一种积分变换. 一般在科学技术中遇到的函数，它的拉氏变换总是存在的.

【例 2】　求指数函数 $f(t)=e^{at}$ $(t\geqslant 0, a$ 是常数$)$ 的拉氏变换.

解　由式①有　$L(e^{at})=\int_{0}^{+\infty}e^{at}e^{-st}\mathrm{d}t$

$$=\int_{0}^{+\infty}e^{-(s-a)t}\mathrm{d}t.$$

此积分在 $s>a$ 时收敛，且有 $\int_{0}^{+\infty}e^{-(s-a)t}\mathrm{d}t=\frac{1}{s-a}$,

所以　$L(e^{at})=\frac{1}{s-a}\quad(s>a)$.

【例 3】　求单位阶梯函数 $u(t)=\begin{cases}0, t<0,\\ 1, t\geqslant 0\end{cases}$ 的拉氏变换.

解　$L[u(t)]=\int_{0}^{+\infty}e^{-st}\mathrm{d}t.$

此积分在 $s>0$ 时收敛，且有 $\int_0^{+\infty} e^{-st}dt=\frac{1}{s}\ (s>0)$，

所以 $L[u(t)]=\frac{1}{s}\ (s>0)$.

【例 4】 求 $f(t)=at$(a 为常数)的拉氏变换.

解
$$L[at]=\int_0^{+\infty} ate^{-st}dt=-\frac{a}{s}\int_0^{+\infty} td(e^{-st})$$
$$=-\frac{a}{s}\left[te^{-st}\right]_0^{+\infty}+\frac{a}{s}\int_0^{+\infty} e^{-st}dt$$
$$=-\frac{a}{s^2}\left[e^{-st}\right]_0^{+\infty}=\frac{a}{s^2}\ (s>0).$$

【例 5】 求正弦函数 $f(t)=\sin\omega t$ 的拉氏变换.

解
$$L[\sin\omega t]=\int_0^{+\infty} \sin\omega t\cdot e^{-st}dt$$
$$=\frac{1}{s^2+\omega^2}\left[-e^{-st}(s\sin\omega t+\omega\cos\omega t)\right]_0^{+\infty}$$
$$=\frac{w}{s^2+w^2}\ (s>0).$$

同样可算得余弦函数的拉氏变换

$$L[\cos\omega t]=\frac{s}{s^2+\omega^2}\ (s>0).$$

下面我们给出狄拉克函数的拉氏变换.

在许多实际问题中，常常会遇到一种集中在极短时间内作用的量，这种瞬间作用的量不能用通常的函数表示. 为此假设 $\delta_\tau(t)=\begin{cases}\frac{1}{\tau}, 0\leqslant t\leqslant\tau,\\ 0,\ 其他,\end{cases}$ 其中 τ 是一个很小的正数. 当 $\tau\to0$ 时，$\delta_\tau(t)$ 的极限 $\lim\limits_{\tau\to0}\delta_\tau(t)=\delta(t)$，称为狄拉克函数，简称 δ－函数. $\delta_\tau(t)$ 的图形如图 4－2 所示.

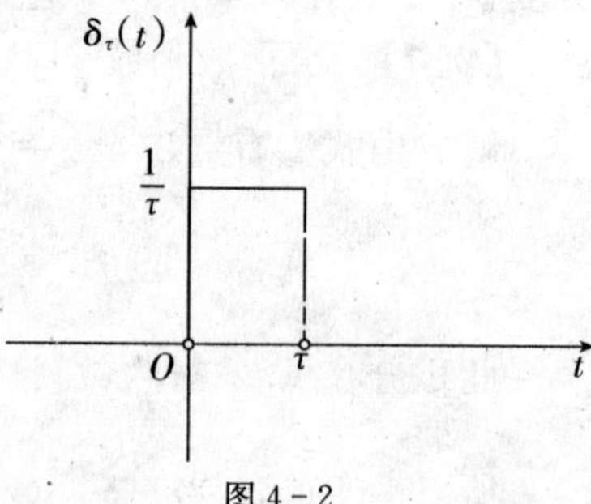

图 4－2

显然，对任何 $\tau>0$，有 $\int_{-\infty}^{+\infty}\delta_\tau(t)dt=\int_0^\tau\frac{1}{\tau}dt=1$，所以规定：$\int_{-\infty}^{+\infty}\delta(t)dt=1$.

工程技术中常将 $\delta(t)$ 称为单位脉冲函数.

【例 6】 求狄拉克函数的拉氏变换.

解 先对 $\delta_\tau(t)$ 作拉氏变换

$$L[\delta_\tau(t)]=\int_0^{+\mu}\delta_\tau(t)e^{-st}dt=\int_0^\tau\frac{1}{\tau}e^{-st}dt$$

$$=\frac{1}{\tau s}(1-\mathrm{e}^{-\tau s}).$$

$\delta(t)$的拉氏变换为 $L[\delta(t)]=\lim\limits_{\tau\to 0}L[\delta_\tau(t)]=\lim\limits_{\tau\to 0}\frac{1-\mathrm{e}^{-\tau s}}{s}$.

计算此极限,得　$\lim\limits_{\tau\to 0}\frac{1-\mathrm{e}^{-\tau s}}{\tau s}=\lim\limits_{\tau\to 0}\frac{s\mathrm{e}^{-\tau s}}{\tau s}=1$,

所以 $L[\delta(t)]=1$.

巩固练习

1. 求下列函数的拉氏变换:

(1) $f(t)=\mathrm{e}^{-4t}$;　　(2) $f(t)=t^2$;

(3) $f(t)=\sin(\omega t+\varphi)$ (ω,φ 为常数);

(4) $f(t)=\begin{cases}-1, & 0\leqslant t<4,\\ 1, & t\geqslant 4;\end{cases}$

(5) $f(t)=\begin{cases}0, & 0\leqslant t<2,\\ 1, & 2\leqslant t<4,\\ 0, & t\geqslant 4.\end{cases}$

2. 若 $L[f(t)]=F(s)$,证明当 $a>0$ 时,则有 $L[f(at)]=\frac{1}{a}F\left(\frac{s}{a}\right)$.

§ 4.5　拉普拉斯变换的性质

基础知识

本节介绍拉氏变换的几个主要性质,它们在拉氏变换的实际应用中都很重要.这些性质都可由拉氏变换的定义及相应的运算性质加以证明,这里不再给出.

性质 1(线性性质)　若 a,b 是常数,且

$$L[f_1(t)]=F_1(s),L[f_2(t)]=F_2(s),$$

则　$L[af_1(t)+bf_2(t)]=aL[f_1(t)]+bL[f_2(t)]=aF_1(s)+bF_2(s)$.

性质 1 表明,函数的线性组合的拉氏变换等于各函数的拉氏变换的线性组合.

性质 1 可推广到有限个函数的线性组合的情形.即若 k_1 是常数,且

$$L[f_i(t)]=F_i(s)\quad(i=1,2,\cdots,n),$$

则 $$L\left[\sum_{i=1}^{n}k_i f_i(t)\right]=\sum_{i=1}^{n}k_i L[f_i(t)].$$

【例 1】 求函数 $f(t)=\frac{1}{a}(1-\mathrm{e}^{-at})$ 的拉氏变换.

解 由性质 1,有

$$L\left[\frac{1}{a}(1-\mathrm{e}^{-at})\right]=\frac{1}{a}L[1-\mathrm{e}^{-at}]=\frac{1}{a}\{L[1]-L[\mathrm{e}^{-at}]\}$$

$$=\frac{1}{a}\left(\frac{1}{s}-\frac{1}{s+a}\right)=\frac{1}{s(s+a)}.$$

性质 2(平移性质) 若 $L[f(t)]=F(s)$,则 $L[\mathrm{e}^{at}f(t)]=F(s-a)$.

性质 2 表明,像原函数乘以 e^{at},等于其像函数作位移 a,因此性质 2 称为平移性质.

【例 2】 求 $L[t\mathrm{e}^{at}]$ 及 $L[\mathrm{e}^{-at}\sin\omega t]$.

解 由平移性质及 $L[t]=\frac{1}{s^2}$,$L[\sin\omega t]=\frac{\omega}{s^2+\omega^2}$,

得 $$L[t\mathrm{e}^{at}]=\frac{1}{(s-a)^2}.$$

$$L[\mathrm{e}^{-at}\sin\omega t]=\frac{\omega}{(s+a)^2+\omega^2}.$$

性质 3(延滞性质) 若 $L[f(t)]=F(s)$,则 $L[f(t-a)]=\mathrm{e}^{-as}F(s)(a>0)$.

函数 $f(t-a)$ 与 $f(t)$ 相比,滞后了 a 个单位,性质 3 表明,若 t 表示时间,则时间延迟了 a 个单位,相当于像函数乘以指数因子 e^{-as},如图 4-3 所示.

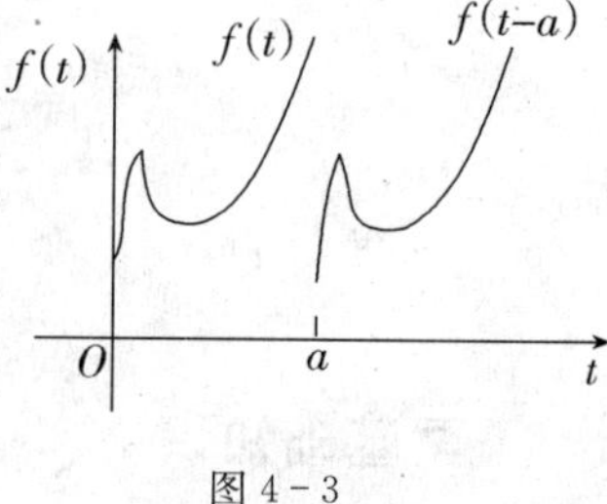

图 4-3

【例 3】 求函数 $u(t-a)=\begin{cases}0, & t<a,\\ 1, & t\geqslant a\end{cases}$ 的拉氏变换.

解 由 $L[u(t)]=\frac{1}{s}$ 及性质 3 可得

$$L[u(t-a)]=\frac{1}{s}\mathrm{e}^{-as}.$$

【例 4】 求如图 4-4 所示的分段函数 $h(t)=\begin{cases}1, & a\leqslant t<b,\\ 0, & 其他\end{cases}$ 的拉氏变换.

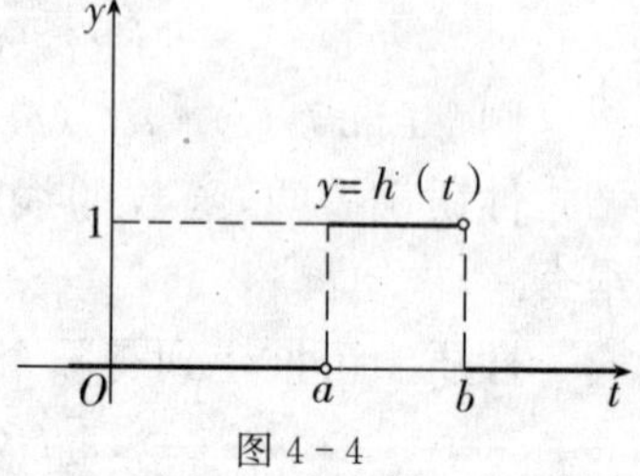

图 4-4

解 由 $h(t)=u(t-a)-u(t-b)$ 得

$$L[h(t)]=L[u(t-a)-u(t-b)]$$

$$=L[u(t-a)]-L(u(t-b)]$$

$$=\frac{1}{s}e^{-as}-\frac{1}{s}e^{-bs}$$

$$=\frac{1}{s}(e^{-as}-e^{-bs}).$$

性质 4(微分性质)　若 $L[f(t)]=F(s)$，则 $L[f'(t)]=sF(s)-f(0)$.

性质 4 表明，一个函数求导后取拉氏变换，等于这个函数的拉氏变换乘以参数后再减去这个函数的初值.

性质 4 可推广到函数的 n 阶导数的情形.

推论　若 $L[f(t)]=F(s)$，则

$L[f^{(n)}(t)]=s^nF(s)-[s^{n-1}f(0)+s^{n-2}f'(0)+\cdots+f^{(n-1)}(0)]$.

特别地，若 $f(0)=f'(0)=\cdots=f^{n-1}(0)=0$，则

$$L[f^{(n)}(t)]=s^nF(s)\quad(n=1,2,\cdots). \qquad ⊛$$

【例 5】　利用微分性质求 $L[\sin\omega t]$.

解　令 $f(t)=\sin\omega t$，则

$f(0)=0, f'(t)=\omega\cos\omega t, f'(0)=\omega, f''(t)=-\omega^2\sin\omega t$，

由式⊛，得

$$L[-\omega^2\sin\omega t]=L[f''(t)]=s^2F(s)-sf(0)-f'(0).$$

即 $-\omega^2L[\sin\omega t]=s^2L[\sin\omega t]-\omega$.

移项并化简，即得　$L[\sin\omega t]=\frac{\omega}{s^2+\omega^2}$.

这与 4.4 中例 5 的结果是相同的.

【例 6】　利用微分性质，求 $f(t)=t^m$ 的拉氏变换，其中 m 是正整数.

解　注意到 $f(0)=f'(0)=\cdots=f^{(m-1)}(0)=0$，及 $f^{(m)}(t)=m!$，

由式⊛，得　$L[f^{(m)}(t)]=L[m!]=s^mF(s)$.

而 $L[m!]=m!\ L[1]=\frac{m!}{s}$，

即得

$$F(s)=\frac{m!}{s^{m+1}},$$

于是

$$L[t^m]=\frac{m!}{s^{m+1}}.$$

性质 5(积分性质)　若 $L[f(t)]=F(s)$，则 $L\left[\int_0^t f(x)\mathrm{d}x\right]=\frac{F(s)}{s}$.

性质 5 表明，一个函数积分后取拉氏变换，等于这个函数的拉氏变换除以参数 s.

性质 5 也可以推广到有限次积分的情形：

$$L\left[\overbrace{\int_0^t\mathrm{d}t\int_0^t\mathrm{d}t\cdots\int_0^t f(x)\mathrm{d}t}^{n\text{次}}\right]=\frac{F[s]}{s^n}\quad(n=1,2,\cdots).$$

除了上述五个性质外，拉氏变换还有一些性质，一并列于表 4-3 中.

表 4-3

序号	拉氏变换性质(设 $L[f(t)]=F(s)$)
1	$L[a_1f_1(t)+a_2f_2(t)]=a_1L[f_1(t)]+a_2L[f_2(t)]$
2	$L[e^{at}f(t)]=F(s-a)$
3	$L[f(t-a)]=e^{-as}F(s)(a>0)$
4	$L[f'(t)]=sF(s)-f(0)$
5	$L[f^{(n)}(t)]=s^nF(s)-[s^{n-1}f(0)+s^{n-2}f'(0)+\cdots f^{(n-1)}(0)]$
6	$L\left[\int_0^t f(x)\mathrm{d}x\right]=\frac{F(s)}{s}$
7	$L[f(at)]=\frac{1}{a}F\left(\frac{s}{a}\right)(a>0)$
8	$L[t^nf(t)]=(-1)^n=F(n)(s)$
9	$L\left[\frac{f(t)}{t}\right]=\int_s^{+\infty}F(s)\mathrm{d}s$
10	如果 $f(t)$有周期 $T>0$，即 $f(t+T)=f(t)$， 则 $L[f(t)]=\frac{1}{1-e^{-st}}\int_0^T e^{-st}f(t)\mathrm{d}t$
11	如果 $L[f(t)]=F(s)$，$L[g(t)]=G(s)$， 则 $L\left[\int_0^t f(u)g(t-u)\mathrm{d}u\right]=F(s)G(s)$

另外，我们并不总是用定义求函数的拉氏变换，还可查表. 现将常用函数的拉氏变换列于表 4-4 以供查用.

表 4-4

序号	$f(t)$	$F(s)$	序号	$f(t)$	$F(s)$
1	$\delta(t)$	1	12	$\cos(\omega t+\varphi)$	$\frac{s\cos\varphi+\omega\sin\varphi}{s^2+\omega^2}$
2	$u(t)$	$\frac{1}{s}$	13	$t\sin\omega t$	$\frac{2\omega s}{(s^2+\omega^2)^2}$
3	t	$\frac{1}{s^2}$	14	$t\cos\omega t$	$\frac{s^2-\omega^2}{(s^2+\omega^2)^2}$
4	$t^n(n=1,2,\cdots)$	$\frac{n!}{s^{n+1}}$	15	$e^{-at}\sin\omega t$	$\frac{\omega}{(s+a)^2+\omega^2}$

续表 4-4

序号	$f(t)$	$F(s)$	序号	$f(t)$	$F(s)$
5	e^{at}	$\frac{1}{s-a}$	16	$e^{-at}\cos \omega t$	$\frac{s+a}{(s+a)^2+\omega^2}$
6	$1-e^{-at}$	$\frac{a}{s(s+a)}$	17	$\frac{1}{a^2}(1-\cos at)$	$\frac{1}{s(s^2+\omega^2)}$
7	te^{at}	$\frac{1}{(s-a)^2}$	18	$e^{at}-e^{bt}$	$\frac{a-b}{(s-a)(s-b)}$
8	$t^n e^{at}\ (n=1,2,\cdots)$	$\frac{n!}{(s-a)^{n+1}}$	19	$\sin \omega t-\omega t\cos \omega t$	$\frac{2\omega^3}{(s^2+\omega^2)^2}$
9	$\sin \omega t$	$\frac{\omega}{s^2+\omega^2}$	20	$\sqrt{\frac{t}{\pi}}$	$\frac{1}{s\sqrt{s}}$
10	$\cos \omega t$	$\frac{s}{s^2+\omega^2}$	21	$\frac{1}{\sqrt{\pi t}}$	$\frac{1}{\sqrt{s}}$
11	$\sin(\omega t+\varphi)$	$\frac{s\sin \varphi+\omega\cos \varphi}{s^2+\omega^2}$			

【例 7】 查表求 $L\left[\frac{\sin t}{t}\right]$.

解 令 $f(t)=\sin t$,则由表 4-4 得 $L[\sin t]=\frac{1}{s^2+1^2}=F(s)$.

再由表 4-3 得

$$L\left[\frac{\sin t}{t}\right]=\int_s^{+\infty}\frac{1}{s^2+1^2}\mathrm{d}s=\arctan s\Big|_s^{+\infty}=\frac{\pi}{2}-\arctan s.$$

【例 8】 求 $L\left[e^{-4t}\cos\left(2t+\frac{\pi}{4}\right)\right]$.

解 由 $\cos\left(2t+\frac{\pi}{4}\right)=\frac{1}{\sqrt{2}}(\cot 2t-\sin 2t)$得:

$$L\left[e^{-4t}\cos\left(2t+\frac{\pi}{4}\right)\right]=\frac{1}{\sqrt{2}}L[e^{-4t}\cos 2t-e^{-4t}\sin 2t]$$

$$=\frac{1}{\sqrt{2}}L[e^{-4t}\cos 2t]-\frac{1}{\sqrt{2}}L[e^{-4t}\sin 2t].$$

查表 4-4 得 $L[e^{-4t}\cos 2t]=\frac{s+4}{(s+4)^2+2^2}$,

$$L[e^{-4t}\sin 2t]=\frac{2}{(s+4)^2+2^2}.$$

于是:

$$L\left[e^{-4t}\cos\left(2t+\frac{\pi}{4}\right)\right]=\frac{1}{\sqrt{2}}\left[\frac{s+4}{(s+4)^2+2^2}-\frac{2}{(s+4)^2+2^2}\right]=\frac{1}{\sqrt{2}}\frac{s+2}{(s+4)^2+4}.$$

巩固练习

1. 求下列函数的拉氏变换：

(1) $5\sin 2t-3\cos 2t$；

(2) $8\sin^2 3t$；

(3) $e^{3t}\sin 4t$；

(4) $e^{-4t}\sin 3t\cos 2t$；

(5) t^2e^{-2t}.

2. 设 $f(t)=t\sin at$，验证 $f''(t)+a^2f(t)=2a\cos at$，并求 $L[f(t)]$.

3. 利用拉氏变换的积分性质求 $f(t)=t^m$（m 是正整数）的拉氏变换.

§4.6 拉氏逆变换以及拉氏变换解微分方程

基础知识

前两节我们讨论了由已知函数 $f(t)$ 求它的像函数 $F(s)$ 的问题，本节我们讨论相反的问题——已知像函数 $F(s)$，求它的像原函数 $f(t)$，即拉氏变换的**逆变换**.

在求像原函数时，常从拉氏变换表 4-4 中查找，同时要结合拉氏变换的性质，因此把常用的拉氏变换的性质用逆变换的形式列出如下：

设 $L[f_1(t)]=F_1(s)$，$L[f_2(t)]=F_2(s)$，$L[f(t)]=F(s)$.

(1) 线性性质 $L^{-1}[aF_1(s)+bF_2(s)]=aL^{-1}[F_1(s)]+bL^{-1}[F_2(s)]$
$=af_1(t)+bf_2(t)$（a,b 为常数）；

(2) 平移性质 $L^{-1}[F(s-a)]=e^{at}L^{-1}[F(s)]=e^{at}f(t)$；

(3) 延滞性质 $L^{-1}[e^{as}F(s)]=f(t-a)u(t-a)$.

【例 1】 求下列函数的拉氏逆变换：

(1) $F(s)=\frac{1}{s+3}$；

(2) $F(s)=\frac{1}{(s-2)^2}$；

(3) $F(s)=\frac{2s-5}{s^2}$；

(4) $F(s)=\frac{4s-3}{s^2+4}$.

解 (1) 由表 4-4 得，取 $a=-3$，得 $f(t)=L^{-1}\left[\frac{1}{s+3}\right]=e^{-3t}$.

(2) 由表 4-4 得，取 $a=2$，得 $f(t)=L^{-1}\left[\frac{1}{(s-2)^2}\right]=te^{2t}$.

(3)由性质1及表4-4得,

$$f(t)=L^{-1}\left[\frac{2s-5}{s^2}\right]=2L^{-1}\left[\frac{1}{s}\right]-5L^{-1}\left[\frac{1}{s^2}\right]=2-5t.$$

(4)由性质1及表4-4得,

$$f(t)=L^{-1}\left[\frac{4s-3}{s^2+4}\right]=4L^{-1}\left[\frac{s}{s^2+4}\right]-\frac{3}{2}L^{-1}\left[\frac{2}{s^2+4}\right]=4\cos 2t-\frac{3}{2}\sin 2t.$$

【例2】 求 $F(s)=\dfrac{2s+3}{s^2-2s+5}$ 的拉氏逆变换.

解 $f(t)=L^{-1}\left[\dfrac{2s+3}{s^2-2s+5}\right]=L^{-1}\left[\dfrac{2s+3}{(s-1)^2+4}\right]$

$$=2L^{-1}\left[\frac{s-1}{(s-1)^2+4}\right]+\frac{5}{2}L^{-1}\left[\frac{2}{(s-1)^2+4}\right]$$

$$=2e^t\cos 2t+\frac{5}{2}t\sin 2t$$

$$=e^t(2\cos 2t+\frac{5}{2}\sin 2t).$$

在用拉氏变换解决工程技术中的应用问题时,经常遇到的像函数是有理分式,一般可将其分解为部分分式之和,然后再利用拉氏变换表求出像原函数.

【例3】 求 $F(s)=\dfrac{s+9}{s^2+5s+6}$ 的拉氏逆变换.

解 先将 $F(s)$ 分解为部分分式之和

$$\frac{s+9}{s^2+5s+6}=\frac{s+9}{(s+2)(s+3)}=\frac{7}{s+2}-\frac{6}{s+3},$$

则有 $f(t)=L^{-1}\left[\dfrac{s+9}{s^2+5s+6}\right]=7L^{-1}\left[\dfrac{1}{s+2}\right]-6L^{-1}\left[\dfrac{1}{s+3}\right]=7e^{-2t}-6e^{-3t}.$

在本节,我们将举例说明拉氏变换在解常系数线性微分方程中的应用.

【例4】 求微分方程 $y''+4y'-12y=0$ 满足初始条件的解.

解 对方程两端取拉氏变换,因为 $L(0)=0$,所以

$$L[y''+4y'-12y]=0.$$

由拉氏变换的线性性质得　$L[y'']+4L[y']-12L[y]=0.$

再由微分性质得

$$[s^2L(y)-sy(0)-y'(0)]+4[sL(y)-y(0)]-12L[y]=0.$$

设 $L(y)=Y(s)$,并将初始条件代入,得

$$(s^2+4s-12)Y(s)-s-4=0.$$

即 $Y(s)=\dfrac{s+4}{s^2+4s-12}.$

求得未知函数 $y(t)$ 的拉氏变换 $Y(s)$ 后,下面再通过拉氏逆变换求 $y(t)$.

将 $Y(s)$ 分解为部分和式，得 $Y(s)=\dfrac{\frac{1}{4}}{s+6}+\dfrac{\frac{3}{4}}{s-2}$，

于是 $y(t)=L^{-1}[Y(s)]$

$$=L^{-1}\left[\frac{\frac{1}{4}}{s+6}+\frac{\frac{3}{4}}{s-2}\right]$$

$$=\frac{1}{4}L^{-1}\left[\frac{1}{s+6}\right]+\frac{3}{4}L^{-1}\left[\frac{1}{s-2}\right]$$

$$=\frac{1}{4}\mathrm{e}^{-6t}+\frac{3}{4}\mathrm{e}^{2t}.$$

即所求微分方程的解是：

$$y(t)=\frac{1}{4}\mathrm{e}^{-6t}+\frac{3}{4}\mathrm{e}^{2t}.$$

由例 4 可以看出，用拉氏变换解常系数线性微分方程大体分为三步；

(1)对方程两端取拉氏变换，并求出 $L[y(t)]=Y(s)$，得出关于 $Y(s)$ 的代数方程；

(2)解此代数方程，求出 $Y(s)$；

(3)对 $Y(s)$ 作拉氏逆变换，即可求得原微分方程的解 $y(t)$.

【例 5】 求微分方程 $y''+4y=2\sin 2t$ 满足初始条件 $y(0)=1, y(0)=1$ 的特解.

解 对方程两端取拉氏变换，得 $L[y'']+4L[y]=2L[\sin 2t]$.

设 $L[y]=Y(s)$，并将初始条件代入，得

$$s^2Y(s)-1+4Y(s)=\frac{4}{s^2+4}.$$

求得 $Y(s)=\dfrac{s^2+8}{(s^2+4)^2}=\dfrac{1}{s^2+4}+\dfrac{4}{(s^2+4)^2}$，

所以 $y(t)=L^{-1}[Y(s)]$

$$=L^{-1}\left[\frac{1}{s^2+4}+\frac{4}{(s^2+4)^2}\right]$$

$$=L^{-1}\left[\frac{1}{s^2+4}\right]+4L^{-1}\left[\frac{1}{(s^2+4)^2}\right].$$

查表 4 - 4 得，

$$y(t)=\frac{1}{2}\sin 2t+\frac{1}{4}(\sin 2t-2t\cos 2t)=\frac{3}{4}\sin 2t-\frac{1}{2}t\cos 2t.$$

即为所给微分方程满足初始条件的解.

【例 6】 如图 4 - 5 所示，已知在 RLC 串联电路中直流电源 E(电动势为正)，求回路中的电流 $i(t)$.

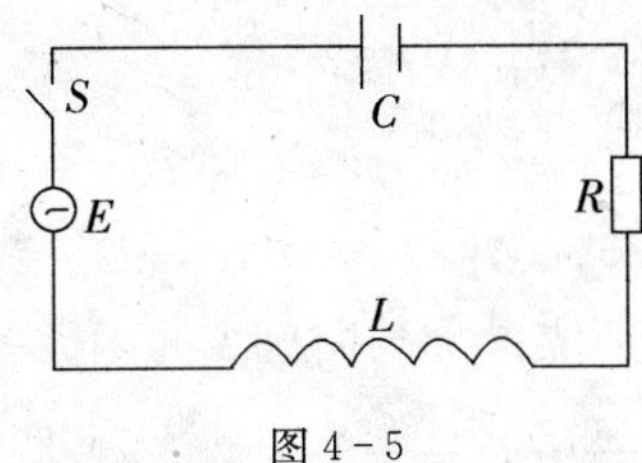

图 4-5

解　根据基尔霍夫定律，有 $U_C+U_R+U_L=E$.

其中　$U_R=Ri(t)$，$i(t)=C\dfrac{dU_C}{dt}$，即 $U_C=\dfrac{1}{C}\int_0^t i(t)dt$.

而 $U_L=L\dfrac{di}{dt}$，代入上式，得

$$\frac{1}{C}\int_0^t i(t)dt+Ri(t)+L\frac{di}{dt}=E，且\ i(0)=i'(0)=0.$$

设 $L[i(t)]=I(s)$，对方程两端取拉氏变换，则得

$$\frac{1}{Cs}I(s)+RI(s)+LsI(s)=\frac{E}{s},$$

所以　$I(s)=\dfrac{E}{L\left(s^2+\dfrac{R}{L}s+\dfrac{1}{LC}\right)}=\dfrac{R}{L(s-r_1)(s-r_2)}$.

式中 r_1,r_2 表示方程 $s^2+\dfrac{R}{L}s+\dfrac{1}{LC}=0$ 的根.

对 $I(s)$ 取拉氏逆变换，得 $i(t)=\dfrac{E}{L}\left[\dfrac{e^{r_1t}}{r_1-r_2}+\dfrac{e^{r_2t}}{r_2-r_1}\right]=\dfrac{E}{L}\dfrac{(e^{r_1t}-e^{r_2t})}{(r_1-r_2)}$.

巩固练习

1. 求下列函数的拉氏逆变换：

(1) $F(s)=\dfrac{2}{s-3}$；　(2) $F(s)=\dfrac{1}{3s+5}$；

(3) $F(s)=\dfrac{4}{s^2+16}$；　(4) $F(s)=\dfrac{1}{4s^2+9}$；

(5) $F(s)=\dfrac{2s-8}{s^2+36}$；　(6) $F(s)=\dfrac{s}{(s+3)(s+5)}$；

(7) $F(s)=\dfrac{4}{s^2+4s+10}$；　(8) $F(s)=\dfrac{s}{s+2}$.

2. 用拉氏变换解下列微分方程：

(1) $\dfrac{di}{dt}+5i=10e^{-3t}$，$i(0)=0$；

(2)$\frac{d^2y}{dt^2}+\omega^2y=0, y(0)=0, y'(0)=\omega$;

(3)$y''(t)-3y'(t)+2y(t)=4, y(0)=0, y'(0)=1$;

(4)$y''(t)+16y(t)=32t, y(0)=3, y'(0)=-2$.

3. 一质点沿 x 轴运动，其位置 x 与时间 t 的函数关系满足

$$\frac{d^2x}{dt^2}+4\frac{dx}{dt}+8x=20\cos 2t.$$

若质点由静止从 $x=0$ 点处出发，求 x 与 t 的关系.

§4.7 微分方程的应用

由于放射性的原因，铀的含量是随时间的进行而不断减少的，这种现象叫做衰变，由原子物理学知道，铀的衰变速度与当时未衰变的原子的含量成正比.

【例 1】 已知 $t=0$ 时，铀的含量为 M_0，求在衰变过程中铀含量随时间变化的规律.

解 设时刻 t 铀的含量为 $M=M(t)$，因为铀的衰变速度$\frac{dM}{dt}\left(\frac{dM}{dt}<0\right)$与当时未衰变的原子的含量 M 成正比，设比例系数为 k（k 为大于零的常数），则有$\frac{dM}{dt}=-kM$，这就是 $M(t)$满足的微分方程，初始条件为 $M|_{t=0}=M_0$.

分离变量，得 $$\frac{dM}{M}=-k\,dt,$$

两边积分，得 $$\ln M=-kt+\ln C,$$

$$M=Ce^{-kt},$$

将初始条件 $M|_{t=0}=M_0$ 代入通解，得 $C=M_0$. 所以，铀的含量随时间变化的规律是 $M=M_0e^{-kt}$. 这说明，铀的含量随时间的增加而按指数规律衰减.

【例 2】 （简谐振动）简谐振动是最简单、最基本的振动，任何复杂的振动都可以由多个简谐振动合成而得到.

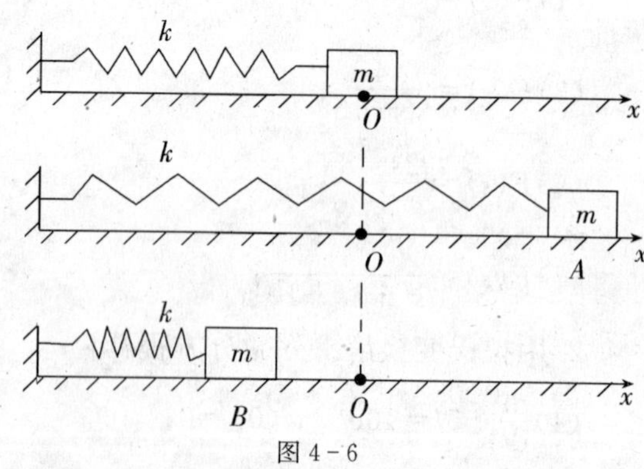

图 4-6

如图 4-6 所取坐标原点 O 表示m 在平衡位置. 现将 m 略向右移

到 A,然后放开,此时,由于弹簧伸长而出现指向平衡位置的弹性力.在弹性力作用下,物体向左运动,当通过位置 O 时,作用在 m 上弹性力等于 0,但是由于惯性作用,m 将继续向 O 的左边运动,使弹簧压缩.此时,由于弹簧被压缩,而出现了指向平衡位置的弹性力并将阻止物体向左运动,使 m 速率减小,直至物体静止于 B(瞬时静止),之后物体在弹性力作用下改变方向,向右运动.这样在弹性力作用下物体左右往复运动,即作机械振动.

由上面的分析可知,m 位移为 x(相对平衡点 O)时,它受到弹性力为(胡克定律):$F=-kx$.

定义 物体受力与位移正比反向时的振动称为**简谐振动**.

由定义知,弹簧振子做简谐振动.由牛顿第二定律知,

m 的加速度为:

$$-kx=ma=m\frac{d^2x}{dt^2},则\frac{d^2x}{dt^2}+\frac{k}{m}x=0,$$

$\because k,m$ 均大于 0,$\therefore$ 可令 $\frac{k}{m}=\omega^2$,有:$\frac{d^2x}{dt^2}+\omega^2x=0$.

上式是简谐振动物体的运动微分方程,这个方程显示了物体受力的基本特征,即物体受力与位移正比反向.具有这种性质的力称为线性回复力.它是一个常系数的齐次二阶的线性微分方程,它的特征方程为 $r^2+\omega^2=0$,特征根为 $r=\pm\omega i$.解为 $x=A\cos(\omega t+\varphi)$,或 $x=A\sin(\omega t+\varphi')$,$\varphi'=\varphi-\frac{\pi}{2}$.其中 A,φ 都是积分常量,上式是简谐振动的运动方程.因此,我们也可以说位移是时间 t 的正弦或余弦函数的运动是简谐运动.

由于振动的概念扩展到了物理学中的各个领域,任何一个物理量在某个定值附近作往返变化的过程,都属于振动,于是我们对简谐振动作如下的更为普遍的定义:任何物理量的变化规律满足方程:$\frac{d^2x}{dt^2}+\omega^2x=0$,$\omega$ 决定于系统自身的常量,则该物理量的变化过程就是简谐振动.

【例 3】 (电流规律)如图 4-7,$R-L$ 电路中,电阻 $R=10\ \Omega$,电感 $L=2$ H,电源电动势 $E=50\sin 5t$(V),当开关 K 合上后,电路中有电流通过.求电流强度 $i(t)$ 的变化规律.

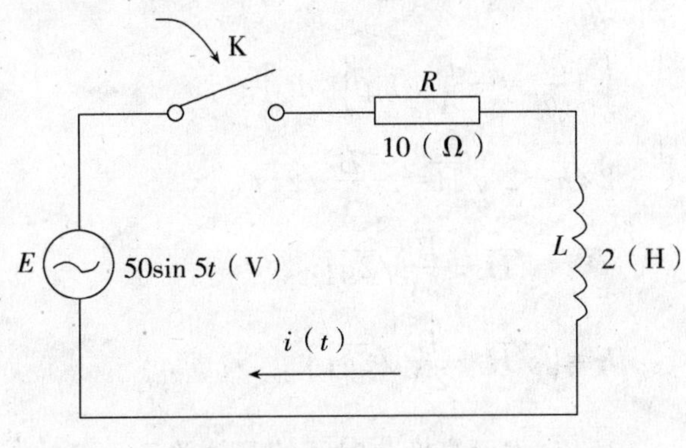

图 4-7

解 由回路电压定律,有:$U_R+U_L=E$.

由于$U_R=Ri,U_L=L\dfrac{\mathrm{d}i}{\mathrm{d}t}$,将已知条件代入后,化简得:

$$2\frac{\mathrm{d}i}{\mathrm{d}t}+10i(t)=50\sin 5t.$$

设$L[i(t)]=I(P)$,对微分方程两端取拉氏变换,得:

$$2[pI(p)-i(0)]+10I(p)=50\times\frac{5}{p^2+25}.$$

将初始条件$i(0)=0$代入上式,整理后解得:

$$I(p)=\frac{125}{(p+5)(p^2+5)}=\frac{5}{2}\times\frac{1}{p+5}-\frac{5}{2}\times\frac{p}{p^2+5}+\frac{5}{2}\times\frac{5}{p^2+5}.$$

再对象函数$I(p)$取拉氏逆变换,得

$$i(t)=\frac{5}{2}\mathrm{e}^{-5t}-\frac{5}{2}\cos 5t+\frac{5}{2}\sin 5t.$$

即为所求的电流强度$i(t)$的变化规律.

【例 4】 如图 4-8,一截面积为常数A,高为H的水池内盛满了水,由池底一横截面积为B的小孔放水.设水从小孔流出的速度为$v=\sqrt{2gh}$,求在任一时刻的水面高度和将水放空所需的时间.

解 设时刻t的水面高度为h,$t+\Delta t$时的水面高度为$h+\Delta h$,时间由水面1降到水面2所失去的水量等于从小孔流出的水量:$-A\Delta h=B\Delta s$,其中Δs是水在Δt时间内从小孔流出保持水平前进时所经过的距离,则有:

$-A\Delta h=B\Delta s$,即$-A\lim\dfrac{\Delta h}{\Delta t}=B\lim\dfrac{\Delta s}{\Delta t}$,则$-A\dfrac{\mathrm{d}h}{\mathrm{d}t}=B\dfrac{\mathrm{d}s}{\mathrm{d}t}$,

$\dfrac{\mathrm{d}h}{\mathrm{d}t}=-\dfrac{B}{A}\sqrt{2gh}$,这是一个可分离变量的方程,初始条件为$h(0)=H$,

解方程 $\dfrac{\mathrm{d}h}{\mathrm{d}t}=-\dfrac{B}{A}\sqrt{2gh}$,

$\dfrac{\mathrm{d}h}{\sqrt{h}}=-\dfrac{B}{A}\sqrt{2g}\,\mathrm{d}t$,

$\displaystyle\int_H^h\frac{\mathrm{d}h}{\sqrt{h}}=-\frac{B}{A}\sqrt{2g}\int_0^t\mathrm{d}t$,

$2\sqrt{h}-2\sqrt{H}=-\dfrac{B}{A}\sqrt{2g}t$,

$\sqrt{h}=\sqrt{H}-\dfrac{B}{2A}\sqrt{2g}t$,

$h=\left(\sqrt{H}-\dfrac{B}{2A}\sqrt{2g}t\right)^2$.

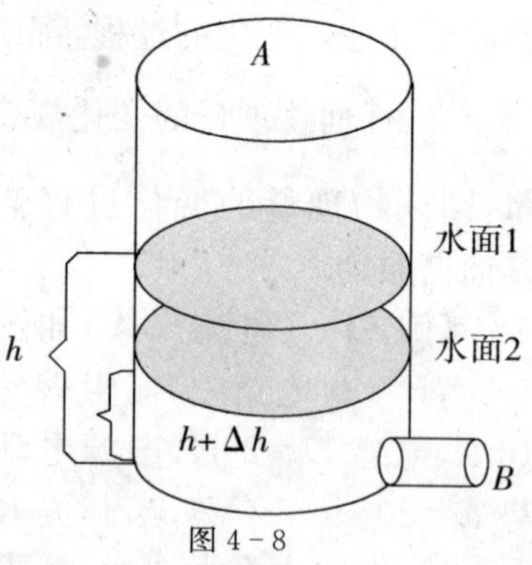

图 4-8

所以,水面高度与时间的函数关系为:$h=\left(\sqrt{H}-\dfrac{B}{2A}\sqrt{2g}t\right)^2$.

水流空所需时间为(令 $h=0$)$t^*=\frac{A}{B}\sqrt{\frac{2H}{g}}$.

【例 5】　数学摆是系于一根长度为 l 的线上而质量为 m 的质点 M. 在重力作用下,它在垂直于地面的平面上沿圆周运动. 如图 4-9 所示. 试确定摆的运动方程.

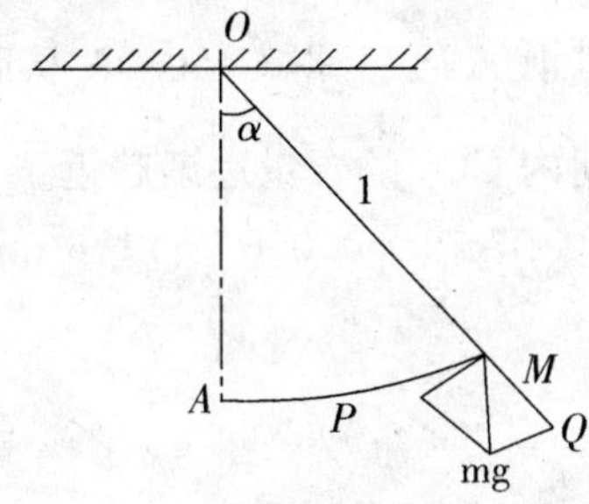

图 4-9

解　取反时针运动方向为计量摆与铅垂线所成的角 α 的正方向. 则由 Newton第二定律,得到摆的运动方程为$\frac{\mathrm{d}^2\alpha}{\mathrm{d}t^2}=-\frac{g}{l}\sin\alpha$.

注:(1)如果研究摆的微小振动,即当$|\alpha|$比较小时,可以取 $\sin\alpha$ 的近似值α代入上式,这样就得到微小振动时摆的运动方程为$\frac{\mathrm{d}^2\alpha}{\mathrm{d}t^2}=-\frac{g}{l}\alpha$.

(2)假设摆是在一个有粘性的介质中作摆动,如果阻力系数为 μ,则摆的运动方程为

$$\frac{\mathrm{d}^2\alpha}{\mathrm{d}t^2}=-\frac{\mu}{m}\frac{\mathrm{d}\alpha}{\mathrm{d}t}=-\frac{g}{l}\alpha.$$

(3)假设摆还沿着摆的运动方向受到一个外力 $F(t)$的作用,则摆的运动方程为:

$$\frac{\mathrm{d}^2\alpha}{\mathrm{d}t^2}=-\frac{\mu}{m}\frac{\mathrm{d}\alpha}{\mathrm{d}t}=-\frac{g}{l}\alpha+\frac{l}{ml}F(t).$$

【例 6】　某车间体积为 12 000 m^3,开始时空气中含有 0.1%的 CO_2,为了降低车间内 CO_2 的含量,用一台风量为每分钟 2 000 m^3 的鼓风机通入含 0.03% 的 CO_2 的新鲜空气,同时以同样的风量将混合均匀的空气排出,问鼓风机开动 6 min后,车间内 CO_2 的百分比降低到多少?

解　设鼓风机开动 t min 后,车间内 CO_2 的含量为 $x\%=x(t)\%$.

在内$[t,t+\mathrm{d}t]$内,CO_2 的通入量$=2\,000\cdot\mathrm{d}t\cdot 0.03$,

CO_2 的排出量$=2\,000\cdot\mathrm{d}t\cdot x$,

由 CO_2 的改变量$=CO_2$ 的通入量$-CO_2$ 的排出量,

得 $12\,000\mathrm{d}x=2\,000\cdot\mathrm{d}t\cdot 0.03-2\,000\cdot\mathrm{d}t\cdot x$,

即$\frac{dx}{dt}=-\frac{1}{6}(x-0.03)$,

这就是$x(t)$满足的微分方程,初始条件为$x|_{t=0}=0.1$.

其通解为 $x=0.03+Ce^{-\frac{1}{6}t}$,

将初始条件$x|_{t=0}=0.1$代入通解,得$C=0.07$,从而$x=0.03+0.07e-\frac{1}{6}t$. 可以看出,当$t$增大时,车间内$CO_2$的含量逐渐趋近于0.03%.

当$t=6$时,$x=0.03+0.07e^{-1}\approx 0.056$.所以,6 min后,车间内$CO_2$的百分比降低到0.056%.

巩固练习

1. 一质量为m的质点作直线运动,从速度为零的时刻起,有一个和时间成正比(比例系数为k_1)的力作用在它上面,此外质点又受到介质的阻力,这阻力和速度成正比(比例系数为k_2).试求此质点的速度与时间的关系.

2. 放射性元素的质量随着时间的增加而逐渐减少,镭元素的衰变满足如下规律:其衰变的速度与它的现存量成正比,经验得知,镭经过1 600年后,只剩下原始量的一半,试求镭现存量随时间变化的规律.

3. 设有一个由电阻$R=10\ \Omega$,电感$L=2$ H,和电源电压$E=20\sin 2t$(V)的串联组成的电路,开关K合上后,电路中有电流通过,求电流i与时间t的函数关系$i(t)$.

4. 物体在空气中的冷却速度与物体和空气的温度差成比例,如果物体在20 min内由100℃冷至60℃,那么,在多久的时间内,这个物体的温度达到30℃?假设空气的温度为20℃.

5. 一水池充满了10 000 L的清水,设它和A,B,C三管相连.从A管每分钟流进清水1 L,从B管每分钟流进糖水1 L(其含糖量为每升1两).假定流进的水经充分混合后每分钟由C管流出2 L.求时刻t时池水的含糖量.又问$t\to+\infty$时池水的含糖量是多少?

复习题四

一、填空题

1. 形如____________的微分方程称为变量可分离方程.

2. 形如$y'+P(x)y$的$=0$方程是____________方程,它的通解为____________.形如$y'+P(x)y=Q(x)$的方程是____________方程,它的通解为____________.

3. 二阶常系数方程$y''+py'+qy=0$的特征方程为____________.

4. 若 $y_1(x)$，$y_2(x)$是一阶线性非齐次方程的两个不同解，则用这两个解可把其通解表示为________________.

5. 设 $M(x_0,y_0)$是可微曲线 $y=y(x)$上的任意一点，过该点的切线在 x 轴和 y 轴上的截距分别是________________.

6. 已知 $L[\sin \omega t]=\dfrac{\omega}{p^2+\omega^2}$，$L[\cos\omega t]=\dfrac{p}{p^2+\omega^2}$，$\omega$，$\varphi$ 为常数，则由拉氏变换的线性性质可得 $L[\sin(\omega t+\varphi)]=$________________.

7. $L^{-1}\left[\dfrac{1}{p}\right]=$________________.

8. 在应用拉氏变换求解常系数线性微分方程时，要将常微分方程转化为象函数的代数方程，其中关键是应用了拉氏变换的________________.

二、求解下列方程的通解：

(1) $\dfrac{dy}{dx}=xy$；　　(2) $y\dfrac{dy}{dx}=x(1-y^2)$；

(3) $\dfrac{dy}{dx}=\dfrac{y}{x}+1$；　　(4) $\dfrac{dy}{dx}+3y=e^{2x}$；

(5) $y''+y'y=0$；　　(6) $y''-5y'=0$.

三、求下列函数的拉氏变换($t\geqslant 0$)：

(1) $3e^{-2t}$；　　(2) t^2-5t+3；

(3) $\cos\left(2t+\dfrac{\pi}{4}\right)$；　　(4) $e^{-4t}\sin 3t\cos 2t$；

(5) $1+te^{-t}$；　　(6) $\dfrac{1-e^t}{t}$.

四、求下列函数的拉氏逆变换：

(1) $\dfrac{1}{5p+4}$；　　(2) $\dfrac{2p+3}{p^2}$；

(3) $\dfrac{p-8}{p^2+16}$；　　(4) $\dfrac{3p}{p^2-4p+13}$.

五、用拉氏变换求解微分方程：

(1) $\dfrac{dx}{dt}+5x(t)=10e^{-3t}$，$x(0)=0$；

(2) $y''(t)+16y(t)=32t$，$y(0)=3$，$y'(0)=-2$；

(3) $y''(t)+2y'(t)+3y(t)=e^{-t}$，$y(0)=0$，$y'(0)=1$.

第五章　线性代数基础及其应用

线性代数是为“多变元线性系统——多个变量之间存在的线性关联关系”的分析提供数学语言和研究方法．在这一章里将介绍矩阵及其运算，以及求解线性方程组的方法．

§5.1　矩阵的概念

☞基础知识

引例1　已知 n 元线性方程组

$$\begin{cases} a_{11}x_1+a_{12}x_2+\cdots+a_{1n}x_n=b_1, \\ a_{21}x_1+a_{22}x_2+\cdots+a_{2n}x_n=b_2, \\ \cdots \\ a_{m1}x_1+a_{m2}x_2+\cdots+a_{mn}x_n=b_m \end{cases} \qquad ⊛$$

的系数及常数项可以排成 m 行，$n+1$ 列的有序数表：

$$\begin{pmatrix} a_{11} & a_{12} & \cdots & a_{1n} & b_1 \\ a_{21} & a_{22} & \cdots & a_{2n} & b_2 \\ \vdots & \vdots & \ddots & \vdots & \vdots \\ a_{m1} & a_{m2} & \cdots & a_{mn} & b_m \end{pmatrix}$$

说明：这个有序数表完全确定了线性方程组，对它的研究可以判断方程组⊛的解的情况．

引例2　北京市某户居民第三季度每个月的水（单位：t）、电（单位：kw/h）、天然气（单位：m^3）的使用情况如下：

	水	电	气
7月	10	190	15
8月	10	195	16
9月	9	165	14

可以用一个三行三列的有序数表来表示，即 $\begin{pmatrix}10 & 190 & 15\\10 & 195 & 16\\9 & 165 & 14\end{pmatrix}$.

定义　由 $m\times n$ 个数 $a_{ij}(i=1,2,\cdots,m;j=1,2,\cdots,n)$ 排成的 m 行 n 列的数表

$$A=\begin{pmatrix}a_{11} & a_{12} & \cdots & a_{1n}\\a_{21} & a_{22} & \cdots & a_{2n}\\\vdots & \vdots & \ddots & \vdots\\a_{m1} & a_{m2} & \cdots & a_{mn}\end{pmatrix}=(a_{ij})_{m\times n}=(a_{ij}),$$

称为 m 行 n 列矩阵，简称 $m\times n$ **矩阵** $A_{m\times n}$，其中 a_{ij} 叫做矩阵 A 的**元素**.

【例 1】　某航空公司在 A,B,C,D 四个城市之间开辟了若干条航线，图 5-1 所示表示了四个城市间的航班图，如果从 A 到 B 有航班，则用带箭头的线连接 AB，从 A 指向 B，其他均如此. 因此，我们可以得到表 5-1，其中表格中第一列为航班的出发城市，第一行为航班的终点城市，表格中的"0"代表连接的两个城市没有航班，"1"代表连接的两个城市有航班.

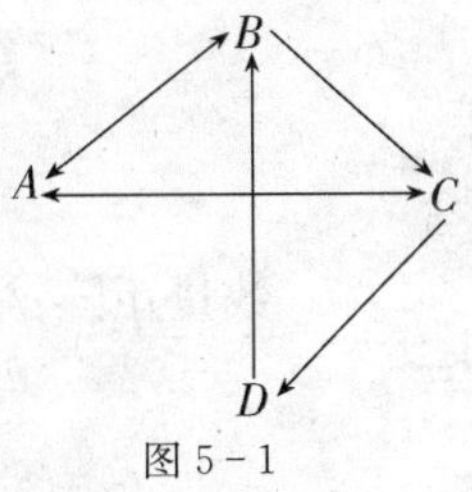

图 5-1

表 5-1

	A	B	C	D
A	0	1	1	0
B	1	0	1	0
C	1	0	0	1
D	0	1	0	0

则可以用矩阵简单表示为：$\begin{pmatrix}0 & 1 & 1 & 0\\1 & 0 & 1 & 0\\1 & 0 & 0 & 1\\0 & 1 & 0 & 0\end{pmatrix}$.

根据元素的特点，矩阵可分为**实矩阵**($a_{ij}\in\mathbf{R}$)与**复矩阵**($a_{ij}\in\mathbf{C}$).

下面给出一些特殊矩阵：

1. 行矩阵：$m=1,A=(a_1,a_2,\cdots,a_n)_{1\times n}$；

2. 列矩阵：$n=1, A=\begin{pmatrix} a_1 \\ a_2 \\ \vdots \\ a_m \end{pmatrix}_{m\times 1}$；

3. 零矩阵：$A=(0)_{m\times n}=0$；

4. 方阵：$m=n, A=(a_{ij})_{n\times n}$，称为 n 阶方阵；

5. 单位矩阵：$E_n=\begin{pmatrix} 1 & 0 & \cdots & 0 \\ 0 & 1 & \cdots & 0 \\ \vdots & \vdots & \ddots & \vdots \\ 0 & 0 & \cdots & 1 \end{pmatrix}_{n\times n}$ 称为 n 阶单位矩阵；

6. 对角矩阵：$A=\begin{pmatrix} \lambda_1 & 0 & \cdots & 0 \\ 0 & \lambda_2 & \cdots & 0 \\ \vdots & \vdots & \ddots & \vdots \\ 0 & \cdots & 0 & \lambda_n \end{pmatrix}$；

7. 数量矩阵：$kE_n=\begin{pmatrix} k & 0 & \cdots & 0 \\ 0 & k & \cdots & 0 \\ \vdots & \vdots & \ddots & \vdots \\ 0 & 0 & \cdots & k \end{pmatrix}$；

8. 上三角形矩阵：$A_n=\begin{pmatrix} a_{11} & a_{12} & \cdots & a_{1n} \\ 0 & a_{22} & \cdots & a_{2n} \\ \vdots & \vdots & \ddots & \vdots \\ 0 & 0 & \cdots & a_{nn} \end{pmatrix}$；

下三角形矩阵：$A_n=\begin{pmatrix} a_{11} & 0 & \cdots & 0 \\ a_{21} & a_{22} & \cdots & 0 \\ \vdots & \vdots & \ddots & \vdots \\ a_{n1} & a_{n2} & \cdots & a_{nn} \end{pmatrix}$.

§5.2 矩阵的运算

☞基础知识

同型矩阵：指行数相等、列数相等的矩阵.

矩阵相等：设 $A=(a_{ij})_{m\times n}$，$B=(b_{ij})_{m\times n}$，若

$$a_{ij}=b_{ij}\ (i=1,2,\cdots,m;j=1,2,\cdots,n)，称 A=B.$$

设 A,B 都是 $m\times n$ 矩阵，即

$$A=(a_{ij})_{m\times n}=\begin{pmatrix} a_{11} & a_{12} & \cdots & a_{1n} \\ a_{21} & a_{22} & \cdots & a_{2n} \\ \vdots & \vdots & \ddots & \vdots \\ a_{m1} & a_{m2} & \cdots & a_{mn} \end{pmatrix};B=(b_{ij})_{m\times n}=\begin{pmatrix} b_{11} & b_{12} & \cdots & b_{1n} \\ b_{21} & b_{22} & \cdots & b_{2n} \\ \vdots & \vdots & \ddots & \vdots \\ b_{m1} & b_{m2} & \cdots & b_{mn} \end{pmatrix}.$$

线性运算：

加法：$A+B=(a_{ij}+b_{ij})_{m\times n}=\begin{pmatrix} a_{11}+b_{11} & \cdots & a_{1n}+b_{1n} \\ \vdots & \ddots & \vdots \\ a_{m1}+b_{m1} & \cdots & a_{mn}+b_{mn} \end{pmatrix}$；

数乘：$kA=(ka_{ij})_{m\times n}=\begin{pmatrix} ka_{11} & \cdots & ka_{1n} \\ \vdots & \ddots & \vdots \\ ka_{m1} & \cdots & ka_{mn} \end{pmatrix}$；

负矩阵：$-A=(-1)A=(-a_{ij})_{m\times n}$；

减法：$A-B=(a_{ij}-b_{ij})_{m\times n}=\begin{pmatrix} a_{11}-b_{11} & \cdots & a_{1n}-b_{1n} \\ \vdots & \ddots & \vdots \\ a_{m1}-b_{m1} & \cdots & a_{mn}-b_{mn} \end{pmatrix}$.

容易验证，矩阵的加减与数乘具有以下运算律：

设 A,B,C,O 都是 $m\times n$ 矩阵(其中 O 是零矩阵)，则：

(1)$A+B=B+A$；　　(2)$(A+B)+C=A+(B+C)$；

(3)$A+O=A$；　　(4)$A+(-A)=O$；

(5)$k(A+B)=kA+kB$；　　(6)$(k+l)A=kA+lA$；

(7)$(kl)A=k(lA)$；　　(8)$l\cdot A=A$.

【例 1】 设 $A=\begin{pmatrix} 1 & -2 & 0 \\ 4 & 3 & 5 \end{pmatrix}$，$B=\begin{pmatrix} 8 & 2 & 6 \\ 5 & 3 & 4 \end{pmatrix}$，满足 $2A+X=B-2X$，求 X.

解　$X=\frac{1}{3}(B-2A)=\begin{pmatrix} 2 & 2 & 2 \\ -1 & -1 & -2 \end{pmatrix}$.

注：只有同型矩阵才能进行加减运算.

矩阵的乘法

设 A 是 $m\times l$ 矩阵，B 是 $l\times n$ 矩阵，即

$$A=\begin{pmatrix} a_{11} & a_{12} & \cdots & a_{1l} \\ a_{21} & a_{22} & \cdots & a_{2l} \\ \vdots & \vdots & \ddots & \vdots \\ a_{m1} & a_{m2} & \cdots & a_{ml} \end{pmatrix},B=\begin{pmatrix} b_{11} & b_{12} & \cdots & b_{1n} \\ b_{21} & b_{22} & \cdots & b_{2n} \\ \vdots & \vdots & \ddots & \vdots \\ b_{l1} & b_{l2} & \cdots & b_{ln} \end{pmatrix},$$

则由元素 $c_{ij}=a_{i1}b_{1j}+a_{i2}b_{2j}+\cdots+a_{il}b_{lj}=\sum\limits_{k=1}^{l}a_{ik}b_{kj}\quad(i=1,2,\cdots,m;j=1,$ $2,\cdots,n)$ 构成的 $m\times n$ 矩阵 $C=\begin{pmatrix} c_{11} & c_{12} & \cdots & c_{1n} \\ c_{21} & c_{22} & \cdots & c_{2n} \\ \vdots & \vdots & \ddots & \vdots \\ c_{m1} & c_{m2} & \cdots & c_{mn} \end{pmatrix}$ 称为矩阵 A 与矩阵 B 的乘积，记作 $C=AB$.

上式中 AB 称为用 B 右乘 A，或称用 A 左乘 B.

注：(1)一行与一列相乘 $(a_{i1},a_{i2},\cdots,a_{is})\begin{pmatrix} b_{1j} \\ b_{2j} \\ \vdots \\ b_{sj} \end{pmatrix}=\sum\limits_{k=1}^{s}a_{ik}b_{kj}=c_{ij}$；

(2)只有当左矩阵 A 的列数等于右矩阵 B 的行数时，A 乘 B 才能进行，即 AB 才有意义，且所得乘积矩阵 $C=AB$ 的行数和 A 的行数相同，列数和 B 的列数相同；

(3)乘积矩阵 $C=AB$ 中的第 i 行第 j 列处的元素等于矩阵 A 的第 i 行元素与矩阵 B 的第 j 列对应元素乘积之和.

容易验证，矩阵的乘法满足以下的运算律：

(1)$(AB)C=A(BC)$；　　(2)$(A+B)C=AC+BC$；

(3)$C(A+B)=CA+CB$；　(4)$\lambda(AB)=(\lambda A)B=A(\lambda B)$（$\lambda$ 为实数）；

(5)$EA=A,BE=B$(单位矩阵的意义所在).

注：矩阵的乘法不满足交换律，并且两个非零矩阵的乘积可能是一个零矩阵.

【例 2】 已知 $A=\begin{pmatrix} 1 & -2 \\ -2 & 4 \end{pmatrix},B=\begin{pmatrix} 4 & 2 \\ -2 & -1 \end{pmatrix}$，求 AB,BA.

解 $AB=\begin{pmatrix} 1\times4+(-2)\times(-2) & 1\times2+(-2)\times(-1) \\ (-2)\times4+4\times(-2) & (-2)\times2+4\times(-1) \end{pmatrix}=\begin{pmatrix} 8 & 4 \\ -16 & -8 \end{pmatrix}$；

$BA=\begin{pmatrix} 4\times1+2\times(-2) & 4\times(-2)+2\times4 \\ (-2)\times1+(-1)\times(-2) & (-2)\times(-2)+(-1)\times4 \end{pmatrix}=\begin{pmatrix} 0 & 0 \\ 0 & 0 \end{pmatrix}$.

n 阶方阵的幂

设 A 是 n 阶方阵，则定义

$$A^1=A,A^2=A^1A^1,\cdots,A^{k+1}=A^kA^1;$$

$$\text{或}\quad A^1=A,A^2=A^1A^1,\cdots,A^{k+1}=\underbrace{A\cdots A}_{k+1}.$$

规律：$A^kA^l=A^{k+l},(A^k)^l=A^{kl}$，其中 k,l 为正整数.

但一般地，$(AB)^k \neq A^k B^k$，A,B 为 n 阶方阵.

【例 3】 计算$\begin{pmatrix}1 & 1\\0 & 1\end{pmatrix}^n$.

解 设 $A=\begin{pmatrix}1 & 1\\0 & 1\end{pmatrix}$，

则 $A^2=AA=\begin{pmatrix}1 & 1\\0 & 1\end{pmatrix}\begin{pmatrix}1 & 1\\0 & 1\end{pmatrix}=\begin{pmatrix}1 & 2\\0 & 1\end{pmatrix}$，

$A^3=A^2A=\begin{pmatrix}1 & 2\\0 & 1\end{pmatrix}\begin{pmatrix}1 & 1\\0 & 1\end{pmatrix}=\begin{pmatrix}1 & 3\\0 & 1\end{pmatrix}$.

假设 $A^{n-1}=\begin{pmatrix}1 & n-1\\0 & 1\end{pmatrix}$，则 $A^n=A^{n-1}A=\begin{pmatrix}1 & n-1\\0 & 1\end{pmatrix}\begin{pmatrix}1 & 1\\0 & 1\end{pmatrix}=\begin{pmatrix}0 & n\\0 & 1\end{pmatrix}$，

于是由归纳法知，对于任意正整数 n，有

$$\begin{pmatrix}1 & 1\\0 & 1\end{pmatrix}^n=\begin{pmatrix}1 & n\\0 & 1\end{pmatrix}.$$

【例 4】 令 $A=\begin{pmatrix}a_{11} & a_{12} & \cdots & a_{1n}\\a_{21} & a_{22} & \cdots & a_{2n}\\\vdots & \vdots & \ddots & \vdots\\a_{m1} & a_{m2} & \cdots & a_{mn}\end{pmatrix}$，$X=\begin{pmatrix}x_1\\x_2\\\vdots\\x_n\end{pmatrix}$，$B=\begin{pmatrix}b_1\\b_2\\\vdots\\b_m\end{pmatrix}$，

则线性方程组可用矩阵乘积表示为：$AX=B$.

矩阵的转置

定义 将 $m\times n$ 矩阵 A 的行与列互换后，得到 $n\times m$ 矩阵，称为矩阵 A 的**转置矩阵**，记作 A^{T}. 即如果

$$A=\begin{pmatrix}a_{11} & a_{12} & \cdots & a_{1n}\\a_{21} & a_{22} & \cdots & a_{2n}\\\vdots & \vdots & \ddots & \vdots\\a_{m1} & a_{m2} & \cdots & a_{mn}\end{pmatrix}，则 A^{\mathrm{T}}=\begin{pmatrix}a_{11} & a_{21} & \cdots & a_{m1}\\a_{12} & a_{22} & \cdots & a_{m2}\\\vdots & \vdots & \ddots & \vdots\\a_{1n} & a_{2n} & \cdots & a_{mn}\end{pmatrix}.$$

如 $A=\begin{pmatrix}1\\2\\3\\4\end{pmatrix}$，则 $A^{\mathrm{T}}=(1,2,3,4)$.

转置矩阵具有以下运算规律：

(1)$(A^{\mathrm{T}})^{\mathrm{T}}=A$；　　(2)$(A+B)^{\mathrm{T}}=A^{\mathrm{T}}+B^{\mathrm{T}}$；

(3)$(kA)^{\mathrm{T}}=kA^{\mathrm{T}}$；　　(4)$(AB)^{\mathrm{T}}=B^{\mathrm{T}}A^{\mathrm{T}}$.

对称矩阵：若 $A_{n\times n}$ 满足 $A^{\mathrm{T}}=A$，即 $a_{ij}=a_{ji}(i,j=1,2,\cdots,n)$；

反对称矩阵：若 $A_{n\times n}$ 满足 $A^{\mathrm{T}}=-A$，即 $a_{ij}=-a_{ji}(i,j=1,2,\cdots,n)$.

【例 5】 已知 $A=\begin{pmatrix}2 & 1 & 4 & 0\\1 & -1 & 3 & 4\end{pmatrix}$，$B=\begin{pmatrix}1 & 3 & 1\\0 & -1 & 2\\1 & -3 & 1\\4 & 0 & -2\end{pmatrix}$，求$(AB)^{\mathrm{T}}$.

解 (方法一)$AB=\begin{pmatrix}2 & 1 & 4 & 0\\1 & -1 & 3 & 4\end{pmatrix}\begin{pmatrix}1 & 3 & 1\\0 & -1 & 2\\1 & -3 & 1\\4 & 0 & -2\end{pmatrix}=\begin{pmatrix}6 & -7 & 8\\20 & -5 & -6\end{pmatrix}$.

所以 $(AB)^{\mathrm{T}}=\begin{pmatrix}6 & 20\\-7 & -5\\8 & -6\end{pmatrix}$.

(方法二)$(AB)^{\mathrm{T}}=B^{\mathrm{T}}A^{\mathrm{T}}=\begin{pmatrix}1 & 0 & 1 & 4\\3 & -1 & -3 & 0\\1 & 2 & 1 & -2\end{pmatrix}\begin{pmatrix}2 & 1\\1 & -1\\4 & 3\\0 & 4\end{pmatrix}=\begin{pmatrix}6 & 20\\-7 & -5\\8 & -6\end{pmatrix}$.

巩固练习

1. 设矩阵 $A=\begin{pmatrix}a & -1 & 3\\0 & b & -4\\-5 & 8 & 7\end{pmatrix}$，$B=\begin{pmatrix}-2 & -1 & c\\0 & 1 & -4\\d & 8 & 7\end{pmatrix}$，且 $A=B$，求 a,b,c,d.

2. 已知 $A=\begin{pmatrix}3 & 2 & -3\\4 & 3 & 2\end{pmatrix}$，$B=\begin{pmatrix}0 & -2 & 3\\4 & 3 & -2\end{pmatrix}$，求 $3\left(A+\frac{1}{3}B\right)$.

3. 已知 $A=\begin{pmatrix}3 & 2 & -1\\2 & -3 & 5\end{pmatrix}$，$B=\begin{pmatrix}1 & 3\\-5 & 4\\3 & 6\end{pmatrix}$，求 AB,BA.

4. 设矩阵 $A=\begin{pmatrix}4 & -1\\0 & 2\\-3 & 2\end{pmatrix}$，$B=\begin{pmatrix}2 & 1\\3 & 4\end{pmatrix}$求$(AB)^{\mathrm{T}}$，$B^{\mathrm{T}}A^{\mathrm{T}}$.

§5.3　矩阵的初等行变换与矩阵的秩

基础知识

矩阵的初等行变换

对矩阵的行实施下列三种变换,称为矩阵的**初等行变换**:

(i)交换矩阵的某两行;

(ii)用一个非零数 k 乘矩阵某一行的所有元素;

(iii)把矩阵某一行的所有元素同乘以数 k 后加到另一行的对应元素上;

矩阵 A 经初等行变换化为矩阵 B 时,称矩阵 A 与 B **等价**,记作 $A\sim B$.

【例 1】　如对矩阵 $A=\begin{pmatrix}2 & -1 & 2 & -8\\ 1 & 2 & 3 & -7\\ 1 & 3 & 0 & 7\end{pmatrix}$ 进行以下变换:

交换矩阵的第一行与第二行:$\xrightarrow{r_1\leftrightarrow r_2}\begin{pmatrix}1 & 2 & 3 & -7\\ 2 & -1 & 2 & -8\\ 1 & 3 & 0 & 7\end{pmatrix}$

把第一行乘以 -2 加到第二行,把第一行乘以 -1 加到第三行:

$$\xrightarrow{r_1-2r_2,r_3-r_1}\begin{pmatrix}1 & 2 & 3 & -7\\ 0 & -5 & -4 & 6\\ 0 & 1 & -3 & 14\end{pmatrix},$$

交换第二行和第三行:$\xrightarrow{r_2\leftrightarrow r_3}\begin{pmatrix}1 & 2 & 3 & -7\\ 0 & 1 & -3 & 14\\ 0 & -5 & -4 & 6\end{pmatrix}$,

第二行乘以 -2 加到第一行,第二行乘以 5 加到第三行:

$$\xrightarrow{r_1-2r_2,r_3+5r_2}\begin{pmatrix}1 & 0 & 9 & -35\\ 0 & 1 & -3 & 14\\ 0 & 0 & -19 & 76\end{pmatrix}=B,\text{则 } A\sim B.$$

注:相对应的,如果是对矩阵的列实施上述的三种变换,称为矩阵的初等列变换.

阶梯形矩阵

(1)非零行:在矩阵中元素不全为零的行叫非零行.

(2)零行:在矩阵中元素全为零的行叫零行.

(3)首非零元:非零行中左起第一个非零元素叫首非零元.

观察矩阵

$$A_1=\begin{pmatrix}1&0&4&1\\0&1&3&0\\0&0&1&2\end{pmatrix},A_2=\begin{pmatrix}5&3&4&2&6\\0&1&3&2&3\\0&0&0&0&0\end{pmatrix},A_3=\begin{pmatrix}0&1&2&3\\0&0&-4&5\\0&0&0&0\\0&0&0&0\end{pmatrix},$$

可以发现这三个矩阵具有以下两个特点:

(1)下一行首非零元一定在上一行首非零元的右方,即各非零行的首非零元下方的元素全为零;

(2)矩阵中若有零行则置于矩阵的下方.

具有以上两个特点的矩阵称为**阶梯形矩阵**.

阶梯形矩阵中含有非零元素的行数,称为阶梯形矩阵的**秩**,记为 r.

上面三个阶梯形矩阵的秩分别为:$r(A_1)=3,r(A_2)=2,r(A_3)=2$.

如前面例 1 中的矩阵 A 经过初等行变换化成的矩阵 B 就是一个阶梯形矩阵,且 $r(B)=3$.

注:任何一个矩阵,经过有限次的行初等变换都能化为阶梯形矩阵.

矩阵的秩

定义 1 任何一个矩阵 A,经过有限次的行初等变换后,可化为一个阶梯形矩阵 B,则该阶梯形矩阵的秩 $r(B)$ 即为原矩阵的秩,即 $r(A)=r(B)$.

如前面例 1 中的矩阵 A 经过初等行变换后化成矩阵 B,则有:$r(A)=r(B)=3$.

因此,求一个矩阵的秩,就是首先要利用初等行变换把它化为一个阶梯形矩阵,然后阶梯形矩阵的秩就是该矩阵的秩.

【例 2】 求 $r(A)$,其中 $A=\begin{pmatrix}1&1&2&2&1\\0&2&1&5&-1\\2&0&3&-1&3\\1&1&0&4&-1\end{pmatrix}$.

解 $A\xrightarrow{r_3-2r_1,r_4-r_1}\begin{pmatrix}1&1&2&2&1\\0&2&1&5&-1\\0&-2&-1&-5&1\\0&0&-2&2&-2\end{pmatrix}\xrightarrow{r_3+r_2}$

$\begin{pmatrix}1&1&2&2&1\\0&2&1&5&-1\\0&0&0&0&0\\0&0&-2&2&-2\end{pmatrix}\xrightarrow{r_3\leftrightarrow r_4}\begin{pmatrix}1&1&2&2&1\\0&2&1&5&-1\\0&0&-2&2&-2\\0&0&0&0&0\end{pmatrix}$,有此可看出 $r(A)=3$.

最简形矩阵

对阶梯形矩阵继续施行行初等变换，使得首非零元为 1，并且其所在的列的其余元素均为零，这样的矩阵称为最简形矩阵.

如例 1 中化成的阶梯形矩阵 B，继续进行初等行变换，即

$$B=\begin{pmatrix}1&0&9&-35\\0&1&-3&14\\0&0&-19&76\end{pmatrix}\xrightarrow{r_3\times\left(-\frac{1}{19}\right)}\begin{pmatrix}1&0&9&-35\\0&1&-3&14\\0&0&1&-4\end{pmatrix}.$$

$$\xrightarrow{r_2+3r_3,r_1-9r_3}\begin{pmatrix}1&0&0&1\\0&1&0&2\\0&0&1&-4\end{pmatrix}=C(\text{最简形矩阵}).$$

逆矩阵

定义 2　对于 n 阶矩阵 A，如果存在 n 阶矩阵 B，使得 $AB=BA=I$，则称矩阵 A 为**可逆矩阵**（否则称 A 为不可逆矩阵），并称矩阵 B 为 A 的**逆矩阵**，A 的逆矩阵记作 A^{-1}，即 $A^{-1}=B$. 若 A 是 B 的逆矩阵，则 B 也是 A 的逆矩阵，即 A 与 B 互逆. 只有 n 阶方阵才可能有逆矩阵.

逆矩阵具有以下性质：

设 A,B 都是 n 阶方阵，则

(1) 如果 A 可逆，则其逆矩阵唯一；

(2) 如果 A 可逆，则 A^{-1} 也可逆，且 $(A^{-1})^{-1}=A$；

(3) 如果 A,B 都可逆，则 AB 也可逆，且 $(AB)^{-1}=B^{-1}A^{-1}$；

(4) 如果 A 可逆，则 A^{T} 也可逆，且 $(A^{\mathrm{T}})^{-1}=(A^{-1})^{\mathrm{T}}$.

利用矩阵的初等行变换求逆矩阵的作法：首先将 n 阶矩阵 A 和 n 阶单位矩阵 E_n 并在一起，构成一个 $n\times 2n$ 矩阵 $(A|E_n)$，然后对 $(A|E_n)$ **仅施行行**初等变换，使左边的子阵 A 化为单位矩阵 E_n，则右边的子阵 E_n 就随之化为 A 的逆矩阵 A^{-1}. 具体作法见下例.

【例 3】　设 $A=\begin{pmatrix}1&2&3\\2&1&2\\1&3&4\end{pmatrix}$. 用初等变换法求 A^{-1}.

解　$$(A\,\vdots\,E)=\left(\begin{array}{ccc:ccc}1&2&3&1&0&0\\2&1&2&0&1&0\\1&3&4&0&0&1\end{array}\right)\xrightarrow{r_2-2r_1,r_3-r_1}\left(\begin{array}{ccc:ccc}1&2&3&1&0&0\\0&-3&-4&-2&1&0\\0&1&1&-1&0&1\end{array}\right)$$

$$\xrightarrow{r_3-r_2}\left(\begin{array}{ccc:ccc}1&2&3&1&0&0\\0&1&1&-1&0&1\\0&-3&-4&-2&1&0\end{array}\right)\xrightarrow{r_3+3r_2}\left(\begin{array}{ccc:ccc}1&2&3&1&0&0\\0&1&1&-1&0&1\\0&0&-1&-5&1&3\end{array}\right)$$

$$\xrightarrow{r_1+3r_3,r_2+r_3,(-1)\cdot r_3}\left(\begin{array}{ccc:ccc}1&2&0&-14&3&9\\0&1&0&-6&1&4\\0&0&1&5&-1&-3\end{array}\right)$$

$$\xrightarrow{r_1-2r_2}\left(\begin{array}{ccc:ccc}1&0&0&-2&1&1\\0&1&0&-6&1&4\\0&0&1&5&-1&-3\end{array}\right),$$

所以 $A^{-1}=\begin{pmatrix}-2&1&1\\-6&1&4\\5&-1&-3\end{pmatrix}$.

【例 4】 设 $A=\begin{pmatrix}1&0&0&0\\a&1&0&0\\a^2&a&1&0\\a^3&a^2&a&1\end{pmatrix}$，试用初等变换法求 A^{-1}.

解 $(A\mid E)=\left(\begin{array}{cccc:cccc}1&0&0&0&1&0&0&0\\a&1&0&0&0&1&0&0\\a^2&a&1&0&0&0&1&0\\a^3&a^2&a&1&0&0&0&1\end{array}\right)$

$$\xrightarrow{r_i-ar_{i-1},i=4,3,2}\left(\begin{array}{cccc:cccc}1&0&0&0&1&0&0&0\\0&1&0&0&-a&1&0&0\\0&0&1&0&0&-a&1&0\\0&0&0&1&0&0&-a&1\end{array}\right),$$

所以 $A^{-1}=\begin{pmatrix}1&0&0&0\\-a&1&0&0\\0&-a&1&0\\0&0&-a&1\end{pmatrix}$.

☞巩固练习

1. 求矩阵的秩：

(1) $\begin{pmatrix}1&2&-3\\-1&-2&4\\1&1&-2\end{pmatrix}$； (2) $\begin{pmatrix}2&0&2&2\\0&1&0&0\\2&1&0&1\\0&1&0&0\end{pmatrix}$；

(3) $\begin{pmatrix} 1 & 0 & 1 & 0 & 0 \\ 1 & 1 & 0 & 0 & 0 \\ 0 & 1 & 1 & 0 & 0 \\ 0 & 0 & 1 & 1 & 0 \\ 0 & 1 & 0 & 1 & 1 \end{pmatrix}$；　(4) $\begin{pmatrix} 1 & 0 & 0 & 1 & 4 \\ 0 & 1 & 0 & 2 & 5 \\ 0 & 0 & 1 & 3 & 6 \\ 1 & 2 & 3 & 14 & 32 \\ 4 & 5 & 6 & 32 & 77 \end{pmatrix}$.

2. 用初等变换求下列矩阵的逆矩阵：

(1) $\begin{pmatrix} 1 & -1 & 1 \\ 3 & 0 & 3 \\ -1 & 2 & 0 \end{pmatrix}$；　(2) $\begin{pmatrix} 1 & 1 & 1 & 1 \\ 1 & 1 & -1 & -1 \\ 1 & -1 & 1 & -1 \\ 1 & -1 & -1 & 1 \end{pmatrix}$.

3. 解矩阵方程

$$\begin{pmatrix} 3 & 0 & 8 \\ 3 & -1 & 6 \\ -2 & 0 & -5 \end{pmatrix} X = \begin{pmatrix} 1 & -1 & 2 \\ -1 & 3 & 4 \\ -2 & 0 & 5 \end{pmatrix}.$$

§5.4　线性方程组

☞基础知识

线性方程组的一般形式为：

$$\begin{cases} a_{11}x_1 + a_{12}x_2 + \cdots + a_{1n}x_n = b_1, \\ a_{21}x_1 + a_{22}x_2 + \cdots + a_{2n}x_n = b_2, \\ \cdots \\ a_{m1}x_1 + a_{m2}x_2 + \cdots + a_{mn}x_n = b_m. \end{cases} \qquad ⊛$$

矩阵形式为：$AX=B$.

其中 $A=\begin{pmatrix} a_{11} & a_{12} & \cdots & a_{1n} \\ a_{21} & a_{22} & \cdots & a_{2n} \\ \vdots & \vdots & \ddots & \vdots \\ a_{m1} & a_{m2} & \cdots & a_{mn} \end{pmatrix}$ 称为⊛式的系数矩阵，$B=\begin{pmatrix} b_1 \\ b_2 \\ \vdots \\ b_m \end{pmatrix}$ 称为⊛式的

常数项矩阵，$X=\begin{pmatrix}x_1\\x_2\\\vdots\\x_n\end{pmatrix}$ 称为㊉式的 n 元**未知量矩阵**.

$$\widetilde{A}=\left(\begin{array}{cccc|c}a_{11}&a_{12}&\cdots&a_{1n}&b_1\\a_{21}&a_{22}&\cdots&a_{2n}&b_2\\\vdots&\vdots&\ddots&\vdots&\vdots\\a_{m1}&a_{m2}&\cdots&a_{mn}&b_m\end{array}\right)$$ 称为㊉式的**增广矩阵**.

当 $B=0$ 时，即常数项 $b_1,b_2,\cdots,b_m$ 全为零时，㊉式称为**齐次线性方程组**，即

$$AX=0.$$

当 $B\neq0$ 时，即常数项 $b_1,b_2,\cdots,b_m$ 不全为零时，㊉式称为**非齐次线性方程组**.

线性方程组的求解步骤

中学代数已介绍过二元、三元线性方程组的消元法——高斯消元法，下面求解一例，来观察其规律.

引例 解线性方程组 $\begin{cases}2x_1-x_2+2x_3=4,\\x_1+x_2+2x_3=1,\\4x_1+x_2+4x_3=2.\end{cases}$

解 交换第一、二两个方程，

得同解组 $\begin{cases}x_1+x_2+2x_3=1, & (1)\\2x_1-x_2+2x_3=4, & (2)\\4x_1+x_2+4x_3=2, & (3)\end{cases}\xrightarrow{r_1\leftrightarrow r_2}\left(\begin{array}{ccc|c}1&1&2&1\\2&-1&2&4\\4&1&4&2\end{array}\right).$

(2)$-2\times$(1)，(3)$-4\times$(1)

得同解组 $\begin{cases}x_1+x_2+2x_3=1, & (1')\\-3x_2-2x_3=2, & (2')\\-3x_2-4x_3=-2, & (3')\end{cases}\xrightarrow{r_2-2r_1,r_3-4r_1}\left(\begin{array}{ccc|c}1&1&2&1\\0&-3&-2&2\\0&-3&-4&-2\end{array}\right)$

[(3′)$-$(2′)]$\div(-2)$

得同解组 $\left\{\begin{array}{ll}x_1+x_2+2x_3=1, & (1'')\\-3x_2-2x_3=2, & (2'')\\x_3=2, & (3'')\end{array}\right|\xrightarrow{-\frac{1}{2}(r_3-r_2)}\left(\begin{array}{ccc|c}1&1&2&1\\0&-3&-2&2\\0&0&1&2\end{array}\right).$

至此消元过程完结，接下来是回代过程：

将(3″)代入(2″)得 $x_2=-2$，再将 $x_2=-2,x_3=2$ 代入(1″)得 $x_1=-1$，

从而有唯一解：$x_1=-1,x_2=-2,x_3=2$.

由上可以发现，方程组中某一方程的恒等变形则对应于矩阵中某一行的初等变换，因此，利用矩阵的行初等变换解线性方程组的方法为：

(1)对增广矩阵 $\widetilde{A}$ 施行行初等变换,化为最简形矩阵;

(2)根据阶梯形矩阵求秩,判断所给方程组的解的情况;

(3)若有解,则对最简形矩阵回代求解.

对线性方程组的增广矩阵 $\widetilde{A}$ 施行行初等变换,相当于把原方程组变换成一个新的方程组,这个新方程组是原方程组的同解方程组.

【例 1】 解线性方程组 $\begin{cases} x_1+x_2-2x_3-x_4=-1, \\ x_1+5x_2-3x_3-2x_4=0, \\ 3x_1-x_2+x_3+4x_4=2, \\ -2x_1+2x_2+x_3-x_4=1. \end{cases}$

解 线性方程组的增广矩阵为:

$$\widetilde{A}=\left(\begin{array}{cccc|c} 1 & 1 & -2 & -1 & -1 \\ 1 & 5 & -3 & -2 & 0 \\ 3 & -1 & 1 & 4 & 2 \\ -2 & 2 & 1 & -1 & 1 \end{array}\right) \xrightarrow{r_2-r_1,r_3-3r_1,r_4+2r_1}$$

$$\left(\begin{array}{cccc|c} 1 & 1 & -2 & -1 & -1 \\ 0 & 4 & -1 & -1 & 1 \\ 0 & -4 & 7 & 7 & 5 \\ 0 & 4 & -3 & -3 & -1 \end{array}\right) \xrightarrow{r_3+r_2,r_4-r_2} \left(\begin{array}{cccc|c} 1 & 1 & -2 & -1 & -1 \\ 0 & 4 & -1 & -1 & 1 \\ 0 & 0 & 6 & 6 & 6 \\ 0 & 0 & -2 & -2 & -2 \end{array}\right)$$

$$\xrightarrow{r_4+\frac{1}{3}r_3} \left(\begin{array}{cccc|c} 1 & 1 & -2 & -1 & -1 \\ 0 & 4 & -1 & -1 & 1 \\ 0 & 0 & 6 & 6 & 6 \\ 0 & 0 & 0 & 0 & 0 \end{array}\right) \xrightarrow{r_3\times\frac{1}{6}} \left(\begin{array}{cccc|c} 1 & 1 & -2 & -1 & -1 \\ 0 & 4 & -1 & -1 & 1 \\ 0 & 0 & 1 & 1 & 1 \\ 0 & 0 & 0 & 0 & 0 \end{array}\right)$$

$$\xrightarrow{r_1+2r_3,r_2+r_3} \left(\begin{array}{cccc|c} 1 & 1 & 0 & 1 & 1 \\ 0 & 4 & 0 & 0 & 2 \\ 0 & 0 & 1 & 1 & 1 \\ 0 & 0 & 0 & 0 & 0 \end{array}\right) \xrightarrow{r_2\times\frac{1}{4}} \left(\begin{array}{cccc|c} 1 & 1 & 0 & 1 & 1 \\ 0 & 1 & 0 & 0 & 0.5 \\ 0 & 0 & 1 & 1 & 1 \\ 0 & 0 & 0 & 0 & 0 \end{array}\right)$$

$$\xrightarrow{r_1-r_2} \left(\begin{array}{cccc|c} 1 & 0 & 0 & 1 & 0.5 \\ 0 & 1 & 0 & 0 & 0.5 \\ 0 & 0 & 1 & 1 & 1 \\ 0 & 0 & 0 & 0 & 0 \end{array}\right).$$

此时,我们可以看出系数矩阵和增广矩阵的秩相等.

最后一个矩阵对应的方程组为 $\begin{cases} x_1+x_4=0.5, \\ x_2=0.5, \\ x_3+x_4=1, \end{cases}$ 将方程组中含 x_4 的移项可得

方程组的解$\begin{cases} x_1=-x_4+0.5, \\ x_2=0.5, \\ x_3=-x_4+1, \end{cases}$ 其中 x_4 为任意实数,称为自由未知量.

【例 2】 解线性方程组:$\begin{cases} x_1+3x_2-5x_3=-1, \\ 2x_1+6x_2-3x_3=5, \\ 3x_1+9x_2-10x_3=4. \end{cases}$

解 利用初等行变换,将方程组的增广矩阵 $\widetilde{A}$ 化简,

$$\widetilde{A}=\left(\begin{array}{ccc|c} 1 & 3 & -5 & -1 \\ 2 & 6 & -3 & 5 \\ 3 & 9 & -10 & 4 \end{array}\right) \xrightarrow{r_2-2r_1, r_3-3r_1} \left(\begin{array}{ccc|c} 1 & 3 & -5 & -1 \\ 0 & 0 & 7 & 7 \\ 0 & 0 & 5 & 7 \end{array}\right)$$

$$\xrightarrow{\frac{1}{7}r_2, r_3-5r_2} \left(\begin{array}{ccc|c} 1 & 3 & -5 & -1 \\ 0 & 0 & 1 & 1 \\ 0 & 0 & 0 & 2 \end{array}\right).$$

此时,我们发现系数矩阵的秩为 2,但增广矩阵的秩为 3,二者不相等.

由最后一个矩阵可知,原方程的同解方程为:$\begin{cases} x_1+3x_2-5x_3=-1, \\ x_3=1, \\ 0=2. \end{cases}$

这时,我们发现无论如何取值,都不可能使得 $0=2$ 成立,所以该方程组无解.

线性方程组解的判别定理:

定理 1 非齐次线性方程组

$$\begin{cases} a_{11}x_1+a_{12}x_2+\cdots+a_{1n}x_n=b_1, \\ a_{21}x_1+a_{22}x_2+\cdots+a_{2n}x_n=b_2, \\ \cdots \\ a_{m1}x_1+a_{m2}x_2+\cdots+a_{mn}x_n=b_m, \end{cases}$$

其中$A=\begin{pmatrix} a_{11} & a_{12} & \cdots & a_{1n} \\ a_{21} & a_{22} & \cdots & a_{2n} \\ \vdots & \vdots & \ddots & \vdots \\ a_{m1} & a_{m2} & \cdots & a_{mn} \end{pmatrix}$,$\widetilde{A}=\left(\begin{array}{cccc|c} a_{11} & a_{12} & \cdots & a_{1n} & b_1 \\ a_{21} & a_{22} & \cdots & a_{2n} & b_2 \\ \vdots & \vdots & \ddots & \vdots & \vdots \\ a_{m1} & a_{m2} & \cdots & a_{mn} & b_m \end{array}\right)$.

设它的系数矩阵 A 的秩为 $r(A)$,增广矩阵 $\widetilde{A}$ 的秩为 $r(\widetilde{A})$,则有:

(ⅰ)当 $r(A)=r(\widetilde{A})=r=n$ 时,该线性方程组有唯一解;

(ⅱ)当 $r(A)=r(\widetilde{A})=r<n$ 时,该线性方程组有无穷多组解;

（iii）当 $r(A)\neq r(\widetilde{A})$ 时，该线性方程组无解.

定理 2　齐次线性方程组

$$\begin{cases}a_{11}x_1+a_{12}x_2+\cdots+a_{1n}x_n=0,\\ a_{21}x_1+a_{22}x_2+\cdots+a_{2n}x_n=0,\\ \cdots\\ a_{m1}x_1+a_{m2}x_2+\cdots+a_{mn}x_n=0,\end{cases}$$

设它的系数矩阵 A 的秩为 $r(A)$，增广矩阵 $\widetilde{A}$ 的秩为 $r(\widetilde{A})$，则 $r(A)=r(\widetilde{A})$，由前面定理有：（i）当 $r(A)=n$ 时，该线性方程组只有零解；

（ii）当 $r(A)<n$ 时，该线性方程组有无穷多组非零解.

【例 3】　讨论 a,b 取何值时，方程组 $\begin{cases}x_1+2x_2+3x_3-x_4=1,\\ x_1+x_2+2x_3+3x_4=1,\\ 3x_1-x_2-x_3-2x_4=a,\\ 2x_1+3x_2-x_3+bx_4=-6,\end{cases}$

(1)有唯一解；　(2)无解；　(3)有无穷多解，有解时求出其解.

解　对增广矩阵 $\widetilde{A}$ 进行初等行变换

$$\widetilde{A}=\left(\begin{array}{cccc|c}1&2&3&-1&1\\1&1&2&3&1\\3&-1&-1&-2&a\\2&3&-1&b&-6\end{array}\right)\xrightarrow{r_2-r_1,r_3-3r_1,r_4-2r_1}$$

$$\left(\begin{array}{cccc|c}1&2&3&-1&1\\0&-1&-1&4&0\\0&-7&-10&1&a-3\\0&-1&-7&b+2&-8\end{array}\right)\xrightarrow{r_3-7r_2,r_4-r_2}$$

$$\left(\begin{array}{cccc|c}1&2&3&-1&1\\0&-1&-1&4&0\\0&0&-3&-27&a-3\\0&0&-6&b-2&-8\end{array}\right)\xrightarrow{r_4-2r_3}$$

$$\left(\begin{array}{cccc|c}1&2&3&-1&1\\0&-1&-1&4&0\\0&0&-3&-27&a-3\\0&0&0&b+52&-2a-2\end{array}\right)=B.$$

讨论：（i）当 $b+52\neq0$ 时，$r(A)=r(\widetilde{A})=4=n$，方程组有唯一解，其解为（回代）

$x_4=-\dfrac{2(a+1)}{b+52}$，　　$x_3=\dfrac{a-3}{3}+\dfrac{18(a+1)}{b+52}$，

$x_2=\dfrac{a-3}{3}-\dfrac{26(a+1)}{b+52}$，　　$x_1=\dfrac{a}{3}-\dfrac{4(a+1)}{b+52}$.

（ⅱ）当 $b+52=0$ 而 $a+1\neq 0$ 时，$r(A)=3$，$r(\widetilde{A})=4$，无解.

（ⅲ）当 $b+52=0$，$a+1=0$ 时，$r(A)=r(\widetilde{A})=3<4$，方程组有无穷多组解.这时，再对 B 进行初等行变换，得

$$B=\left(\begin{array}{cccc|c}1 & 2 & 3 & -1 & 1\\0 & -1 & -1 & 4 & 0\\0 & 0 & -3 & -27 & -4\\0 & 0 & 0 & 0 & 0\end{array}\right)\xrightarrow{r_1+r_3,\, r_2-\frac{1}{3}r_3,\, r_3\times\left(-\frac{1}{3}\right)}$$

$$\left(\begin{array}{cccc|c}1 & 2 & 0 & -28 & -3\\0 & -1 & 0 & 13 & \frac{4}{3}\\0 & 0 & 1 & 9 & \frac{4}{3}\\0 & 0 & 0 & 0 & 0\end{array}\right)\xrightarrow{r_1+2r_2,\, r_2\times(-1)}\left(\begin{array}{cccc|c}1 & 0 & 0 & -2 & -\frac{1}{3}\\0 & 1 & 0 & -13 & -\frac{4}{3}\\0 & 0 & 1 & 9 & \frac{4}{3}\\0 & 0 & 0 & 0 & 0\end{array}\right).$$

故原方程组同解于 $\begin{cases}x_1=-\dfrac{1}{3}+2x_4,\\x_2=-\dfrac{4}{3}+13x_4,\\x_3=\dfrac{4}{3}-9x_4,\end{cases}$（$x_4$ 为自由未知量，可取任意实数）.

若 x_4 用任意实数 C 表示，则方程组的解可以表示为 $\begin{cases}x_1=-\dfrac{1}{3}+2C,\\x_2=-\dfrac{4}{3}+13C,\\x_3=\dfrac{4}{3}-9C,\\x_4=C.\end{cases}$

巩固练习

1. 求解非齐次方程组 $\begin{cases}x_1-2x_2+3x_3-x_4=1,\\3x_1-x_2+5x_3-3x_4=2,\\2x_1+x_2+2x_3-2x_4=3.\end{cases}$

2. 求解非齐次方程组$\begin{cases} x_1-x_2-x_3+x_4=0, \\ x_1-x_2+x_3-3x_4=1, \\ x_1-x_2-2x_3+3x_4=-\dfrac{1}{2}. \end{cases}$

3. a 取何值时，方程组$\begin{cases} x_1+x_2+x_3=a, \\ ax_1+x_2+x_3=1, \\ x_1+x_2+ax_3=1 \end{cases}$有解，并求其解.

4. 判别下列方程组是否有解？若有解，是有唯一解还是有无穷多解？

(1)$\begin{cases} x_1+2x_2-3x_3=-11, \\ -x_1-x_2+x_3=7, \\ 2x_1-3x_2+x_3=6, \\ -3x_1+x_2+2x_3=4; \end{cases}$　(2)$\begin{cases} x_1+2x_2-3x_3=-11, \\ -x_1-x_2+2x_3=7, \\ 2x_1-3x_2+x_3=6, \\ -3x_1+x_2+2x_3=5. \end{cases}$

§5.5　矩阵与线性方程组的应用

基础知识

【例 1】　设从某地四个地区到另外三个地区的距离(单位:km)为:

$$B=\begin{pmatrix} 40 & 60 & 105 \\ 175 & 130 & 190 \\ 120 & 70 & 135 \\ 80 & 55 & 100 \end{pmatrix}.$$

已知货物每吨的运费为 2.40 元/km. 用矩阵表示各地区之间每吨货物的运费.

解　各地区每吨货物运费见下表:

$$2.4\times B=\begin{pmatrix} 2.4\times 40 & 2.4\times 60 & 2.4\times 105 \\ 2.4\times 175 & 2.4\times 130 & 2.4\times 190 \\ 2.4\times 120 & 2.4\times 70 & 2.4\times 135 \\ 2.4\times 80 & 2.4\times 55 & 2.4\times 100 \end{pmatrix}=\begin{pmatrix} 96 & 144 & 252 \\ 420 & 312 & 456 \\ 288 & 168 & 324 \\ 192 & 132 & 240 \end{pmatrix}.$$

【例 2】　(人口迁徙模型)假设在一个大城市的总人口是固定的，人口的分布则因居民在市区和郊区之间迁徙而变化，每年有 6%的市区居民搬到郊区去住，而有 2%的郊区居民搬到市区去住. 假设开始时有 30%的居民住在市区，

70%的居民住在郊区,问10年后市区和郊区的居民人口比例各是多少? 30年、50年后又如何?

解 这个问题可以用矩阵乘法来描述,把人口变量用市区和郊区两个分量表示,即 $x_k=\begin{pmatrix}x_{sk}\\x_{jk}\end{pmatrix}$,其中 x_{sk} 为市区人口所占比例,x_{jk} 为郊区人口所占比例,k 表示年份的次序.在 $k=0$ 的初始状态:$x_0=\begin{pmatrix}x_{s0}\\x_{j0}\end{pmatrix}=\begin{pmatrix}0.3\\0.7\end{pmatrix}$;一年后市区人口 $x_{s1}=(1-0.06)x_{s0}+0.02x_{j0}$,郊区人口 $x_{j1}=0.06x_{s0}+(1-0.02)x_{j0}$,用矩阵乘法来描述,可写成:

$$x_1=\begin{pmatrix}x_{s1}\\x_{j1}\end{pmatrix}=\begin{pmatrix}0.94 & 0.02\\0.06 & 0.98\end{pmatrix}\begin{pmatrix}0.3\\0.7\end{pmatrix}=Ax_0=\begin{pmatrix}0.2960\\0.7040\end{pmatrix}.$$

从初始时间到 k 年,此关系保持不变,因此上述算式可扩展为:

$$x_k=Ax_{k-1}=A^2x_{k-2}=\cdots=A^kx_0.$$

无限增加时间 k,市区和郊区人口之比将趋向一组常数$\frac{0.25}{0.75}$,即

$$x_k\big|_{k>27}=A^kx_0=\begin{pmatrix}0.25\\0.75\end{pmatrix}.$$

这个应用问题实际上是所谓马尔可夫过程的一个类型.所得到的向量序列 $x_1,x_2,\cdots,x_n$ 称为马尔可夫链,马尔可夫过程的特点是 k 时刻的系统状态 x_k 完全可由其前一个时刻的状态 x_{k-1} 所决定,与 $k-1$ 时刻之前的系统状态无关.

【例3】 (减肥配方的实现)设三种食物每100 g中蛋白质、碳水化合物和脂肪的含量如表5-2(表中给出了20世纪80年代美国流行的剑桥大学医学院的简捷营养处方).如果用这三种食物作为每天的主要食物,那么它们的用量应各取多少,才能准确地实现这个营养要求?

表5-2

营养	每100克食物所含营养(g)			减肥所要求的每日营养量
	脱脂牛奶	大豆面粉	乳清	
蛋白质	36	51	13	33
碳水化合物	52	34	74	45
脂肪	0	7	1.1	3

解 设脱脂牛奶的用量为 x_1 个单位(100 g),大豆面粉的用量为 x_2 个单位,乳清的用量为 x_3 个单位,表中的三个营养成分的列向量为:

$$a_1=\begin{pmatrix}36\\52\\0\end{pmatrix},\quad a_2=\begin{pmatrix}51\\34\\7\end{pmatrix},\quad a_3=\begin{pmatrix}13\\74\\1.1\end{pmatrix},$$

则它们的组合所具有的营养为：

$$x_1a_1+x_2a_2+x_3a_3=x_1\begin{pmatrix}36\\52\\0\end{pmatrix}+x_2\begin{pmatrix}51\\34\\7\end{pmatrix}+x_3\begin{pmatrix}13\\74\\1.1\end{pmatrix}.$$

使这个合成的营养与剑桥配方的要求相等，就可以得到以下的矩阵方程：

$$\begin{pmatrix}36&51&13\\52&34&74\\0&7&1.1\end{pmatrix}\begin{pmatrix}x_1\\x_2\\x_3\end{pmatrix}=\begin{pmatrix}33\\45\\3\end{pmatrix}\Rightarrow AX=B.$$

解得 $X=\begin{pmatrix}0.2772\\0.3919\\0.2332\end{pmatrix}$，即脱脂牛奶的用量为 27.7 g，大豆面粉的用量为 39.2 g，乳清的用量为 23.3 g，就能保证所需的综合营养量.

【例 4】（计算机层析 X 射线照相术）计算机层析扫描仪根据仅从病人头的外部测得的 X 射线来计算病人大脑的图像. 考虑如图 5－2 所示的简单情形.

这里三个小圆圈表示三个小器官，它们的质量是未知的，分别表示为 x_1,x_2,x_3，而直线则表示 X 射线，这些小器官的位置尚属未知，这就使得每条射线不能仅对准一个器官.

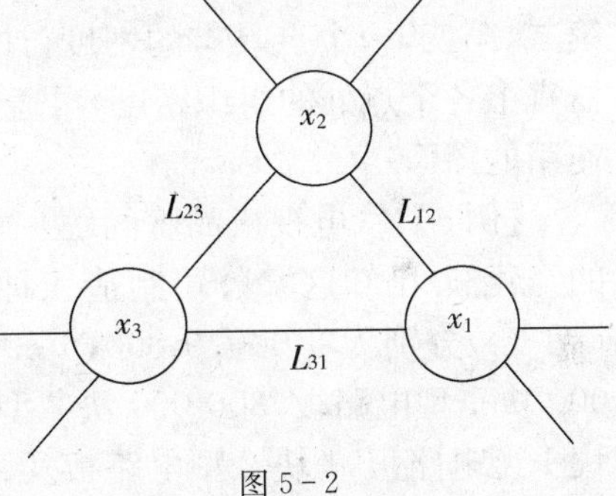

图 5－2

解　如图 5－2 所示，沿 L_{12} 通过的 X 射线经过 1，2 两个器官，它们的质量分别为 x_1 和 x_2. 这两个器官要吸收一定强度的 X 射线. 通过测量吸收的强度，我们能求出射线通过的总量，从而能计算出被吸收的 X 射线总量. 这些吸收量是由 1，2 两个器官的质量 x_1,x_2 产生的，所以 x_1+x_2 是一个已知量，设其为 b_{12}，因此有 $x_1+x_2=b_{12}$. 上述道理同样适用于其它直线. 于是我们可得到下列 3 个未知量 3 个方程的线性方程组：

$$\begin{cases}x_1+x_2=b_{12},\\x_2+x_3=b_{23},\\x_1+x_3=b_{31}.\end{cases}$$

该方程组的系数矩阵与增广矩阵为

$$A=\begin{pmatrix}1&1&0\\0&1&1\\1&0&1\end{pmatrix};\quad \widetilde{A}=\left(\begin{array}{ccc|c}1&1&0&b_{12}\\0&1&1&b_{23}\\1&0&1&b_{31}\end{array}\right).$$

该系数矩阵 A 和增广矩阵 $\widetilde{A}$ 的秩都是 3，则上述方程组有解，且有唯一解. 求解线性方程组，经过初等变换，增广矩阵化为：

$$\widetilde{A}=\left(\begin{array}{ccc|c}1 & 1 & 0 & b_{12} \\ 0 & 1 & 1 & b_{23} \\ 0 & 0 & 2 & b_{31}-b_{12}+b_{23}\end{array}\right).$$

原方程同解于：$\begin{cases}x_1+x_2=b_{12}, \\ x_2+x_3=b_{23}, \\ 2x_3=b_{31}-b_{12}+b_{23},\end{cases}$ 解得：$\begin{cases}x_1=\dfrac{1}{2}(b_{12}-b_{23}+b_{31}), \\ x_2=\dfrac{1}{2}(b_{23}-b_{31}+b_{12}), \\ x_3=\dfrac{1}{2}(b_{31}-b_{12}+b_{23}).\end{cases}$

这样即可求出三个器官的质量 x_1,x_2,x_3.

上述讨论只是为了说明思路而将问题大大地简化了. 在实际中为了医学诊断的需要，计算机层析不仅要在三个位置，而且要在每一个器官上的几千个点处计算组织的密度，而每条 X 射线要穿过许多这样的点. 因此我们可以得到含几千个未知数由几千个方程组成的线性方程组，其未知量 $x_1,x_2,x_3,\cdots$ 表示第一，第二，第三，…个点具有的密度，计算机通过求解这种线性方程组而求出每一个器官上各个点处的组织密度，再通过图形显示或照相技术，而得到可供医学诊断使用的图像.

【例 5】 （电视机品牌问题）一项投资分析需要找出一家无商标电视机厂商的经营额. 已知这家公司制造三种品牌的电视机：品牌 A,B,C，它们的销售价（元/台）分别为 8 000，9 800，6 800. 分析学家还知道该公司向供应商订了 450 000 块 1 型电路板，300 000 块 2 型电路板及 350 000 块 3 型电路板. 品牌 A 用 2 块 1 型电路板，1 块 2 型电路板及 2 块 3 型电路板；品牌 B 用 3 块 1 型电路板，2 块 2 型电路板及 1 块 3 型电路板；品牌 C 用每种类型电路板各一块. 分析学家只要计算出该公司制造的各种品牌的电视机的台数，就可知道该公司的营业额.

解 假设该公司制造的三种品牌的电视机分别为 x_1 台，x_2 台，x_3 台，则可列出如下的线性方程组：$\begin{cases}2x_1+3x_2+x_3=450\ 000, \\ x_1+2x_2+x_3=300\ 000, \\ 2x_1+x_2+x_3=350\ 000,\end{cases}$

其增广矩阵为

$$\widetilde{A}=\left(\begin{array}{ccc|c}2 & 3 & 1 & 450\ 000 \\ 1 & 2 & 1 & 300\ 000 \\ 2 & 1 & 1 & 350\ 000\end{array}\right).$$

容易计算出系数矩阵 A 和 $\widetilde{A}$ 增广矩阵有相等的秩，所以方程组有唯一的解. 经过初等变换，增广矩阵可化为：

$$\widetilde{A}=\left(\begin{array}{ccc|c}1 & 2 & 1 & 300\,000\\0 & 1 & 0 & 50\,000\\0 & 0 & 1 & 10\,000\end{array}\right).$$

原方程同解于：$\begin{cases}x_1+2x_2+x_3=300\,000,\\x_2=50\,000,\\x_3=10\,000,\end{cases}$ 解得：$\begin{cases}x_1=190\,000,\\x_2=50\,000,\\x_3=10\,000.\end{cases}$

即得出该公司制造的三种品牌的电视机的台数分别为 190 000 台，50 000 台，10 000 台.

故该公司的营业额为 $190\,000\times8\,000+50\,000\times9\,800+10\,000\times6\,800=2.078\times10^9$（元）.

【例 6】（游船问题）某公园在湖的周围设有甲、乙、丙三个游船出租点，游客可以在任何一处租船，也可以在任何一处还船. 工作人员估计租船和还船的情况如表 5－3 所示：

表 5－3

		还船处		
		甲	乙	丙
借船处	甲	0.8	0.2	0
	乙	0.2	0	0.8
	丙	0.2	0.2	0.6

即从甲处租的船只中有 80%的在甲处还船，有 20%的在乙处还船，等等. 为了游客的安全，公园同时要建立一个游船检修站. 现在的问题是游船检修站建立在哪个点为最好？

解　显然游船检修站应建在拥有船只最多的那个出租点. 但是，由于租船和还船的随机性，今天拥有船只最多的出租点不一定以后经常拥有最多的船只. 因此我们希望知道经过长时间的经营以后拥有船只最多的那个出租点. 我们假定公园的船只基本上每天都被人租用. 设经过长时间的经营后，甲、乙、丙处分别拥有 x_1,x_2,x_3 只船，则 x_1,x_2,x_3 应该满足以下的要求：

$$\begin{cases}0.8x_1+0.2x_2+0.2x_3=x_1,\\0.2x_1+\qquad\quad 0.2x_3=x_2,\\\qquad\quad 0.8x_2+0.6x_3=x_3.\end{cases}$$

整理可得 $\begin{cases}-0.2x_1+0.2x_2+0.2x_3=0,\\0.2x_1-x_2+0.2x_3=0,\\\qquad 0.8x_2-0.4x_3=0.\end{cases}$

即
$$\begin{cases} -x_1+x_2+x_3=0, \\ x_1-5x_2+x_3=0, \\ 2x_2-x_3=0, \end{cases}$$

$$\widetilde{A}=\begin{pmatrix} -1 & 1 & 1 \\ 1 & -5 & 1 \\ 0 & 2 & -1 \end{pmatrix}.$$

显然增广矩阵与系数矩阵有相同的秩 2，所以上述方程组有无穷多个解. 求解即得

$$\begin{cases} x_1=\dfrac{3}{2}c, \\ x_2=\dfrac{1}{2}c, \\ x_3=c, \end{cases}\text{（其中 } c \text{ 为任意常数）.}$$

若令 c 为该公园所拥有游船总数 s 的$\frac{1}{3}$，则

$$\begin{cases} x_1=\dfrac{1}{2}s, \\ x_2=\dfrac{1}{6}s, \\ x_3=\dfrac{1}{3}s. \end{cases}$$

这表明经过长时期的经营以后，甲、乙、丙三个出租点分别拥有游船总数的$\frac{1}{2}$，$\frac{1}{6}$，$\frac{1}{3}$. 由此不难看出，游船检修站应设在拥有船只最多的甲处为最佳方案.

巩固练习

1. 有三个生产同一产品的工厂 A_1，A_2 和 A_3，其年产量分别为 40 t，20 t，10 t，该产品每年有两个用户 B_1 和 B_2，其用量分别为 45 t，25 t，由各产地 A_i 到各用户 B_j 的距离 C_{ij}（km）如表 5－4 所示（$i=1,2,3;j=1,2$）. 各厂的产品如何调配才能使运费最少？

表 5－4

	A_1	A_2	A_3
B_1	45	58	92
B_2	58	72	36

2.(比赛排名问题)设有 6 个队进行单循环比赛,排名由各队的积分决定:胜队得 1 分,负队得 0 分,平局各得 0.5 分;若两队积分相同时,则比较对手分(战胜的对手的积分之和);若对手分也相同时,则比较对手的对手分.依次类推下去.已知比赛结果为:

1 队负 2 队、1 队胜 3 队、1 队胜 4 队、1 队平 5 队、1 队胜 6 队、2 队胜 3 队、2 队胜 4 队、2 队负 5 队、2 队负 6 队、3 队胜 4 队、3 队胜 5 队、3 队胜 6 队、4 队负 5 队、4 队平 6 队、5 队胜 6 队.

请为其排名.

复习题五

一、填空题

1.设 A 是一个 $m\times n$ 矩阵,B 是一个 $n\times s$ 矩阵,那么 $(AB)^{\mathrm{T}}$ 是一个______矩阵.

2.若 $\begin{pmatrix} x & y \\ -1 & 2 \end{pmatrix}+\begin{pmatrix} 2y & -4x \\ 1 & -1 \end{pmatrix}=\begin{pmatrix} 1 & 0 \\ 0 & 1 \end{pmatrix}$,则 $x=$______,$y=$______.

3.$A=\begin{pmatrix} 0 & -2 \\ -1 & 0 \\ 3 & 2 \end{pmatrix}$,$B=\begin{pmatrix} 0 & -1 & 3 \\ 1 & 4 & 2 \end{pmatrix}$,则 $A^{\mathrm{T}}+B$______.

4.设方阵 $A=\begin{pmatrix} 1 & a & a \\ a & 1 & a \\ a & a & 1 \end{pmatrix}$ 的秩 $r(A)=2$,则 a 的值为______.

5.$(0\quad 2\quad 1)\begin{pmatrix} 3 \\ 2 \\ 1 \end{pmatrix}=$______;$\begin{pmatrix} 1 & 0 & 0 \\ 0 & 1 & 0 \\ 0 & 0 & 1 \end{pmatrix}^{2\,010}=$______.

二、设矩阵 $A=\begin{pmatrix} 2 & -1 \\ 0 & 1 \\ -2 & 0 \end{pmatrix}$,$B=\begin{pmatrix} -1 & 1 \\ 2 & 3 \end{pmatrix}$,求 $(AB)^{\mathrm{T}}$,$B^{\mathrm{T}}A^{\mathrm{T}}$,$A^{\mathrm{T}}B^{\mathrm{T}}$.

三、设 $A=\begin{pmatrix} 3 & -1 & 2 \\ 1 & 5 & 7 \\ 5 & 4 & -3 \end{pmatrix}$,$B=\begin{pmatrix} 7 & 5 & -4 \\ 5 & 1 & 9 \\ 3 & -2 & 1 \end{pmatrix}$,且 $A+2X=B$,求矩阵 X.

四、已知 n 为自然数,设 $A=\begin{pmatrix} 3 \\ 1 \\ 2 \end{pmatrix}(2,3,-1)$,求 A^n.

五、求下列矩阵的逆矩阵：

(1)$A=\begin{pmatrix}1 & 0 & 1\\ 2 & 1 & 0\\ -3 & 2 & -5\end{pmatrix}$；　(2)$A=\begin{pmatrix}1 & 1 & 2\\ 2 & 1 & -1\\ 1 & -2 & 1\end{pmatrix}$.

六、求下列矩阵的秩：

(1)$A=\begin{pmatrix}1 & 1 & 0 & 2 & 1\\ 1 & 2 & 1 & 0 & -1\\ 2 & 0 & 3 & -1 & 0\\ 0 & 1 & 0 & 2 & -1\end{pmatrix}$；　(2)$A=\begin{pmatrix}1 & 0 & -1 & -1 & 2\\ 0 & -1 & 2 & 3 & 1\\ 1 & -1 & 1 & 2 & 3\\ 1 & 2 & -5 & -7 & 0\end{pmatrix}$.

七、问 λ 取何值时，方程组$\begin{cases}x_1+2x_2+\lambda x_3=2,\\ 2x_1+\dfrac{4}{3}\lambda x_2+6x_3=4,\\ \lambda x_1+6x_2+9x_3=6,\end{cases}$

(1)无解；(2)有唯一解；(3)有无穷多解.

八、解线性方程组：

(1)$\begin{cases}2x_1-x_2+x_3=0,\\ 3x_1+2x_2-5x_3=1,\\ x_1+3x_2-2x_3=4;\end{cases}$　(2)$\begin{cases}x+3y-5z=-1,\\ 2x+6y-3z=5,\\ 3x+9y-10z=2;\end{cases}$

(3)$\begin{cases}x_1+2x_2+x_3-x_4=0,\\ 3x_1+6x_2-x_3-3x_4=0,\\ 5x_1+10x_2+x_3-5x_4=0;\end{cases}$　(4)$\begin{cases}x_1+x_2-2x_3-x_4=-1,\\ x_1+5x_2-3x_3-2x_4=0,\\ 3x_1-x_2+x_3+4x_4=2,\\ -2x_1+2x_2+x_3-x_4=1.\end{cases}$

第六章　概率统计初步及其应用

概率统计是研究随机现象统计规律性的学科.概率是从数量上研究随机现象的统计规律性,统计是从应用角度研究处理随机数据,在建立有效的统计方法的基础上进行统计推断.在这一章里将介绍随机事件及其概率计算,数据处理及回归分析,最后介绍一些概率统计的简单实际应用.

§6.1　计数原理与排列组合

☞基础知识

两个原理

分类计数原理:完成一项工作可以有 m 类方法,第一类办法中有 n_1 种不同的方法,第二类办法中有 n_2 种不同的方法,…,第 m 类办法中有 n_m 种不同的方法,那么完成这件事共有 $n_1+n_2+\cdots+n_m$ 种不同的方法,这一原理称为**分类计数原理**(加法原理).

分步计数原理:完成一项工作共有 m 个步骤,第一步有 n_1 种方法,第二步有 n_2 种方法,…,第 m 步有 n_m 种方法,且完成该项工作必须依次通过这 m 个步骤,则完成该项工作一共有 $n_1n_2\cdots n_m$ 种不同的方法,这一原理称为**分步计数原理**(乘法原理).

如果完成一件事情有 m 类办法,这 m 类办法彼此之间是相互独立的,无论哪一类办法中的哪一种方法都能单独完成这件事情,求完成这件事情的方法种数,就用分类计数原理;如果完成一件事情需要分成 n 个步骤,各个步骤都是不可缺少的,需要依次完成所有的步骤,才能完成这件事情,而完成每一个步骤又各有若干种不同的方法,求完成这件事情的方法种数就用分步计数原理.既可分类又需分步时,一般先分类后分步.

确定分类标准的原则:(1)完成这件事的任何一种方法都必须属于某一类;

(2)分别属于不同两类的方法是不同的方法，即

$S=S_1\cup S_2\cup\cdots\cup S_n$ 且 $S_i\cap S_j=\varnothing(i,j=1,2,\cdots,n,i\neq j)$.

确定分步标准的原则：(1)分成的 n 个步骤要连续完成；

(2)每步中任何一种方法都可以与下一步中的任何一种方法连接.

【例 1】 某艺术组有 9 人，每人至少会钢琴和小号中的一种乐器，其中 7 人会钢琴，3 人会小号，从中选出会钢琴与会小号的各 1 人，有多少种不同的选法？

解 由题意可知，在艺术组 9 人中，有且仅有一人既会钢琴又会小号(把该人称为“多面手”)，只会钢琴的有 6 人，只会小号的有 2 人，把会钢琴、小号各 1 人的选法分为两类：

第一类：多面手入选，另一人只需从其他 8 人中任选一个，故这类选法共有 8 种；

第二类：多面手不入选，则会钢琴者只能从 6 个只会钢琴的人中选出，会小号的 1 人也只能从只会小号的 2 人中选出，故这类选法共有 $6\times2=12$ 种.

综上可知，共有 20 种不同的选法.

【例 2】 现要安排一份 5 天值班表，每天有一个人值班，共有 5 个人，每个人都可以值多天班或不值班，但相邻两天不能由同一个人值班，问此值班表有多少种不同的排法？

解 分 5 步进行：

第一步：先排第一天，可排 5 人中的任一个，有 5 种排法；

第二步：再排第二天，此时不能排第一天的人，有 4 种排法；

第三步：再排第三天，此时不能排第二天的人，有 4 种排法；

第四步：同前；

第五步：同前.

由分步计数原理可得不同排法有 $5\times4\times4\times4\times4=1\ 280$ 种.

【例 3】 (1)用 0,1,2,…,9 可以组成多少个 8 位号码；

(2)用 0,1,2,…,9 可以组成多少个 8 位整数；

(3)用 0,1,2,…,9 可以组成多少个无重复数字的 4 位整数；

(4)用 0,1,2,…,9 可以组成多少个可以有重复数字的 4 位整数；

(5)用 0,1,2,…,9 可以组成多少个无重复数字的 4 位奇数.

解 (1) $10\times10\times10\times10\times10\times10\times10\times10=10^8$.

(2) $9\times10\times10\times10\times10\times10\times10\times10=9\times10^7$.

(3) $9\times9\times8\times7=4\ 536$.

(4) $9\times10\times10\times10=9\ 000$.

(5)先定个位，再定千位，最后定百、十位，即 $5\times8\times8\times7=2\ 240$.

排列

从 n 个不同元素里每次取出 $r(r\leqslant n)$ 个元素，按一定顺序排成一列，称为从 n 个元素里每次取 r 个元素的排列，这里 n 和 r 均为正整数（以下同），我们关心的是可以做成不同排列的个数，即排列数. 当 $r<n$ 时称为选排列，而当 $r=n$ 时称为全排列. 我们分别记为 A_n^r 与 A_n^n.

利用乘法原理不难得到：　$A_n^r=n(n-1)(n-2)\cdots(n-r+1)$，

$A_n^n=n(n-1)(n-2)\cdots3\cdot2\cdot1$.

由阶乘的定义及　$n!=1\cdot2\cdot3\cdots(n-1)\cdot n$ 及 $0!=1$，

从而有 $A_n^n=n!$ 及 $A_n^r=\dfrac{n!}{(n-r)!}$.

【例 4】 某信号兵用红、黄、蓝 3 面旗从上到下挂在竖直的旗杆上表示信号，每次可以任意挂 1 面、2 面或 3 面，并且不同的顺序表示不同的信号，一共可以表示多少种不同的信号？

解　分 3 类：第一类用 1 面旗表示的信号有 A_3^1 种；

第二类用 2 面旗表示的信号有 A_3^2 种；

第三类用 3 面旗表示的信号有 A_3^3 种，

由分类计数原理，所求的信号种数是：

$A_3^1+A_3^2+A_3^3=3+3\times2+3\times2\times1=15$.

【例 5】 将 4 位司机、4 位售票员分配到四辆不同班次的公共汽车上，每一辆汽车分别有一位司机和一位售票员，共有多少种不同的分配方案？

解　这个问题可以分为两步：

第一步：把 4 位司机分配到四辆不同班次的公共汽车上，即从 4 个不同元素中取出 4 个元素排成一列，有 A_4^4 种方法；

第二步：把 4 位售票员分配到四辆不同班次的公共汽车上，也有 A_4^4 种方法，

利用分步计数原理即得分配方案的种数共有 $A_4^4\cdot A_4^4=576$（种）.

组合

从 n 个不同元素中每次取出 r 个元素，构成的一组，称为从 n 个元素里每次取出 r 个元素的组合. 我们关心的是可以做成不同组合的个数，即组合数，记作 C_n^r.

我们利用排列与组合的联系来求组合数. 一般地，求从 n 个不同元素中取出 r 个元素的排列数，可以分为以下两步：

第一步，先求出从这 n 个不同元素中取出 r 个元素的组合数；

第二步，求每一个组合中 r 个元素的全排列数.

根据分步计数原理，得到：$A_n^r=C_n^r\cdot A_r^r$，

∴
$$C_n^r=\frac{A_n^r}{A_r^r},$$

$$C_n^r=\frac{A_n^r}{A_r^r}=\frac{n(n-1)(n-2)\cdots(n-r+1)}{r!}=\frac{n!}{r!\ (n-r)!},$$

这里 $m,n\in\mathbf{N}^*$，且 $m\leqslant n$，这个公式叫做组合数公式.

组合数的性质：(1)$C_n^m=C_n^{n-m}$； (2)$C_{n+1}^m=C_n^m+C_n^{m-1}$.

【例 6】 工厂现有 6 个工人，按下列条件，各有多少种分法？

(1)分为三组，每组 2 人；

(2)分为三组，一组 1 人，一组 2 人，一组 3 人；

(3)分配到甲、乙、丙三个不同的车间，每车间 2 人；

(4)分配到甲、乙、丙三个不同的车间，一车间 1 人，一车间 2 人，一车间 3 人.

解 (1)$C_6^2=15$(种).

(2)$C_6^1C_5^2C_3^3=60$(种).

(3)把 6 个人分到甲、乙、丙 3 车间，每车间 2 人，相当于把 6 个人先分成三组，再把分得的三组分给甲、乙、丙三车间，所以为 $C_6^2\cdot A_3^3=90$(种).

或者分步取：设有甲、乙、丙三车间，先甲取 C_6^2，然后乙取 C_4^2，最后丙取 C_2^2，

∴分法数为 $C_6^2C_4^2C_2^2=90$(种).

(4)$C_6^1C_5^2C_3^3A_3^3=360$(种).

巩固练习

1. 在由电键组 A 与 B 所组成的并联电路与串联电路中，如图 6-1，要接通电源，使电灯发光的方法分别各有多少种？

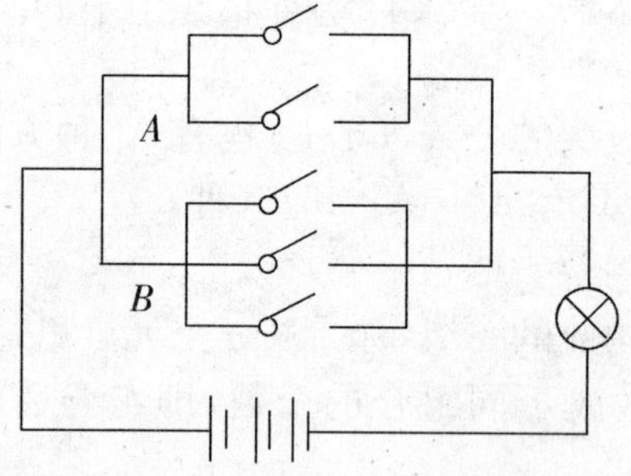

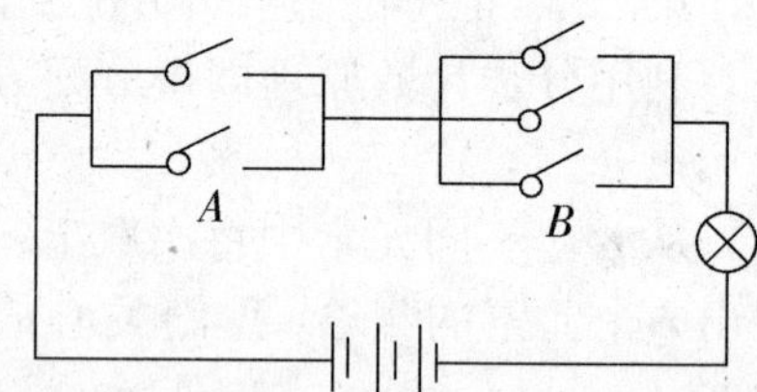

图 6-1

2. 书架的第 1 层放有 4 本不同的计算机书，第 2 层放有 3 本不同的文艺书，第 3 层放有 2 本不同的体育书. 问

(1)从书架上任取 1 本书，有多少种不同的取法？

(2)从书架的第 1,2,3 层各取 1 本书，有多少种不同的取法？

3. 一种号码锁有 4 个拨号盘，每个拨号盘上有从 0 到 9 共 10 个数字，这 4 个拨号盘可以组成多少个四位数字的号码？

4. 若 x,y 可以取 1,2,3,4,5 中的任一个,则点(x,y)的不同个数有多少?

5. 某年全国足球甲级(A 组)联赛共有 14 队参加,如果要求每队都要与其余各队在主客场分别比赛 1 次,则需共进行多少场比赛才能满足这要求?

6. 从 4 种蔬菜品种中选出 3 种,分别种植在不同土质的 3 块土地上进行试验,有多少种不同的种植方法?

7. 某段马路上有 7 盏路灯,为了节约用电,现关掉其中的 2 盏,但要求关掉的路灯不能相邻,且不在马路的两端,那么关灯的不同方案共有多少种?

8. 学校准备把 12 个三好学生的名额分给高二 10 个班,每班至少 1 个名额,有多少种不同的分配方案?

9. 甲、乙、丙、丁四人站成一排,甲不站在排头,乙不站在排尾的站法有多少种?

10. 编号为 1,2,3,4,5,6 的六个人分别去坐编号为 1,2,3,4,5,6 的六个座位,其中有且只有两人的编号与座位号一致,有多少种不同的安排方法?

11. 学生要从六门课中选学两门:

(1)有两门课时间冲突,不能同时学,有几种选法?

(2)有两门特别的课,至少选学其中的一门,有几种选法?

§6.2　随机事件与概率

基础知识

随机试验、随机事件的概率

随机试验:概率论是一门研究随机现象量的规律性的数学学科.为了研究随机现象,就要对客观事物进行观察和试验,我们把这种观察和试验统称为试验.概率论中所研究的试验具有下列特点:

(1)可以在相同的条件下重复进行;

(2)试验的可能结果不止一个,并且在试验前能明确所有可能的结果;

(3)试验前无法预知哪一个结果出现.

我们把具有上述特点的试验称为随机试验.在重复进行试验时个别结果发生与否具有偶然性,但重复试验次数相当大时,总有某种规律性出现,称为统计规律性.

例如:抛一枚均匀硬币,观察其出现正、反面朝上情况,一次试验就是抛一枚硬币,这是随机试验,试验的可能结果有两个:出现正面、出现反面.

在试验前无法断言哪个结果出现，但重复多次后，“出现正面”这个结果的相对频率却呈现出稳定性(即接近0.5)，这便是规律.

随机事件：粗略定义——在随机试验中可能发生的结果或可能不发生的结果称为随机事件，简称为事件，常用字母 A,B,C 表示.

如：抛一枚均匀硬币，“正面朝上”这个事件(记作 A)是一个随机事件，简写为

$$A=\text{“正面朝上”},\text{同样地，有 } B=\text{“正面朝下”}.$$

为研究方便起见，事件之间的关系及运算利用集合工具是有益的.

常用与最基本事件：

基本事件：随机试验中的每一个最简单且不能再分解的结果称为基本事件，简称事件.

例如：掷一枚骰子这一试验，出现“1点”，“2点”，“3点”，“4点”，“5点”，“6点”，都是基本随机事件，可分别用 $A_i=$“i点”$(i=1,2,\cdots,6)$表示.

复合事件：在一个试验中，有些结果由两个或两个以上基本事件复合而成，称它为复合随机事件. 简称复合事件.

例如：掷一枚骰子这一试验，出现偶数点是一复合事件，它是由出现“2点”，“4点”，“6点”三个基本事件，而且当且仅当上述三个基本随机事件中的一个发生，“出现偶数点”这一复合随机事件就发生，可用 $A_2+A_4+A_6$ 表示.

必然事件：在一定条件下必然会发生的事情称之为必然事件，记为 Ω.

不可能事件：在一定条件下必定不会发生的事情称为不可能事件，记为 $\varnothing$.

注：(1)随机事件、必然事件、不可能事件都是相对一定试验条件而言，例如：掷一枚骰子这一试验，出现“7点”是不可能事件，但如果试验条件改为掷两枚骰子就不是不可能事件；

(2)为讨论方便，必然事件、不可能事件都视为随机事件，作为极端情况.

样本点与样本空间

样本点：随机试验的每一个可能结果称为一个样本点，记为 ω.

样本空间：由所有样本点组成的集合称为样本空间或称为基本事件空间，记为 Ω.

样本空间也就是必然事件，这是因为在每次试验必然出现 Ω 中的某个基本事件，也即必然发生，因此，仍用 Ω 表示，而任何一个随机事件 A 都是样本空间 Ω 的一个子集.

【例1】 在抛硬币实验中，

令 $\omega_1=$“正面朝上”，$\omega_2=$“正面朝下”，则有 $\Omega=\{\omega_1,\omega_2\}$；

又若令 $0=$“正面朝上”，$1=$“正面朝下”，则有 $\Omega=\{0,1\}$.

【例2】 从标号为 $1,2,\cdots,10$ 的十个完全相同的球中任取一个，

令 ω_i ="取得 i 号球"($i=1,2,\cdots,10$),则样本空间 $\Omega=\{\omega_1,\omega_2,\cdots,\omega_{10}\}$.

【例 3】 掷两枚骰子,其样本空间

$$\Omega=\begin{Bmatrix}(1,1),(1,2),\cdots,(1,6),\\(2,1),(2,2),\cdots,(2,6),\\\cdots\\(6,1),(6,2),\cdots(6,6)\end{Bmatrix},$$共有 36 个样本点.

【例 4】 你的一个同学约定在某天晚上 7 点到 8 点之间来你家作客.

令 ω_t ="来到你家的时间",则 $\Omega=\{\omega_t\mid 19\leqslant\omega_t\leqslant 20\}$.

事件的关系和运算

事件的关系和运算与集合的关系和集合的运算相对应,如表 6-1 所示.

表 6-1

B 包含 A	$A\subset B$ 或 $B\supset A$	A 发生,则 B 必发生	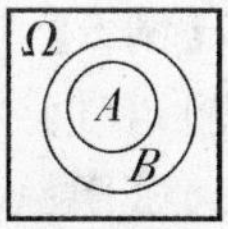 Ω A B
A 与 B 的和(并)	$A+B$ 或 $A\cup B$	A 与 B 中至少发生一个	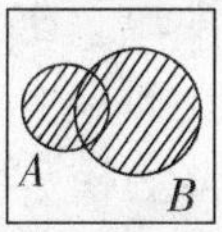 A B
A 与 B 的积(交)	AB 或 $A\cap B$	A 与 B 同时发生	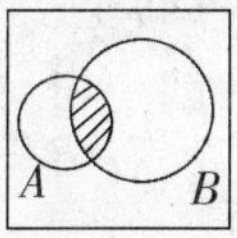 A B
A 与 B 的差	$A-B$	A 发生而事件 B 不发生	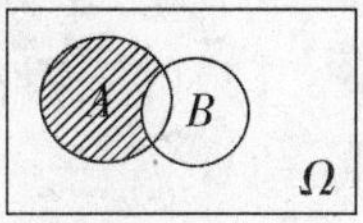 A B Ω
A 与 B 互斥(互不相容)	$AB=\varnothing$ 或 $A\cap B=\varnothing$	A 与 B 不能同时发生	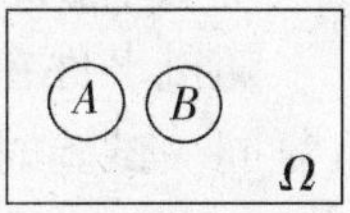 A B Ω
A 与 B 对立(A 的对立事件记为 $\overline{A}$,则 $\overline{A}=B$)	$A\cap B=\varnothing$ 且 $A\cup B=\Omega$	A,B 不能同时发生,即 A 发生 B 一定不发生,B 发生 A 一定不发生	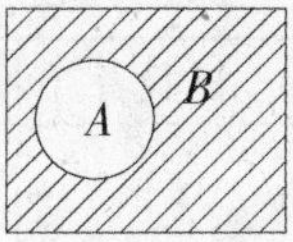 A B

注:(1)事件 A 与 B 相等:$A=B\Leftrightarrow A\subset B$ 且 $B\subset A$;

(2)n 个事件可列无限个事件:

和——$A_1+A_2+\cdots+A_n$ 或 $\bigcup\limits_{i=1}^{n}A_i$($A_1,A_2,\cdots,A_n$ 中至少有一个发生);

积——$A_1A_2A_3\cdots A_n$ 或$\bigcap\limits_{i=1}^{n}$($A_1,A_2,\cdots,A_n$ 同时发生)；

(3)完备事件组：若 n 个事件 $A_1,A_2,\cdots,A_n$ 两两互斥(即任意两个事件是互不相容，满足当 $i\neq j$ 时，$A_i\cap A_j=\varnothing(i,j=1,2,\cdots,n)$)，且 $A_1+A_2+\cdots+A_n=\Omega$，则称这 n 个事件构成一个完备事件组.

事件的运算满足以下规律：

交换律：$A+B=B+A,AB=BA$；

结合律：$(A+B)+C=A+(B+C),(AB)C=A(BC)$；

分配率：$(A+B)C=AC+BC$；

得摩根定律：$\overline{A+B}=\overline{A}\cdot\overline{B},\overline{\sum\limits_{i=1}^{n}A_i}=\prod\limits_{i=1}^{n}\overline{A}_i,\overline{\bigcup\limits_{i=1}^{n}A_i}=\bigcap\limits_{i=1}^{n}\overline{A}_i$，

$\overline{AB}=\overline{A}+\overline{B},\overline{\prod\limits_{i=1}^{n}A_i}=\sum\limits_{i=1}^{n}\overline{A}_i,\overline{\bigcap\limits_{i=1}^{n}A_i}=\bigcup\limits_{i=1}^{n}\overline{A}_i$.

【例 5】 从一批产品中每次取出一个产品进行检验，取出后不再放回(不返回式)，我们令 A_i：“第 i 次取到合格品”，$i=1,2,3$，(即如 A_1：“第一次取到合格品”.)试用 A_1,A_2,A_3 表示下列事件：

(1)三次均取到合格品；

(2)至少有一次取到合格品；

(3)恰好有两次取到合格品；

(4)至多有一次取到合格品.

解 (1)是积事件，即 $A_1A_2A_3$.

(2)(看到至少有一次，首先想到和事件)$A_1\cup A_2\cup A_3$.

(3)$A_1A_2\overline{A}_3+A_1\overline{A}_2A_3+\overline{A}_1A_2A_3$.

(4)可能零次或一次取到合格品，可表为 $\overline{A}_1\overline{A}_2\overline{A}_3+\overline{A}_1A_2\overline{A}_3+\overline{A}_1A_2\overline{A}_3+\overline{A}_1\overline{A}_2A_3$.

随机事件的概率

随机事件在一次具体的试验中是否发生，虽然不能预先知道，但是，当大量重复同一试验时，随机现象却呈现出某种规律，即所谓统计规律性.

如：历史上有人作过成千上万次投掷硬币实验，下表列出他们的试验记录：

试验者	抛硬币次数 n	“正面朝上”次数 m	“正面朝上”频率
摩根	2 048	1 061	0.518 1
蒲丰	4 040	2 048	0.506 9
皮尔逊	12 000	6 019	0.501 6
皮尔逊	24 000	12 012	0.500 5
维尼	30 000	14 994	0.499 8

容易看出,投掷次数越多,正面向上的频率越接近 0.5,其中

$$事件 A 发生的频率=\frac{事件 A 发生的次数}{实验的总次数}=\frac{频数}{实验的总次数}.$$

我们将事件发生的可能性大小只停留在定性了解是不够的,下面给出事件发生的可能性大小的客观的定量描述,称为事件发生的概率.

概率的统计定义

在不变的一组条件 S 下,重复作 n 次试验,记 μ 是 n 次试验中事件 A 发生的次数.当试验的次数 n 很大时,如果频率 $\frac{\mu}{n}$ 稳定在某一数值 p 的附近摆动,而且随着试验次数增多,这种摆动的幅度越变越小,则称数值 p 为事件 A 在条件 S 下发生的概率,记作

$$P(A)=p.$$

这里,频率的稳定性是概率的一个直观朴素的描述,通常称为**概率的统计定义**.但必须指出,事件的频率是带有随机性的,这是由事件本身的随机性所决定.而事件的概率,却是一个客观存在的实数,是不变的.

古典概型

抛一枚均匀硬币,落地后正反两个面都有可能朝上,且朝上的机会均等.同理,若盒中有 1 个白球,9 个红球,从中任取 1 球是白球,这一事件的概率是 $\frac{1}{10}$.这是因为盒中有 10 个球,每个球被取到的机会是均等的,白球只占 $\frac{1}{10}$,所以取到白球的概率是 $\frac{1}{10}$.这是一种将比例与概率对应起来的思考方法.这种用"等可能的条件"计算概率的例子很多,而且其中等可能性发生的事件只有有限个,每次试验只有一个事件发生.这种计算概率的模型,就是**古典概型**,计算公式为:

如果试验只有 n 个等可能结果,且每次试验只有一种等可能结果发生,其中导致事件 A 出现的结果有 k 个,则事件 A 发生的概率为

$$P(A)=\frac{A 包含的等可能结果数 k}{等可能结果的总数 n}=\frac{k}{n}.$$

法国数学家拉普拉斯(Laplace)在 1812 年把上式作为概率的一般定义.现在通常称它为概率的古典概型的定义,因为它只适用于古典概型场合.可见,对于古典概型,只要弄清楚等可能结果总数和导致事件 A 出现的结果数,便可以求得事件 A 的概率.这样就将求概率的问题转化成计数问题.

归纳古典概型为:(1)一个随机试验,只能有有限个基本事件(有限性);

(2)每个基本事件发生的可能性(概率)相等(等概性).

计算古典概型的概率问题,要做到:

(1)首先弄清楚一个试验有多少个基本事件,即 n 等于多少;

(2)考察事件 A 所包含的基本事件个数,即 k 等于多少;

(3)将 n 和 k 代入公式得:

$$P(A)=\frac{A\text{ 包含的等可能结果数 }k}{\text{等可能结果的总数 }n}=\frac{k}{n}.$$

【例 6】 袋里有 2 个白球和 3 个黑球.从袋里任意取出一球,求它是白球的概率.

解 "从袋里任意取出一球"这一试验是古典概型的,且基本事件总数 $n=5$,取到白球的基本事件数 $m=2$,故 $P(A)=\frac{2}{5}$.

把白球换为合格产品,黑球换为废品,则这个摸球模型就可以描述产品抽样检验问题.这种模型化的方法把表面上不同的问题归类于相同的模型之中,能使问题更消楚,更易于计算.

【例 7】 如图 6-2,把 a,b 两个球随机地放到编号为Ⅰ,Ⅱ,Ⅲ的三只盒子里,求盒子Ⅰ中没有球的概率.

解 这是一个古典概型问题,把 a,b 两球随机地放到编号为Ⅰ,Ⅱ,Ⅲ的三只盒子里,基本事件总数 $n=3^2=9$.

设 A="盒子 I 中没有球",

则事件 A 包含的基本事件数

$m=2^2=4$.

∴ $P(A)=\frac{4}{9}$.

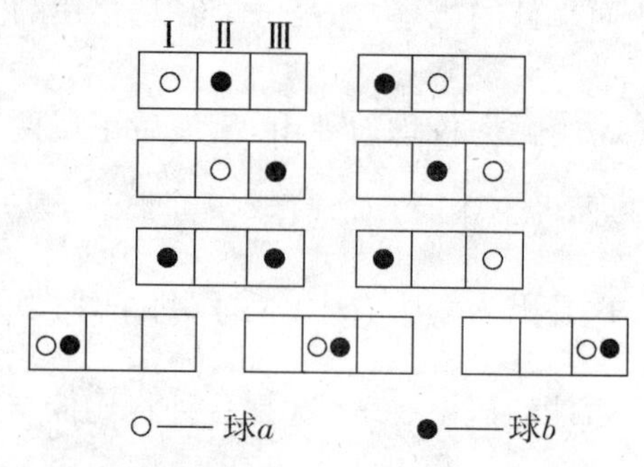

图 6-2

【例 8】 有一个口袋内装 a 只白球,b 只黑球,它们除颜色不同外,外形完全一样,从袋中现任意摸出 2 个球,求:

(1)摸出 2 个球都是白球的概率;

(2)摸出一个白球、一个黑球的概率.

解 这口袋共有 $a+b$ 只球,从袋了中任意摸出 2 个球的基本事件总数为 $n=C_{a+b}^2$.

(1)摸出 2 个球都是白球基本事件数 $m_1=C_a^2$,

∴摸出 2 个球都是白球的概率 $P=\frac{m_1}{n}=\frac{C_a^2}{C_{a+b}^2}$.

(2)摸出一个白球、一个黑球的基本事件数 $m_2=C_a^1C_b^1=ab$,

∴摸出一个白球、一个黑球的概率 $P=\frac{m_2}{n}=\frac{ab}{C_{a+b}^2}$.

若把黑球作为废品,白球作为好品,则这个摸球模型就可以描述产品抽样.

如产品分为更多等级，例如：一等品、二等品、三等品、等外品等等，则可用装有多种颜色的球的口袋的摸球模型来描述.

巩固练习

1. 指出下列事件中，哪些是必然事件、不可能事件、随机事件？

(1){北京明年五月一日的最高温度不低于 24℃}；

(2){没有水分，种子仍然发芽}；

(3){某公共汽车站恰有 5 个人等候公共汽车}；

(4){上抛一个物体，经过一段时间，这物体落在地面上}；

(5){从一副扑克牌中任取一张是 A}；

(6){明年亚洲没有里氏 5 级以上的地震}；

(7){下个月某电视机厂生产的电视机都是合格品}；

(8){一批产品中有正品，有次品. 任取一件是次品}；

(9){这只大猩猩能活 50 年}.

2. 对飞机连续射击两次，每次发射一枚炮弹. 设

$A_1=$\{第一次射击击中飞机\}；　　$A_2=$\{第二次射击击中飞机\}.

试用事件 A_1, A_2 以及它们的对立事件表示以下事件：

$B=$\{两次都击中飞机\}；　　$C=$\{两次都没有击中飞机\}；

$D=$\{恰有一次击中飞机\}；　　$E=$\{至少有一次击中飞机\}.

并指出 B,C,D,E 事件中，哪两个是互不相容事件？哪两个是对立事件？

3. 对一批含有一定数量次品的元器件进行抽检，用 A 表示"被抽检的 5 件产品中至少有 1 件次品"，B 表示"被抽检的 5 件产品中全为正品". 试问：事件 $A+B$ 和 AB 各表示什么？

4. 随机点落在区间 $[a,b]$，这一事件记为 $\{x|a\leqslant x<b\}$. 设

$U=\{x|-\infty<x<+\infty\}$，　$A=\{x|0\leqslant x<2\}$，　$B=\{x|0\leqslant x<3\}$，

试用区间表示下列事件：(1)$A+B$；(2)AB；(3)$B-A$；(4)$\overline{A}B$.

5. 从 1,2,3,4,5,6,7,8,9 这九个数中任取一个，求这个数能被 2 或者 3 除尽的概率.

6. 从 0,1,2,3,4,5,6,7,8,9 这十个数中任意取出两个，求两数的和等于 3 的概率.

7. 从 5 个球(其中 3 个红球，2 个黄球)中任取 2 个球，求

(1)2 个球都是红球的概率；

(2)2 个球都是黄球的概率；

(3)恰有黄球、红球各 1 个的概率.

8. 假设有 10 个人，分别佩戴 1～10 号的徽章，从这 10 个人中任选 3 名，求所戴徽章最大号码为 5 的概率.

§6.3 概率的运算

☞基础知识

概率的性质

1. $0 \leqslant P(A) \leqslant 1$；

2. $P(\Omega)=1$；$P(\varnothing)=0$；

3. 如果事件 A，B 是互不相容，即 $A \cap B=\varnothing$，则有 $P(B+A)=P(B)+P(A)$. 若 n 个事件 $A_1, A_2, \cdots, A_n$ 两两互不相容(或互斥)，则

$$P(A_1+A_2+\cdots+A_n)=P(A_1)+P(A_2)+\cdots+P(A_n),$$

特别地 $P(A+\overline{A})=P(A)+P(\overline{A})=1$；

4. 对任意事件 A，有 $P(\overline{A})=1-P(A)$；

5. 若 $A \subset B$，则 $P(B-A)=P(B)-P(A)$，且 $P(B) \geqslant P(A)$；

6. 对任意的事件 A，B，有 $P(A+B)=P(A)+P(B)-P(AB)$. 推广如下：$P(A+B+C)=P(A)+P(B)+P(C)-P(AB)-P(BC)-P(AC)+P(ABC)$.

【例 1】 三个工厂各有男女职工人数为：

性别 / 厂名	男	女
第一分厂	400	100
第二分厂	350	50
第三分厂	250	50

若从中任抽 1 名职工，问该职工是女工或第三分厂职工的概率是多少？

解 设 $A=\{$抽到女工$\}$，$B=\{$抽到三分厂工人$\}$，则

$$P(A+B)=P(A)+P(B)-P(AB)$$

$$=\frac{200}{1\ 200}+\frac{300}{1\ 200}-\frac{50}{1\ 200}=\frac{450}{1\ 200}=\frac{3}{8}.$$

【例 2】 盒中有 7 个棋子(4 白 3 黑)，从中任取 3 个，求能取到白色棋子的概率.

解　(方法一)　设 $A_i=\{$恰好取到 i 个白色棋子$\}$, $i=1,2,3$.

因为 A_1, A_2, A_3 互不相容,则所求概率为

$$P(A_1+A_2+A_3)=P(A_1)+P(A_2)+P(A_3)$$
$$=\frac{C_4^1C_3^2}{C_7^3}+\frac{C_4^2C_3^1}{C_7^3}+\frac{C_4^3}{C_7^3}=0.971.$$

(方法二)　设 $B=\{$所取 3 个棋子全是黑色棋子$\}$, $C=\{$取到白色棋子$\}$,

所求概率为 $P(C)=P(\overline{B})=1-P(B)=1-\frac{C_3^3}{C_7^3}=1-\frac{1}{35}=0.971$.

条件概率

引例:一周的天气情况如下:

周日	日	一	二	三	四	五	六
预报	晴	阴	雨	雨	雨	晴	雨
实际	晴	雨	阴	雨	雨	晴	晴

设 A 表示预报有雨的事件, B 表示实际下雨的事件,

则有: $P(A)=\frac{4}{7}$, $P(B)=\frac{3}{7}$, $P(AB)=\frac{2}{7}$.

P(在预报有雨的情况下,实际也有雨)$=\frac{2}{4}$.

$P(B|A)=\frac{2}{4}=\frac{1}{2}$就是事件 A 已经发生的前提下,事件 B 发生的概率.

$P(B|A)=\frac{2}{7}\Big/\frac{4}{7}=\frac{P(AB)}{P(A)}$.

一般地,在事件 A 发生的条件下,事件 B 发生的概率,记为 $P(B|A)$,称为事件 B 对 A 的条件概率,且有公式 $P(B|A)=\frac{P(AB)}{P(A)}(P(A)\neq 0)$.

$$P(AB)=P(B|A)P(A)(P(A)\neq 0)$$
$$=P(A|B)P(B)(P(B)\neq 0)$$——称为**概率乘法公式**.

【例 3】　已知某射手连续打 2 枪,2 枪中靶的概率为 0.5,第 1 枪不中靶的概率是 0.3,第 2 枪不中靶的概率是 0.4,求第 1 枪中靶的情况下第 2 枪也中靶的概率.

解　设 $A=\{$第 1 枪打中靶$\}$, $B=\{$第 2 枪打中靶$\}$.

由题设知 $P(\overline{A})=0.3$, $P(\overline{B})=0.4$, $P(AB)=0.5$,所求为 $P(B|A)$.

$$P(B|A)=\frac{P(AB)}{P(A)}=\frac{0.5}{1-P(\overline{A})}=\frac{0.5}{0.7}=\frac{5}{7}.$$

事件的独立性

引例:某检修工人负责甲、乙两个车间机器的检修. 已知甲车间机器需要检

修的概率是 0.2,乙车间机器需要检修的概率是 0.15,求检修工人空闲的概率.

解 设 A=\{甲车间不需要检修\},B=\{乙车间不需要检修\},则所求概率为$P(AB)$.

若事件 A,B 满足 $P(AB)=P(A)P(B)$,则称**事件 A,B 相互独立**,则有 $P(B|A)=P(B),P(A|B)=P(A)$;

反之,有 $P(AB)=P(A)P(B)$,则 A 与 B 独立.

下面我们再来讨论引例.

因为 A 与 B 独立,故由概率乘法公式 $P(AB)=P(B|A)P(A)$可得:

$P(AB)=P(A)P(B)=(1-0.2)(1-0.15)=0.68$.

关于事件的独立性有结论:

若四对事件 A 与 B;A 与 $\overline{B}$;$\overline{A}$ 与 B;$\overline{A}$ 与 $\overline{B}$ 中有一对独立,则另外三对也独立(即这四对事件或者都独立,或者都不独立).

为判断事件的独立性提供了方便.

【例 4】 某项招生考试时,需通过三项考核,三项考核的通过率分别为 0.6,0.8,0.85.求招生考试的淘汰率.

解 设 A=\{通过第一项考核\},B=\{通过第二项考核\},C=\{通过第三项考核\},被录取为 ABC,被淘汰为$\overline{ABC}$,

$$\begin{aligned}所求为\ P(\overline{ABC})&=1-P(ABC)\\&=1-P(A)P(B)P(C)\\&=1-0.6\times0.8\times0.85=0.592.\end{aligned}$$

【例 5】 (系统的可靠性问题)一个元件(或系统)能正常工作的概率称为元件(或系统)的可靠性.在一个系统中安装 3 个元器件,如图 6-3.每个元器件的可靠性是 0.9.求系统的可靠性.

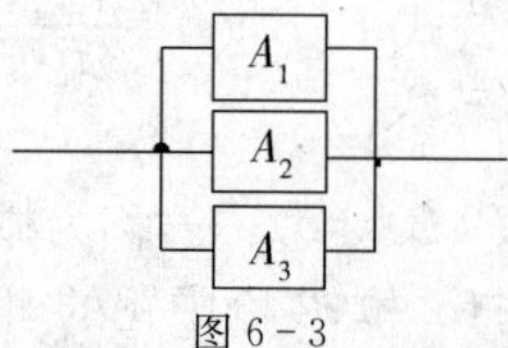

图 6-3

解 三个元器件是并联的,所以只要有一个元器件工作,则系统就可工作.设 A_i=\{元器件 A_i 正常工作\}$(i=1,2,3)$,则 $P(A_i)=0.9(i=1,2,3)$.

设 B=\{系统正常工作\},则

$$\begin{aligned}P(B)&=P(A_1+A_2+A_3)\\&=1-P(\overline{A_1+A_2+A_3})=1-P(\overline{A}_1\overline{A}_2\overline{A}_3).\end{aligned}$$

因为 A_1,A_2,A_3 独立,故有

$$P(B)=1-P(\overline{A}_1)P(\overline{A}_2)P(\overline{A}_3)=1-(0.1)^3=0.999.$$

n 重伯努利实验

在相同的条件下，将同一个试验重复做 n 次，且这 n 次试验是相互独立的，每次试验的结果为有限个，这样的 n 次试验称作 n 次独立试验概型. 特别是，每次试验的结果只有两种可能时，这样的 n 次独立试验概型称作 n 重贝努利概型.

【例 6】 某人对一目标独立地进行 $n=3$ 次射击，每次击中目标的概率为 p $(0<p<1)$，未击中目标的概率为 $q(q=1-p)$，试求在 $n=3$ 次射击中，恰有 $k=2$ 次击中目标的概率.

解 设 $A=\{击中\}$，$\overline{A}=\{未击中\}$，则 $P(A)=p$，$P(\overline{A})=q$.

3 次射击中恰有 2 次击中的可能事件：$AA\overline{A}$，$A\overline{A}A$，$\overline{A}AA$.

$$P(AA\overline{A})=P(A\overline{A}A)=P(\overline{A}AA)=p^2q.$$

3 次射击恰有 2 次击中的概率：

$$P(AA\overline{A}+A\overline{A}A+\overline{A}AA)=P(AA\overline{A})+P(A\overline{A}A)+P(\overline{A}AA)=3p^2q=C_3^2p^2q.$$

定理(独立试验序列概型计算公式)

设单次试验中，事件 A 发生的概率为 $p(0<p<1)$，则在 n 次重复试验中事件 A 恰好发生 k 次的概率为

$$P_n(k)=C_n^kp^kq^{n-k}(k=0,1,2,\cdots,n),\quad q=1-p.$$

【例 7】 某工厂生产的一批产品中，已知有 10%的次品，进行有放回地抽样检查. 如果共取 4 个产品，求其中次品数等于 0,1,2,3,4 的概率.

解 $\because n=4, p=10\%=0.1, q=1-0.1=0.9$，

$\therefore P_4(0)=C_4^0p^0q^4=(0.9)^4=0.656\,1$，

$P_4(1)=C_4^1p^1q^3=4\times0.1\times(0.9)^3=0.291\,6$，

$P_4(2)=C_4^2p^2q^2=6\times(0.1)^2\times(0.9)^2=0.048\,6$，

$P_4(3)=C_4^3p^3q^1=4\times(0.1)^3\times0.9=0.003\,6$，

$P_4(4)=C_4^4p^4q^0=(0.1)^4=0.000\,1$.

【例 8】 某气象站天气预报的准确率为 80%，试计算 5 次预报中恰有 4 次准确的概率(结果保留两位有效数字).

解 设 $A=\{预报一次，结果准确\}$. 预报 5 次相当于做 5 次独立试验，

$P_5(4)=C_5^4\times0.8^4\times(1-0.8)^{5-4}=5\times0.8^4\times0.2\approx0.41$.

巩固练习

1. 袋中有红、黄、白色球各一个，每次任取一个，然后放回. 若连取三次，求取到的三个球中没有红色球或没有黄色球的概率.

2. 设有三个随机事件 A,B,C，已知 $P(A)=P(B)=P(C)=\dfrac{1}{4}$，$P(AB)=P(BC)=0$，$P(AC)=\dfrac{1}{8}$，求 A,B,C 至少一个发生的概率.

3. 一批种子的发芽率为 0.9，出芽后的幼苗成活率为 0.8. 在这批种子中，随机抽取一粒，求这粒种子能成长为幼苗的概率.

4. 盒中有 5 个乒乓球，其中 3 个新的，2 个旧的. 每次取一球，依次连续无放回地取两次. 求：

(1)第一次取到新球的概率；

(2)当第一次取到新球时，第二次取到新球的概率；

(3)两次都取到新球的概率.

5. 用三台机床制造一部机器的三种零件，机床的不合格产品率分别为 0.2，0.3，0.1. 从它们的产品中各任取一件进行检验，求所取三个产品都是不合格品的概率.

6. 一个工人看管三台机床，在 1 h 内不需要工人照管的概率：第一台为 0.9，第二台为 0.8，第三台为 0.7，求在 1 h 内，

(1)三台机床都不需要工人照管的概率；

(2)三台机床中至多有一台需要工人照管的概率.

7. 甲、乙二人独立地射击同一个目标，命中的概率分别为 0.9 和 0.8. 现在每人射击一次，求下列事件的概率：

(1)二人都命中；　　(2)甲命中而乙未命中；

(3)目标被击中；　　(4)只有一人命中.

§6.4 数据处理

基础知识

重要的特征数

我们把所研究对象的全体称为**总体**，而组成总体的基本单位称为**个体**. 从总体中抽取出来的个体称为**样品**，若干个样品组成的集合称为**样本**，一个样本中所含样品的个数称为**样本容量**(或大小)，n 个样品组成的样本用 $x_1,x_2,\cdots,x_n$ 表示. 我们把样品的取值称为**样品值**，样本的取值称为**样本值**，也称为**样本数据**.

(1)**均值**：给定一组数据 $x_1,x_2,\cdots,x_n$，称 $\bar{x}=\dfrac{1}{n}(x_1+x_2+\cdots+x_n)=\dfrac{1}{n}\sum\limits_{i=1}^{n}x_i$ 为数据 $x_1,x_2,\cdots,x_n$ 的均值.

(2)**加权平均数**：给定一组数据 $x_1,x_2,\cdots,x_n$ 和一组正数 $p_1,p_2,\cdots,p_n$，且

$\sum_{i=1}^{n} p_i=1$，称 $\overline{x}=x_1p_1+x_2p_2+\cdots+x_np_n=\sum_{i=1}^{n} x_ip_i$ 为 $x_1,x_2,\cdots,x_n$ 的加权平均数，p_i 称为 x_i 的权.

(3)**中位数**：将一组有限个数据 $x_1,x_2,\cdots,x_n$，按由小到大的次序排成数列，记为 $x_1^*,x_2^*,\cdots,x_n^*$.

(ⅰ)当 n 为奇数时，处于中间位置的数称为中位数，此时中间位置是 $M=\frac{n+1}{2}$，中位数就是 x_M^*；

(ⅱ)当 n 为偶数时，中间位置有两个数 $x_{\frac{n}{2}}^*$ 和 $x_{\frac{n}{2}+1}^*$，它们的平均值就是中位数，即 $x_M^*=\frac{x_{\frac{n}{2}}^*+x_{\frac{n}{2}+1}^*}{2}$.

【例 1】 统计 20 名学生的考试成绩情况如下：

成绩	100	98	97	95
人数	10	6	3	1

求这 20 人的平均成绩.

解 （错误算法 $\frac{100+98+97+95}{4}=97.5$.）

20 名学生的平均成绩为 $\frac{100\times10+98\times6+97\times3+95\times1}{20}=98.7$，

或：$100\times\frac{10}{20}+98\times\frac{6}{20}+97\times\frac{3}{20}+95\times\frac{1}{20}=98.7$.

在一些问题中，光依靠数据的平均数这个特征数不足以说明问题，还要依靠其他重要的特征数，这就是方差和标准差. 那么什么是方差和标准差呢？先看一个例子.

【例 2】 两个厂生产同类产品，各抽取二袋产品检查净重（单位：g），结果为：

	样品一	样品二	均值
甲厂	100	100	100
乙厂	150	50	100

标准重为 100g 的产品，比较两厂的产品质量.

解 甲厂：$x_1=100$ g，$x_2=100$ g，$\overline{x}=100$ g；

乙厂：$y_1=150$ g，$y_2=50$ g，$\overline{y}=100$ g，

两个厂家生产的产品的均值是相同的，但是与标准重量 100 g 是有偏差的：

甲厂：$\frac{1}{2}[(x_1-\overline{x})^2+(x_2-\overline{x})^2]=0$；乙厂：$\frac{1}{2}[(y_1-\overline{y})^2+(y_2-\overline{y})^2]=2\,500$.

甲厂没有偏差，乙厂的偏差为 2 500，说明乙厂的产品质量远不如甲厂的产品质量好.

(4)**方差**：给定一组数据 $x_1,x_2,\cdots x_n$，称 $s^2=\frac{1}{n}\sum_{i=1}^{n}(x_i-\overline{x})^2$ 为数据 $x_1,x_2,\cdots,x_n$ 的方差，其中 $\overline{x}$ 是 $x_1,x_2,\cdots,x_n$ 的均值.

(5)**标准差**：称方差的算术平方根 $s=\sqrt{\frac{1}{n}\sum_{i=1}^{n}(x_i-\overline{x})^2}$ 为数据 $x_1,x_2,\cdots,x_n$ 的标准差（也称为均方差）.

(6)**加权方差**：给定一组数据 $x_1,x_2,\cdots,x_n$，它们的权为 $p_1,p_2,\cdots,p_n$，称 $s^2=\sum_{i=1}^{n}p_i(x_i-\overline{x})^2$ 为数据 $x_1,x_2,\cdots,x_n$ 的加权方差，其中 $\overline{x}$ 是 $x_1,x_2,\cdots,x_n$ 的加权平均数.

(7)**极差 R**：给定一组数据 $x_1,x_2,\cdots x_n$ 中的最大值与最小值之差，称为 $x_1,x_2,\cdots,x_n$ 的极差.

【例 3】 某公司制定下一年度计划时，由 A,B,C,D,E 五人预测下年度的销售量（单位：t），分别为 1 300，1 250，1 200，1 230，1 280. 如果考虑到每人在公司的地位和作用，以及不同的业务水平，分别给予不同的权重，若 A,B 的权各为 30%，C,D 的权各为 10%，E 的权为 20%，求下年度销售量的预测值及其方差.

解 根据加权平均数的计算公式有

$$\begin{aligned}\overline{x}&=1\,300\times30\%+1\,250\times30\%+1\,200\times10\%+1\,230\times10\%+1\,280\times20\%\\&=1\,264.\end{aligned}$$

即下年度销售量的预测值是 1 264t.

方差 $s^2=(1\,300-1\,264)^2\times30\%+(1\,250-1\,264)^2\times30\%+\cdots+(1\,280-1\,264)^2\times20\%=1\,024.$

标准差 $s=\sqrt{s^2}=\sqrt{1\,024}=32.$

【例 4】 设一组数据为 78.2；88.2；79.3；80.5；83.4；81.2；76.3；86.5. 求这组数据的(1)均值；(2)中位数；(3)极差；(4)方差及标准差.

解 将数据按由小到大的顺序排列为

76.3， 78.2， 79.3， 80.5， 81.2， 83.4， 86.5， 88.2.

(1)均值
$$\begin{aligned}\overline{x}&=\frac{1}{8}(76.3+78.2+79.3+80.5+81.2+83.4+86.5+88.2)\\&=\frac{1}{8}\times653.6=81.7.\end{aligned}$$

(2)中位数

共有 8 个数据，中间两个数是 80.5 和 81.2，故

中位数 $x_M^* = \frac{1}{2}(80.5 + 81.2) = 80.85$.

(3)极差

最大数是 88.2,最小数是 76.3,故

极差 $R = 88.2 - 76.3 = 11.9$.

(4)方差 $s^2 = \frac{1}{8}[(76.3-81.7)^2 + (78.2-81.7)^2 + \cdots + (88.2-81.7)^2]$

$= \frac{1}{8} \times 117.07 = 14.63$.

标准差 $s = \sqrt{14.63} = 3.82$.

直方图

当数据很多的时候,如何来处理数据?这包括两个方面的问题:一方面,若数据很多,计算数据的平均数和方差是很麻烦的,或者说不必要计算精确的特征数;第二方面,我们不能满足于只计算数据的特征数,我们还需知道数据的全貌.这就是频数分布表和频数直方图要解决的问题.

如果数据很多,如何了解它的分布?先看一个例子.

某项试验测得 100 个数据如下:

0.253	0.222	0.267	0.278	0.269	0.315	0.235	0.295	0.238	0.275
0.289	0.265	0.248	0.256	0.295	0.259	0.272	0.281	0.261	0.305
0.251	0.239	0.278	0.251	0.280	0.263	0.257	0.278	0.246	0.285
0.254	0.249	0.302	0.250	0.271	0.260	0.258	0.272	0.253	0.284
0.255	0.290	0.271	0.259	0.257	0.273	0.246	0.233	0.249	0.270
0.266	0.279	0.242	0.220	0.258	0.271	0.257	0.273	0.274	0.244
0.288	0.259	0.270	0.241	0.273	0.296	0.248	0.244	0.300	0.254
0.277	0.244	0.268	0.261	0.253	0.282	0.282	0.256	0.283	0.263
0.252	0.281	0.236	0.230	0.258	0.255	0.286	0.260	0.278	0.272
0.248	0.279	0.297	0.270	0.213	0.261	0.231	0.264	0.273	0.296

(1)找出数据中的最大值 L,最小值 S 和极差 $R = L - S$.

$L = 0.315$,　$S = 0.213$,　$R = 0.315 - 0.213 = 0.102$.

(2)决定分组的组数.组数可由下表决定,这里取 $k = 10$.

样本容量 n	50—100	100—250	250 以上
组数 k	6—10	7—12	10—20

(3)计算组距 d,决定分点,确定组限.

$$d=\frac{R}{k}\Rightarrow d=\frac{0.320-0.210}{10}=0.011.$$

选一个比最小值 S 稍小的数 α，作为左边第一组的起点，这里，取 $a=0.210$ ($a<0.213$). 然后，由公式 $t_i=a+d_i(i=1,2,\cdots,k)$ 就可计算出每个组的上、下限，分别为 0.210 和 0.221，0.221 和 0.232，…，0.309 和 0.320，从而得到分组的情况，这样所有数据都落在(0.210，0.320)内.

(4)统计组频数(统计样本数据落入每个区间的个数)，计算频率和频率密度.

$$频率\ f_i=\left(\frac{n_i}{n}\right)和频率密度\left(\frac{频率}{组距}=\frac{f_i}{d}\right)$$

计算组中值和组频率，分别填入下表中的第 2 列和第 5 列，得到频数分布表，如表 6-2.

表 6-2

组　限	组中值 x_i	组频数 n_i	组频率 f_i	f_i/d
0.210～0.221	0.215 5	2	0.02	1.82
0.221～0.232	0.226 5	3	0.03	2.73
0.232～0.243	0.237 5	7	0.07	6.36
0.243～0.254	0.248 5	16	0.16	14.55
0.254～0.265	0.259 5	22	0.22	20
0.265～0.276	0.270 5	21	0.21	19.09
0.276～0.287	0.281 5	17	0.17	15.45
0.287～0.298	0.292 5	8	0.08	7.27
0.298～0.309	0.303 5	3	0.03	2.73
0.309～0.320	0.314 5	1	0.01	0.91
合　计		100	1	

(5)作频数直方图.

在直角坐标系中，用横轴表示数据，用纵轴表示频数，在横轴上以组距为底边，以每组的组频数为高作矩形，得到频数直方图，如图 6-4.

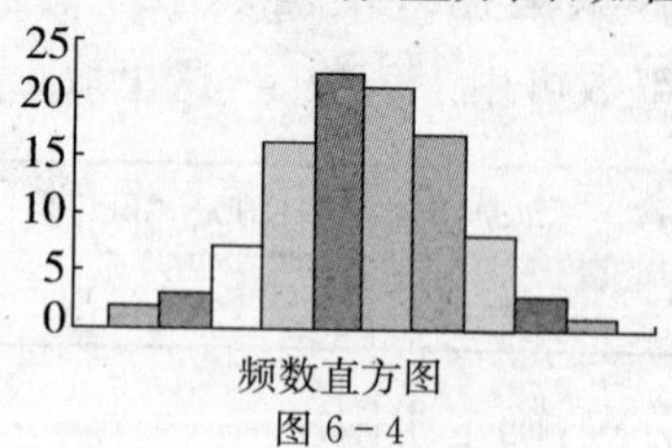

图 6-4

(6)作频率直方图.

在频数分布表中计算频率/组距，即 f_i/d，见频数分布表的最后一列，在横轴上以组距为底，依次以 f_i/d 为高($i=1,2,\cdots,10$)作矩形，得到频率直方图，如图 6-5.

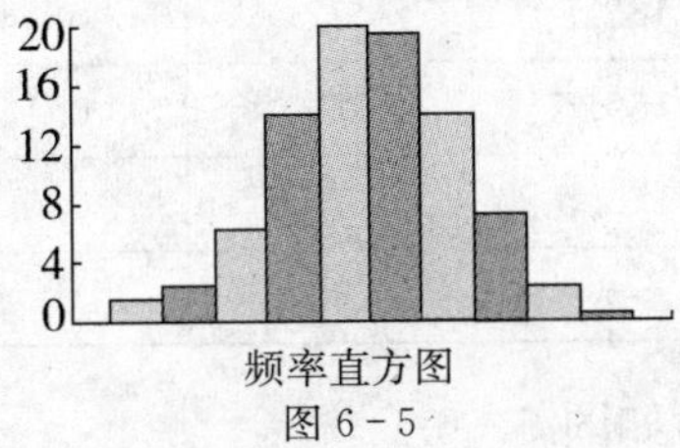

图 6-5

频率直方图中的小矩形的面积就等于有百分之多少的数据落在该区间内，整个直方图的面积总和应等于 1.

(7)根据频数分布表可以近似计算均值和方差、标准差.

近似公式为：$\overline{x}\approx\sum\limits_{i=1}^{k}f_ix_i$，$s^2\approx\sum\limits_{i=1}^{k}f_i\cdot(x_i-\overline{x})^2$. 因此这里

均值 $\overline{x}\approx\sum\limits_{i=1}^{k}f_ix_i=0.2155\times0.02+0.2265\times0.03+\cdots+0.3145\times0.01\approx 0.2649$.

$$\begin{aligned}\text{方差：}s^2&\approx\sum_{i=1}^{k}f_i\cdot(x_i-\overline{x})^2\\&=0.02\times(0.2155-0.2649)^2+0.03\times(0.2265-0.2649)^2+\cdots+\\&\quad 0.01\times(0.3145-0.2649)^2\\&\approx3.787\times10^{-4}.\end{aligned}$$

标准差：$s=\sqrt{s^2}\approx\sqrt{3.787\times10^{-4}}\approx0.019$.

【例 5】　现有 50 个数据如下：

168	162	162	163	146	150	155	148	155	158
158	160	157	154	155	176	163	156	153	159
159	160	152	159	165	175	160	148	161	162
160	154	160	150	178	165	166	157	162	162
170	166	162	167	152	149	164	168	170	149

(1)试列出这 50 个数据的频数分布表；

(2)作出频数直方图；

(3)作出频率直方图，并描绘出它的频率曲线；

(4)根据频数表，求出这 50 个数据的均值、方差、标准差.

解　(1)频数分布表.

组　　限	组中值 x_i	组频数 v_i	组频率 f_i	f_i/d
145—152	148.5	7	0.14	0.02
152—159	155.5	11	0.22	0.031
159—166	162.5	22	0.44	0.063
166—173	169.5	7	0.14	0.02
173—180	176.5	3	0.06	0.009
合计		50	1	

(2)作出频数直方图,如图 6-6.

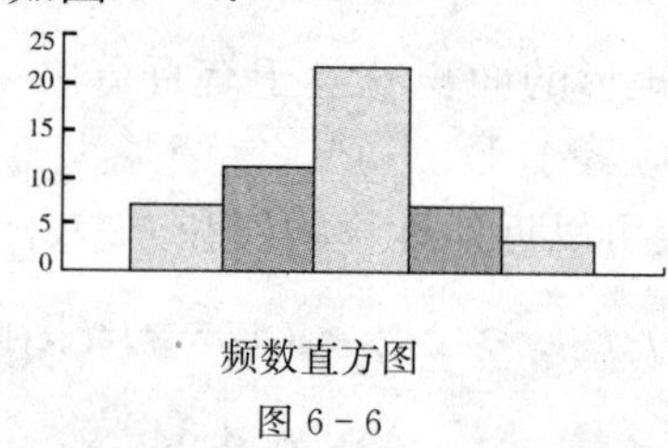

频数直方图

图 6-6

(3)作频率直方图,如图 6-7.

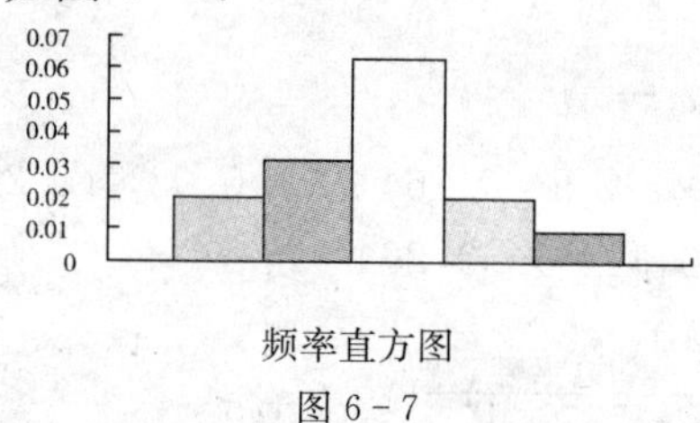

频率直方图

图 6-7

(4)根据频数分布表,利用近似公式计算,得这 50 个数据的均值为 160.82,方差为 54.0176,标准差为 7.35.

☞巩固练习

1. 某班有 15 名学生,在一次英语考试中,成绩如下:

56	60	62	58	61	64	64	62
62	99	64	95	59	62	92	

(1)求这 15 名学生的英语成绩的均值;

(2)试求这 15 名学生的英语成绩的中位数;

(3)你认为(1)(2)中哪个数比较好地“代表”了这 15 名学生的英语成绩?

2. 某学校对学生某科的期末成绩按如下方法考评:平时作业占 20%;期中考试占 30%;期末考试占 50%.

现有甲、乙两个学生的成绩分别如下：

	平时作业	期中考试	期末考试
甲	90	95	100
乙	100	95	90

试求这两名学生的期末成绩和标准差.

3. 调查某企业 100 名职工的月收入(单位:元)，具体数据见下表. 试就这 100 个数据，

(1)列出频数分布表；

(2)作出频数直方图；

(3)作出频率直方图；

(4)近似计算均值、方差和标准差.

852	637	751	865	1 032	967	1 019	935	998	910
862	794	896	810	1 072	987	654	736	815	823
895	843	1 180	809	794	661	937	864	870	810
772	1 073	999	1 020	600	630	740	601	905	790
542	882	1 100	936	800	880	575	932	830	890
980	750	970	520	842	935	800	1 050	840	820
974	901	859	790	675	1 000	576	570	750	570
930	470	870	890	840	950	920	900	910	630
890	780	890	867	1 021	930	740	690	890	930
830	747	840	951	690	770	830	878	880	940

§6.5　一元线性回归

☞基础知识

客观世界中普遍存在着变量之间的关系，而变量之间的关系一般可分为两类:确定性和非确定性.

确定性关系和非确定性关系

确定性关系：可以用函数来表示的变量之间的关系. 这种关系往往用函数来描述. 例如：自由落体运动中的物体下落距离 s 与所需时间 t 之间的关系 $s=\frac{1}{2}gt^2$，取定 t 的值，则 s 的值就完全确定了.

非确定性关系：不能用函数来表示的变量之间的关系，也称为相关关系或统计关系. 例如，施肥量与农作物产量之间的关系，这种关系虽不能用函数关系来描述，但施肥量与产量有关系，这种关系就是相关关系. 如身高与体重之间的关系，一般来说，人高一些，体重要重一些，但同样身高的人，体重往往不相同. 又如人的血压与年龄之间的关系，树高与生长时间之间的关系，商品的销售量与单价之间的关系等都是相关关系.

总之，在生产与科学实验中，甚至在日常生活中，变量之间的相关关系是普遍存在的. 其实，即使是具有确定性关系的变量间，由于实验误差的影响，其表现形式也具有某种不确定性.

对于有一定联系的两个变量 x 与 y，我们的任务是根据一组观察值 $(x_1, y_1), (x_2, y_2), \cdots, (x_n, y_n)$ 来判断 y 与 x 之间的关系.

【例 1】 以家庭为单位，某种商品年需求量与该商品价格之间的一组调查数据如下表：

价格 x(元)	1	2	2	2.3	2.5	2.6	2.8	3	3.3	3.5
需求量 y(kg)	5	3.5	3	2.7	2.4	2.5	2	1.5	1.2	1.2

我们希望通过这张表能找出需求量 y 与价格 x 之间的关系.

我们将观察值 $(x_i, y_i)(1 \leqslant i \leqslant 10)$ 作为 10 个点，将它们画在平面上，像这样表示具有相关关系的两个变量的一组数据的图形，叫做**散点图**，如图 6－8 所示，这散点图启示我们，这些点虽然是散乱的，但大体上散布在一条直线的附近. 我们用 $\hat{y}=a+bx$ ⊛来表示这条直线，这里在 y 的上方加“ˆ”，是为了区别于 y 的实际值，此时我们称 x 与 y 是线性的. 下面我们要确定方程⊛中的系数 a 和 b，使得 $\hat{y}=a+bx$ 成为最靠近这些点的一条直线.

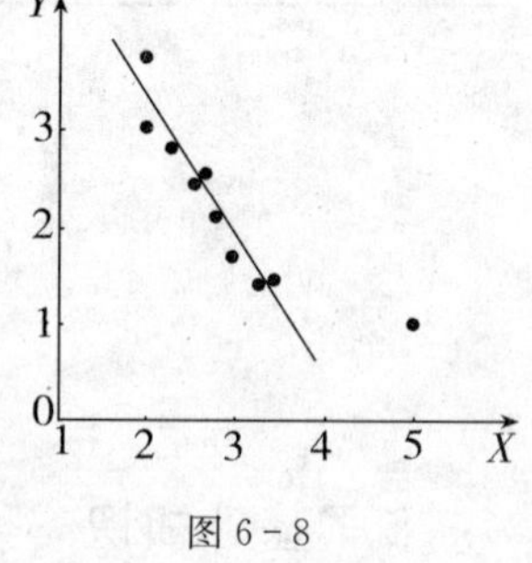

图 6－8

从散点图来看，要找出 a 与 b 是不难的，在图上划一条直线，使该直线总的来看最“接近”这 10 个点. 于是，这直线在 y 轴上的截距就是所求的 a，它的斜率就是所求的 b. 几何方法虽然简单，但是太粗糙，而对非线性形式的问题，就几乎无法实行. 然而，它的基本思想，即“使该直线总的说来最接近这 10 个点”，却是很可取的，问题是把这基本思想精确化、数量化. 下面介绍一种方法,用来求一条直线使其“总的来看最接近这 10 个点”,这就是**最小二乘法**.

给定的 n 个点 $(x_1,y_1),(x_2,y_2),\cdots,(x_n,y_n)$,则对于平面上任意一条直线 $l:y=a+bx$,我们用数量 $[y_i-(a+bx_i)]^2$ 来刻画点 (x_i,y_i) 到直线 l 的远近程度.于是,

$$Q(a,b)=\sum_{i=1}^{n}[y_i-(a+bx_i)]^2$$

就定量的描述了直线 l 跟这 n 个点的总的远近程度,这个量是随不同的直线而变化,或者说是随不同的 a 与 b 而变化的,于是要找一条直线,使得该直线总的来看最“接近”这 n 个点的问题就转化为——要找两个数 a 与 b,使得二元函数 $Q(a,b)$ 在 $a=\hat{a},b=\hat{b}$ 处达到最小,即 $Q(\hat{a},\hat{b})=\min(Q(a,b))$.

由于 $Q(a,b)$ 是 n 个量平方之和,所以“使 $Q(a,b)$ 最小”的原则称为平方和最小原则,习惯上称为**最小二乘原则**.由最小二乘原则求 a 与 b 的估计值的方法称为**最小二乘法**.

可用二元函数求极值的方法求得 $\hat{a}$ 和 $\hat{b}$ 的值为:

$$\hat{a}=\overline{y}-\hat{b}\overline{x},\hat{b}=\frac{\sum_{i=1}^{n}x_iy_i-n\overline{x}\,\overline{y}}{\sum_{i=1}^{n}x_i^2-n\overline{x}^2}=\frac{\sum_{i=1}^{n}(x_i-\overline{x})(y_i-\overline{y})}{\sum_{i=1}^{n}(x_i-\overline{x})^2},\text{其中}\overline{x}=\frac{1}{n}\sum_{i=1}^{n}x_i;$$

$$\overline{y}=\frac{1}{n}\sum_{i=1}^{n}y_i. \qquad ①$$

于是就得到了所求的直线方程 $\hat{y}=\hat{a}+\hat{b}x$.

上述处理变量之间的相关关系的方法,叫做**回归分析**,通过回归分析求得的变量之间的关系式叫做**回归方程**(或**经验公式**),如果回归方程式是线性(即一次)的,则称为**线性回归方程**(或**回归直线方程**),只含有一个自变量的线性回归方程叫做**一元线性回归方程**,求一元线性回归方程的方法叫做**一元线性回归**(或**直线回归**).

可由最小二乘法估计【例 1】的 $\hat{b},\hat{a}$ 的值.

x_i	1	2	2	2.3	2.5	2.6	2.8	3	3.3	3.5	$\sum x_i=25$
y_i	5	3.5	3	2.7	2.4	2.5	2	1.5	1.2	1.2	$\sum y_i=25$
x_iy_i	5	7	6	6.21	6	6.5	5.6	4.5	3.96	4.2	$\sum x_iy_i=54.97$
x_i^2	1	4	4	5.29	6.25	6.76	7.84	9	10.89	12.25	$\sum x_i^2=67.28$

所以,$\overline{x}=\frac{1}{n}\sum x_i=\frac{1}{10}\times25=2.5$, $\overline{y}=\frac{1}{n}\sum y_i=\frac{1}{10}\times25=2.5$,

$$\hat{b}=\frac{54.97-10\times2.5\times2.5}{67.28-10\times2.5^2}\approx-1.6,$$

$$\hat{a}=\overline{y}-\hat{b}\,\overline{x}\approx 2.5-(-1.6)\times 2.5=6.5.$$

则回归方程为：$\hat{y}=6.5-1.6x$.

这里的回归系数等于－1.6，它的意义是：价格 x 每增加一个单位(即一倍)，需求量 y 平均减少 1.6 个单位(kg/元).

我们可以看到，求出了这两个变量的回归直线，就可以根据其部分观测值，获得对这两个变量之间整体关系的了解，也可以根据一个变量的取值预报另一个变量的相应值.

【例 2】 为研究某一化学反应过程中，温度 x(℃)对产品得率 y(%)的影响，测得数据如下：

温度 x(℃)	100	110	120	130	140	150	160	170	180	190
得率 y(%)	45	51	54	61	66	70	74	78	85	89

这里自变量 x 是普通变量，y 是随机变量. 求变量 y 关于 x 的线性回归方程.

解 画出散点图，如图 6－9 所示.

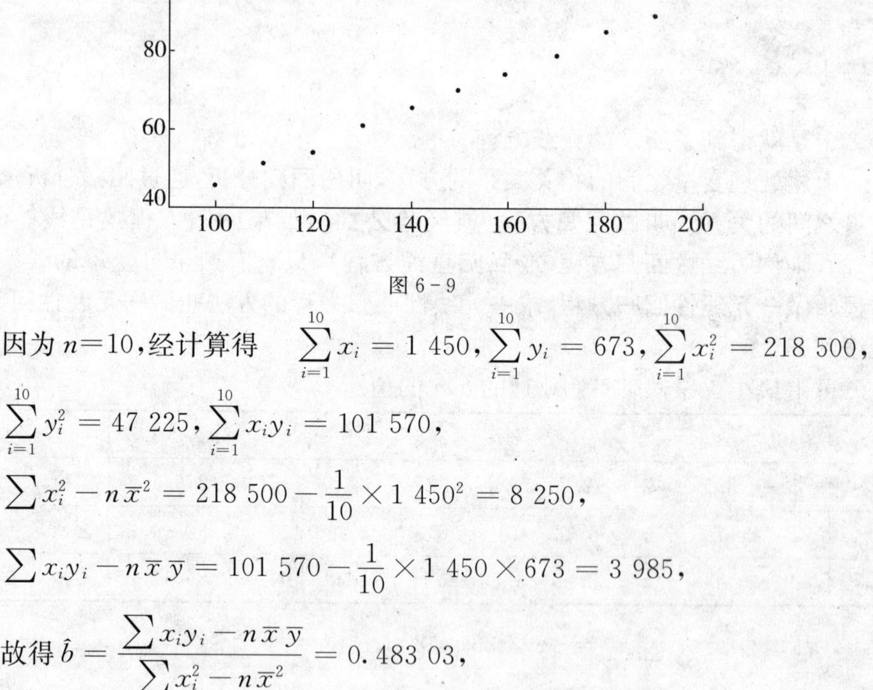

图 6－9

因为 $n=10$，经计算得 $\sum_{i=1}^{10}x_i=1\,450,\sum_{i=1}^{10}y_i=673,\sum_{i=1}^{10}x_i^2=218\,500,$

$\sum_{i=1}^{10}y_i^2=47\,225,\sum_{i=1}^{10}x_iy_i=101\,570,$

$$\sum x_i^2-n\overline{x}^2=218\,500-\frac{1}{10}\times 1\,450^2=8\,250,$$

$$\sum x_iy_i-n\overline{x}\,\overline{y}=101\,570-\frac{1}{10}\times 1\,450\times 673=3\,985,$$

故得 $\hat{b}=\dfrac{\sum x_iy_i-n\overline{x}\,\overline{y}}{\sum x_i^2-n\overline{x}^2}=0.483\,03,$

$\hat{a}=\frac{1}{10}\times 673-\frac{1}{10}\times 1\,450\times 0.483\,03=-2.739\,35.$

于是得到回归直线方程为：$\hat{y}=-2.739\,35+0.483\,03x$，

或写成：$\hat{y}=67.3+0.483\,03(x-145)$.

注：通常记 $l_{xy}=\sum x_iy_i-n\overline{x}\,\overline{y}$，令 $y_i=x_i$，就得到 $l_{xx}=\sum x_i^2-n\overline{x}^2$.

因此，公式①可简单地表示为 $\begin{cases}\hat{b}=\dfrac{l_{xy}}{l_{xx}},\\ \hat{a}=\overline{y}-\hat{b}\,\overline{x}.\end{cases}$

【例 3】　为了找到向日葵空壳率与开花期的大气湿度的关系，研究人员作了一组观察试验，结果如下：

相对湿度 x(%)	47	57	59	60	68	66	69	70	72	77	88	80
空 壳 率 y(%)	18	14	21	18	27	25	26	29	31	32	37	33

试求它们的一元线性回归方程.

解　用计算器可算得：

$\overline{x}=67.75,\sum x_i=813,\sum x_i^2=56\,437,$

$\overline{y}=25.92,\sum y_i=311,\sum y_i^2=8\,599,$

$\sum x_iy_i=21\,865.$

于是，得：$l_{xx}=56\,437-\frac{1}{12}\times 813^2=1\,356.25$，

$l_{xy}=21\,865-\frac{1}{12}\times 813\times 311=794.75$，

所以，由公式得 $\hat{b}=\frac{l_{xy}}{l_{xx}}=\frac{794.75}{1\,356.25}=0.586$，

$\hat{a}=\overline{y}-\hat{b}\,\overline{x}=25.92-0.586\times 65.75=-13.782.$

故所求回归方程为：$\hat{y}=-13.782+0.586x$.

巩固练习

在硝酸钠($NaNO_3$)的溶解度试验中，测得在不同温度 x(℃)下，溶解于 100 份水中的硝酸钠份数 y 的数据如下：

x	0	4	10	15	21	29	36	61	68
y	66.7	71.0	76.3	80.6	85.7	92.9	99.4	113.6	125.1

给出散点图，并试建 x 与 y 的经验公式.

§6.6 概率统计的应用

☞基础知识

【例 1】 (“双色球”彩票问题)福彩“双色球”投注规则是:每注投注 7 个号码,由 6 个红色球号码和 1 个蓝色球号码组成.红色球号码从 1—33 中选择;蓝色球号码从 1—16 中选择.若投注的 7 个号码中了 6 个红球加 1 个蓝球,则为一等奖,求中一等奖的概率有多大?

解 在摇出中奖号码的过程中,中奖号码发生的事件以及各种号码出现的概率是相互独立的,是等概率的,这是一个古典概型的问题.由古典概型得,中奖概率=该等奖中奖号码个数/所有可能的号码个数.所以一等奖(中 6 红+1 蓝)的中奖概率为:$P_1=\frac{1}{C_{33}^{6}C_{16}^{1}}=5.6430\times10^{-8}$.

【例 2】 (碰运气能否通过英语四级考试)大学英语四级考试是为全面检验大学生英语水平而设置的一种考试,这种考试包括听力、语法结构、阅读理解、综合填空、写作等.除英文写作占 15 分外,其余 85 道单选题每题 1 分,即每一道题有 A,B,C,D 四个答案,要求考生从中选择一个正确答案.这种考试方式使有的学生产生想碰运气的侥幸心理,那么靠碰运气能通过英语四级考试吗?

解 若不考虑英文写作所占的 15 分,按及格成绩 60 分计算,85 道选择题必须答对 51 道题以上。如果单靠碰运气、瞎猜测的话,则每道题答对的概率为 $\frac{1}{4}$,答错的概率是 $\frac{3}{4}$.显然,各道题的解答互不影响,因此,可以将解答 85 道选择题看成 85 重贝努利试验,用 ξ 表示答对的题数,则恰好答对 k 道题的概率为

$$P(\xi=k)=C_{85}^{k}p^{k}(1-p)^{85-k}\quad k=0,1,2,\cdots,85$$

若要及格,必须 $\xi\geqslant51$,其概率为

$$P(\xi\geqslant51)=\sum_{k=51}^{85}C_{n}^{k}0.25^{k}(1-0.25)^{n-k}\approx8.74\times10^{-12}.$$

此概率非常小,它相当于在一千亿个想碰运气的考生中,仅有 0.874 人能通过四级考试.因此可以认为,想靠碰运气通过四级考试几乎是一个不可能发生的事件.

【例 3】 随着人们生活水平的提高,某城市家庭汽车拥有量迅速增长,汽车牌照号码需要扩容.交通管理部门出台了一种汽车牌照组成办法,每一个汽车牌照都必须有 3 个不重复的英文字母和 3 个不重复的阿拉伯数字,并且 3 个字母必须合成一组出现,3 个数字也必须合成一组出现,那么这种办法共能给多少辆

汽车上牌照?

解　共有 $A_{10}^{3}A_{26}^{3}A_{2}^{2}=22\ 464\ 000$(种).

【例 4】　储蓄卡上的密码是一组六位数号码,每位上的数字可以在 0 到 9 这 10 个数字中选取,问:

(1)使用储蓄卡时如果随意按下一组六位数字号码,正好按对这张储蓄卡的密码的概率是多少?

(2)某人没记准储蓄卡的密码的最后一位数字,他在使用这张储蓄卡时如果随意按下密码的最后一位数字,正好按对密码的概率是多少?

解　(1)由于储蓄卡的密码是一组六位数字号码,且每位上的数字有从 0 到 9 这 10 中取法,这种号码共有 10^6 组.又由于是随意按下一组六位数字号码,按下其中哪一组号码的可能性都相等,可得正好按对这张储蓄卡的密码的概率 $P_1=\frac{1}{10^6}$.

(2)按六位数字密码的最后一位数字,有 10 种按法,由于最后一位数字是随意按的,按下其中各个数字的可能性相等,可得按下的正好是密码的最后一位数字的概率 $P_2=\frac{1}{10}$.

【例 5】　全国电视歌曲大奖赛中,由 10 位评委为歌手打分,打分的办法是:去掉一个最高分,去掉一个最低分,其余得分求均值,就是该歌手的得分.下面是 10 位评委给两名歌手的打分,先用这种方法算一算两位歌手的得分,再计算每组数据的均值.想一想,这种打分方法有什么优点?

甲	10	9.5	9.4	9.3	9.4	9.2	9.3	9.2	9.5	9.2
乙	9.7	9.3	9.2	9.3	9.4	9.6	9.6	9.4	9.2	9.0

解　①甲得分 9.35;乙得分 9.375.

②甲的均值 $=\frac{1}{10}(10+9.5+9.4+9.3+9.4+9.2+9.3+9.5+9.2+9.2)$
$=9.4$,

乙的均值 $=\frac{1}{10}(9.7+9.3+9.2+9.3+9.4+9.6+9.6+9.4+9.2+9.0)$
$=9.37$,

③这种打分方法的优点是:用这种方法打分,甲比乙的得分低,而用均值的方法打分,甲比乙的得分却高,这是因为甲的大部分得分比较低,但有一个极端值 10 分,使得它的均值就比较高;而乙的大部分得分比较高,但有一个极端值 9.0 分,使得它的均值就比较低;这种极端值有可能是人为造成的.为了公正,采

用去掉一个最高分和一个最低分，其余得分求均值的方法，可以剔除极端值对整体水平的影响.

【例 6】 有两种股票 A，B，它们在 5 天内的收盘价分别如下：

A：7.8 元，7.9 元，7.8 元，7.7 元，7.8 元；

B：7.8 元，6.6 元，7.4 元，8.2 元，9.0 元.

分别计算这两种股票的 5 天内的平均价格和标准差，从中会得出什么结论呢？

解 ①A 的平均价格是$\frac{1}{5}(7.8+7.9+7.8+7.7+7.8)=7.8$，

B 的平均价格是$\frac{1}{5}(7.8+6.6+7.4+8.2+9.0)=7.8$，

②A 的标准差$=\sqrt{0.004}=0.063$，B 的标准差$=\sqrt{0.64}=0.8$.

③从中得到结论：B 股票的股价波动大，从股票的操作上讲，股价波动大，风险大，但获利的机会也比较大. 这是因为 A 股票股价的标准差是 0.063，B 股票股价的标准差是 0.8，B 股票股价的标准差大，说明股价波动大.

【例 7】 有甲、乙两个不同品种的农作物种子分别播种在五块试验田上，生产条件相同，得到各试验田上的产量分别如下表：

试验田	试验田面积(km^2)		产量(kg)	
编号	甲	乙	甲	乙
1	1.5	2.0	7 800	10 700
2	1.6	1.6	8 640	8 400
3	1.2	1.7	6 360	8 840
4	1.3	1.4	6 630	7 210
5	1.0	1.5	5 000	7 860

通过计算甲、乙两个品种平均亩产量、标准差来比较两个品种的收获情况.

解 ①每块田的单位产量为

试验田	试验田面积(km^2)		单位产量(kg/km^2)	
编号	甲	乙	甲	乙
1	1.5	2.0	5 200	5 350
2	1.6	1.6	5 400	5 250
3	1.2	1.7	5 300	5 200

试验田	试验田面积(km^2)		单位产量(kg/km^2)	
4	1.3	1.4	5 100	5 150
5	1.0	1.5	5 000	5 240

②两个品种的单位平均产量分别为

$\overline{x_{甲}}=5\ 216.67$，$\overline{x_{乙}}=5\ 245.12$.

③两个品种的产量的标准差分别为

$s_{甲}=138.81$，$s_{乙}=68.26$.

结论：从上面计算看出，乙品种的单位面积平均产量略高于甲品种，乙品种收获率具有较大的稳定性，即乙品种比甲品种的收获率具有较大的稳定性.

巩固练习

1. 图 6－11 中有一个信号源和五个接收器.
接收器与信号源在同一个串联线路中时，就能接收到信号，否则就不能接收到信号. 若将图中左端的六个接线点随机地平均分成三组，将右端的六个接线点也随机地平均分成三组，再把所有六组中每组的两个接线点用导线连接，则这五个接收器能同时接收到信号的概率是多少？

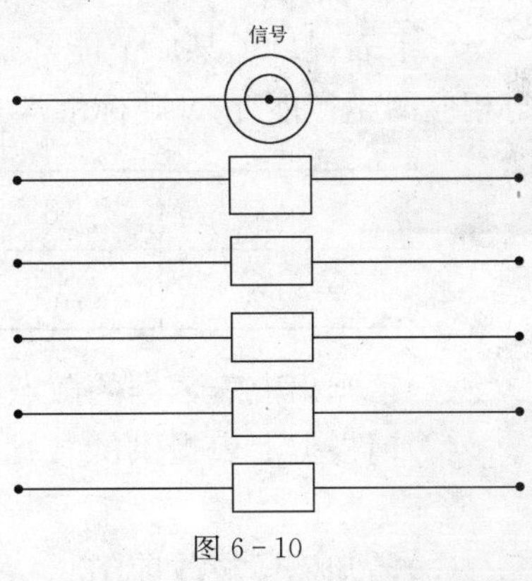

图 6－10

2. 某商场经销某商品，顾客可采用一次性付款或分期付款购买. 根据以往资料统计，顾客采用一次性付款的概率是 0.6. 经销一件该商品，若顾客采用一次性付款，商场获得利润 200 元；若顾客采用分期付款，商场获得利润 250 元. 试求：

(1)3 位购买该商品的顾客中至少有 1 位采用一次性付款的概率；

(2)3 位顾客每人购买 1 件该商品，商场获得利润不超过 650 元的概率.

3. 某公司招聘员工，指定三门考试课程，有两种考试方案.

方案一：考试三门课程，至少有两门及格为考试通过；

方案二：在三门课程中，随机选取两门，这两门都及格为考试通过.

假设某应聘者对三门指定课程考试及格的概率分别是 a,b,c，且三门课程考试是否及格相互之间没有影响. 分别求该应聘者用方案一和方案二时考试通过的概率.

4. 某兴趣小组欲研究昼夜温差大小与患感冒人数多少之间的关系，他们分别到气象局与某医院抄录了 1 至 6 月份每月 10 号的昼夜温差情况与因患感冒

而就诊的人数,得到如下资料:

日期	1月10日	2月10日	3月10日	4月10日	5月10日	6月10日
昼夜温差 x(℃)	10	11	13	12	8	6
就诊人数 y(个)	22	25	29	26	16	12

该兴趣小组确定的研究方案是:先从这六组数据中选取 2 组,用剩下的 4 组数据求线性回归方程,再用被选取的 2 组数据进行检验.

(1)求选取的 2 组数据恰好是相邻两个月的概率;

(2)若选取的是 1 月与 6 月的两组数据,请根据 2 至 5 月份的数据,求出 y 关于 x 的线性回归方程 $\hat{y}=bx+a$.

5. 下表提供了某厂节能降耗技术改造后生产甲产品过程中记录的产量 x(t)与相应的生产能耗 y(吨标准煤)的几组对照数据.

x	3	4	5	6
y	2.5	3	4	4.5

(1)请画出上表数据的散点图;

(2)请根据上表提供的数据,用最小二乘法求出 y 关于 x 的线性回归方程 $\hat{y}=bx+a$;

(3)已知该厂技改前 100 t 甲产品的生产能耗为 90 t 标准煤. 试根据(2)求出的线性回归方程,预测技改后生产 100 t 甲产品的生产能耗比技改前降低多少吨标准煤?

复习题六

一、填空题

1. 设 S 为样本空间,A,B,C 是任意的三个随机事件,根据概率的性质,则:

(1)$P(\overline{A})=$________;(2)$P(B-A)=$________;

(3)$P(A\cup B\cup C)=$________.

2. 设 A,B,C 是三个随机事件,试以 A,B,C 的运算来表示下列事件:

(1)仅有 A 发生________;

(2)A,B,C 中至少有一个发生________;

(3)A,B,C 中恰有一个发生________;

(4)A,B,C 中最多有一个发生________;

(5)A,B,C都不发生________;

(6)A不发生,B,C中至少有一个发生________.

3. A,B,C是三个随机事件,且$P(A)=P(B)=P(C)=\frac{1}{4}$,$P(AB)=P(BC)=0$,$P(AC)=\frac{1}{8}$,则$A,B,C$中至少有一个发生的概率为________;$A,B,C$中都发生的概率为________;$A,B,C$都不发生的概率为________.

4. 袋中有n只球,记有号码$1,2,3,\cdots,n(n>5)$,则事件

(1)任意取出两球,号码为1,2的概率为________;

(2)任意取出三球,没有号码为1的概率为________;

(3)任意取出五球,号码1,2,3中至少出现一个的概率为________.

5. 甲、乙两学生连续五次数学测验成绩如下,甲:80,75.80,90,70;乙:70,70,75.80,65.则可以认为________的数学成绩比较稳定.

6、甲、乙两种冬小麦试验品种连续5年的平均单位面积产量如下(单位:t/km^2)

品种	第1年	第2年	第3年	第4年	第5年
甲	9.8	9.9	10.1	10	10.2
乙	9.4	10.3	10.8	9.7	9.8

其中产量比较稳定的小麦品种是________.

二、选择题

1. 把红、黑、白、蓝4张纸牌随机地分给甲、乙、丙、丁4个人,每个人分得1张,事件“甲分得红牌”与“乙分得红牌”是(　　)

A. 对立事件　　　　B. 不可能事件

C. 互斥但不对立事件　　　　D. 以上均不对

2. 甲:A_1,A_2是互斥事件;乙:A_1,A_2是对立事件,那么甲是乙的(　　)

A. 甲是乙的充分但不必要条件

B. 甲是乙的必要但不充分条件

C. 甲是乙的充要条件

D. 甲既不是乙的充分条件,也不是乙的必要条件

3. 一名同学投篮的命中率为$\frac{2}{3}$,他连续投篮3次,其中恰有2次命中的概率为(　　)

A. $\frac{2}{3}$　　　　B. $\frac{4}{27}$　　　　C. $\frac{2}{9}$　　　　D. $\frac{4}{9}$

4. 在6个电子产品中,有2个次品,4个合格品,每次任取一个测试,测试完

后不放回，直到两个次品都找到为止，那么经过四次测试恰好将两个次品全部找出来的概率是(　　)

A. $\frac{4}{15}$　　B. $\frac{1}{5}$　　C. $\frac{2}{5}$　　D. $\frac{4}{27}$

5. 一个容量为 20 的样本，数据的分组及各组频数如下：(10,20]，2；(20,30]，3；(30,40]，4；(40,50]，5；(50,60]，4；(60,70]，2，则样本在区间(10,50]上的频率为(　　)

A. 0.5　　B. 0.7　　C. 0.25　　D. 0.05

6. 某校为了了解学生的课外阅读情况，随机调查了 50 名学生，得到他们在某一天各自课外阅读所用时间的数据，结果用下面的条形图(图 6-12)表示. 根据条形图可得这 50 名学生这一天平均每人的课外阅读时间为(　　)

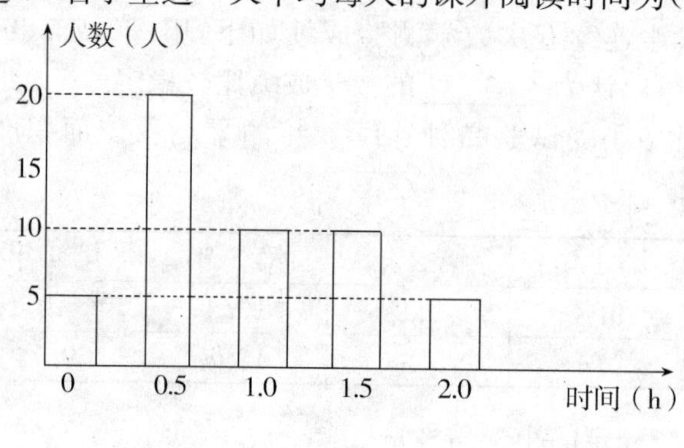

图 6-11

A. 0.6 h　　B. 0.9 h　　C. 1.0 h　　D. 1.5 h

三、写出下面随机事件的样本空间：

(1)袋中有 5 只球，其中 3 只白球 2 只黑球，从袋中任意取一球，观察其颜色；

(2)从(1)的袋中不放回任意取两次球(每次取出一个)观察其颜色；

(3)从(1)的袋中不放回任意取 3 只球，记录取到的黑球个数.

四、两部不同的长篇小说各由一、二、三、四卷组成，每卷 2 本，共 8 本. 将它们任意地排成一排，左边 4 本恰好都属于同一部小说的概率是多少？

五、某地奥运火炬接力传递路线共分 6 段，传递活动分别由 6 名火炬手完成. 如果第一棒火炬手只能从甲、乙、丙三人中产生，最后一棒火炬手只能从甲、乙两人中产生，则不同的传递方案共有几种？

六、某单位 6 个员工借助互联网开展工作，每个员工上网的概率都是 0.5(相互独立).

(1)求至少三人同时上网的概率；

(2)至少几人同时上网的概率小于 0.3?

七、对划艇运动员甲、乙二人在相同的条件下进行了 6 次测试,测得他们最大速度的数据为:

甲:27,38,30,37,35,31;

乙:33,29,38,34,28,36.

根据以上数据,试判断他们谁更优秀.

八、某班 40 人随机平均分成两组,两组学生一次考试的成绩情况如下表:

统计量 组别	平均差	标准差
第一组	80	4
第一组	90	6

求全班的平均成绩和标准差.

九、考查某校高三年级男生的身高,随机抽取 40 名高三男生,实测身高数据如下(单位:cm):

171	163	163	166	166	168	168	160	168	165
171	169	167	169	151	168	170	160	168	174
165	168	174	159	167	156	157	164	169	180
176	157	162	161	158	164	163	163	167	161

(1)作出频率分布表;

(2)画出频率分布直方图.

十、假设关于某设备的使用年限和所支出的维修费用(万元),有如下的统计资料:

x	2	3	4	5	6
y	2.2	3.8	5.5	6.5	7.0

若由资料可知 y 对 x 呈线性相关关系. 试求它们的线性回归方程,并估计使用年限为 10 年时,维修费用是多少?

第七章　图论基础与计划编制方法及其应用

§7.1　图论基础

☞基础知识

图的基本概念

引例 1　(公路网)有 6 个城镇 A,B,C,D,E,F，它们之间有公路直通的情况是：(A,B)，(A,C)，(A,E)，(A,F)，(B,C)，(B,D)，(D,F)，(E,F). 试将它们的关系用图表示出来.

分析　我们把 6 个城镇 A,B,C,D,E,F 分别用点表示. 若两城镇之间有公路直通，则用线相连接，否则不连接，可得到图 7-1，即为所作的关系图.

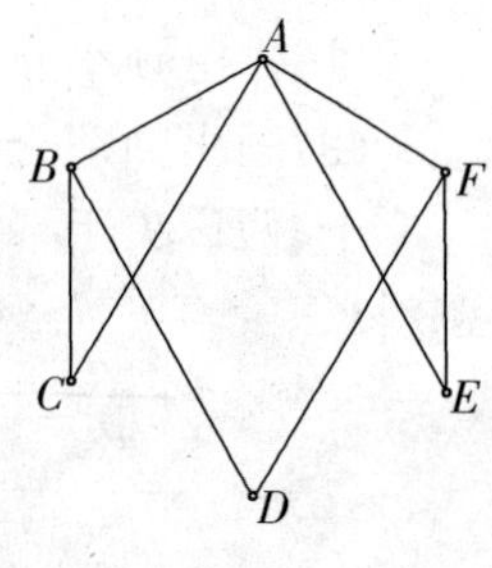

图 7-1

现在，我们把 A,B,C,D,E,F 对应的点看成一个集合，“线”是这个集合中“点”之间的关系，那么，**图论**正是研究像这样的有限集合及其关系的一门数学科学. 在这里，“线”是不论其曲直形状的，通常称为**边**，“点”是不论其上下位置的，通常称为**结点**. 由这样的结点和边构成的整体，就叫做**图**. A,B 两点有线相连，称 A 和 B 是**邻接**的点；而连线称为与 A,B 两点**相关联**的边，记作 (A,B).

若图中一边的两个相关联的结点相同，则称为**环**. 若图中两边具有相同的一对结点，则称为**平行边**. 如图 7-2 中，边 l_4 为环，l_5 和 l_6 为平行边. 没有环和平行边的图称为**简单图**. 如图 7-1 为简单图. 本章中只讨论简单图.

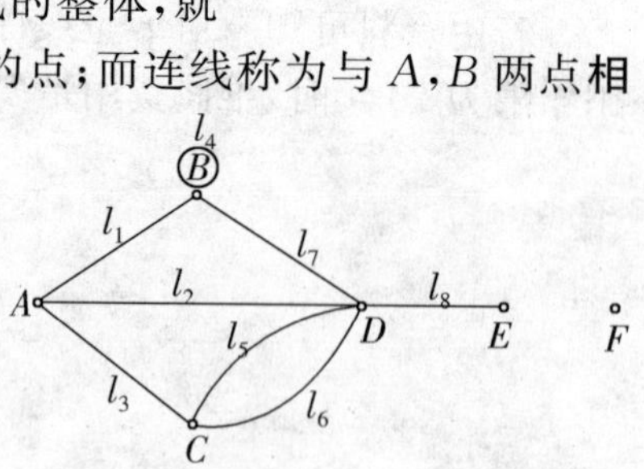

图 7-2

显然，这里的图与平面几何里的图形是不

相同的. 这里的图只考虑结点、边以及边与结点的对应关系，因此当两个图的形状看似不同，但若它们的结点集、边集及边与结点的关联关系都相同时，则可将它们看作同一个图. 这时，称这两个图是**同构**的. 例如，图 7-3(1)与图 7-3(2)是同构的.

与 A 点关联的所有边的条数称为 A 点的**次数**，记作 $\deg A$. 例如，在图 7-1 中，$\deg A=4$，$\deg B=\deg F=3$，$\deg C=\deg D=\deg E=2$. 次数为零的结点称为**孤立点**. 如图 7-2 中的点 F 是孤立点.

在任一图中，由于每条边必与两个结点相关联，因此有下面的定理.

定理 1　任一图中点的次数之和等于边数的两倍.

定理 2　任一图中次数为奇数的点的个数必为偶数.

如在图 7-1 中有两个奇点，图 7-3 中有 4 个奇点.

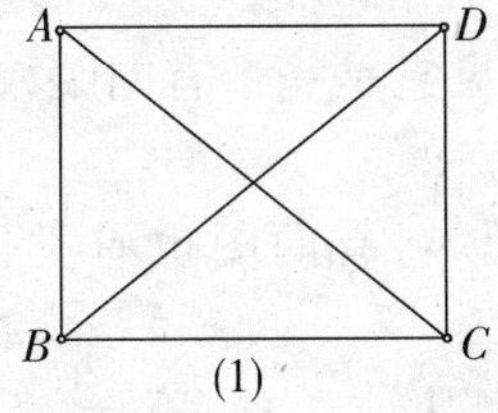

(1)

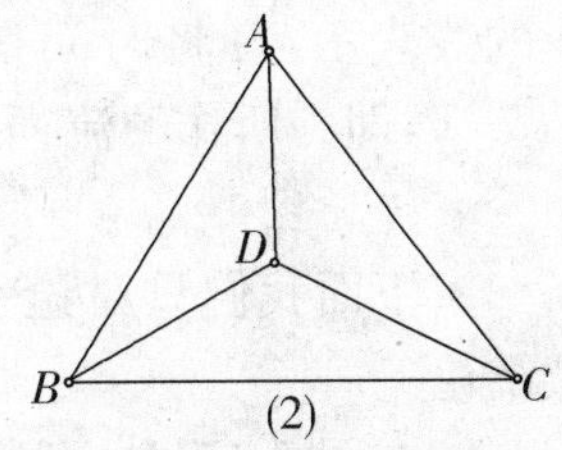

(2)

图 7-3

引例 2　(程序调用)有 4 个程序 p_1,p_2,p_3,p_4，它们的调用关系是：p_1 能调用 p_2；p_2 能调用 p_3；p_2 能调用 p_4. 试将它们的关系用图表示出来.

分析　我们将 4 个程序 p_1,p_2,p_3,p_4 分别用点来表示. 由于调用是有顺序的，因此它们之间的调用关系用一条有方向的线相连接，得到图 7-4，即为所作的关系图.

可以看到，图中的边带有方向，通常称为**有向边**. 若一个图中所有边均是有向边，则称这图为**有向图**. 若一个图中所有边均是无向边，则称这图为**无向图**. 如图 7-1、图 7-3 是无向图，而图 7-4 是有向图.

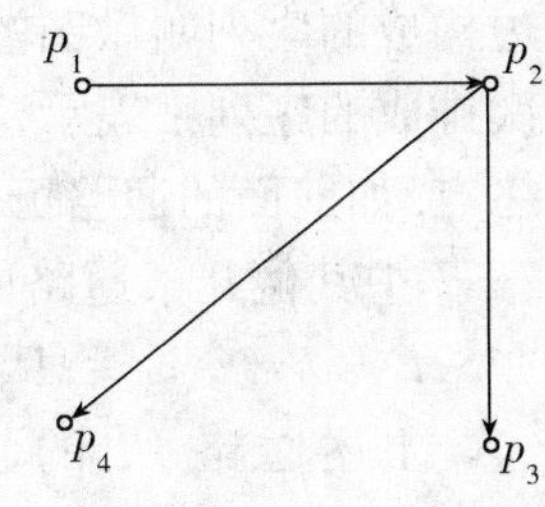

图 7-4

引例 3　(输油管网络)5 个城市 A,B,C,D,E，它们之间有输油管相连：(A,B)，(A,C)，(A,E)，(B,C)，(C,D). 而这些油管的长度分别为：100 km，120 km，60 km，80 km，90 km. 试将它们的关系用图表示出来.

分析　我们把 5 个城市 A,B,C,D,E 分别用点表示. 若两城市之间有输油管相连，则用线连接，否则不连接. 为了表示里程数，将各输油管长度标在相应的边上，可得到图 7-5，即为所作的关系图.

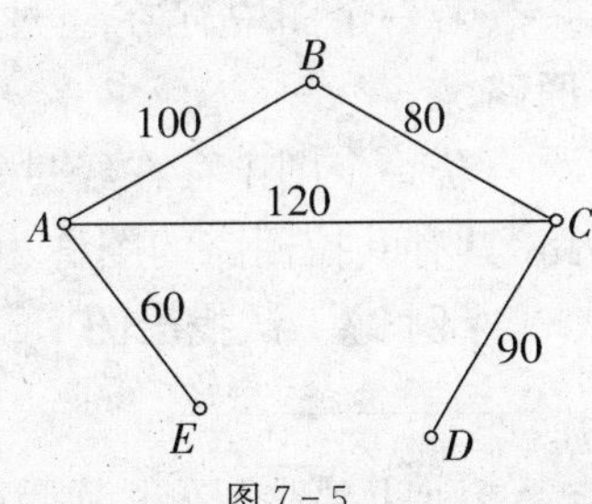

图 7-5

可以看到，在图 7-5 中，每条边的旁边附加了一个数字，来刻画此边的数量特征. 若一个图的每条边均附有数量信息,则这图称为**赋权图**,而附加的数量信息称为相应边的**权数**.

赋权图在实际中应用广泛.如在一个工程网络中,边的权数可以表示工作的完成时间.在一个设备维修图中,权数可以表示为所需的费用等.

【例 1】 某产品的生产流程为:第一车间和第二车间都从原材料库领取原材料,用时都为 1 h;第一车间加工后的半成品送到第二车间,用时 3 h;经第二车间加工后部分送到总装车间,用时 0.5 h,部分送到第三车间再加工,用时 2 h,然后再送到总车间总装,用时 0.5 h;经总装后的成品送入成品库,用时 1 h.试将这一流程用图表示.

解 将原材料库、各车间、成品库分别用结点 A,B,C,D,E,F 表示,具有关系的两结点之间用有方向的线表示,并将时间信息附在相应的边上,得到图 7-6,即为所作的流程图.可见它是一个有向赋权图.

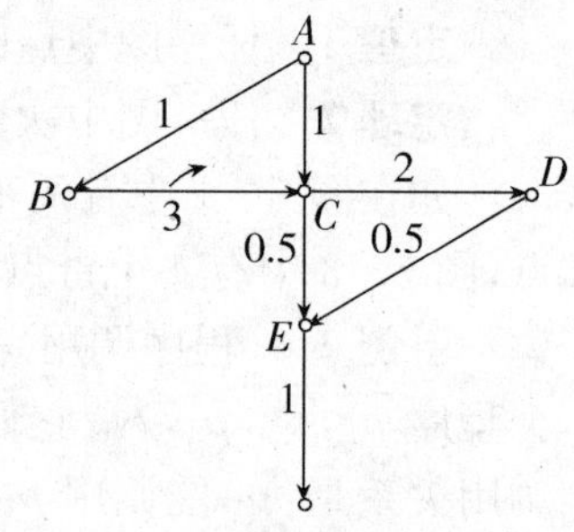

图 7-6

连通图

下面我们只讨论无向图,对有向图也有类似的结论.

在图 7-7 中,可以看到,从结点 v_1 开始,经 v_2,v_3 到 v_4,有一条首尾相连接的路.这种由首尾连接的边构成的序列叫做**图的通路**.通路中的边数叫做**通路的长度**.将通路中的结点依次排成的序列来表示这条通路,其第一个点为通路的起点,最后一个点为通路的终点.如前面的通路可表示为 $v_1v_2v_3v_4$,起点为 v_1,终点为 v_4,我们还可以找出图 7-7 中其他几条通路如下:

$P_1:v_1v_2v_3v_4v_5$;$P_2:v_1v_2v_4v_5$;$P_3:v_2v_3v_4v_5$;$P_4:v_2v_3v_4v_2$.

上述通路 P_4 的起点与终点相同,这样的路称为**图的回路**.

容易看出,图 7-7 中,任意两点之间均有通路,这样的图称为**连通图**.

图 7-1、图 7-3、图 7-5 都是连通图,但图 7-2 是非连通图.特别,图 7-5 是**赋权**连通图,这种图又称为**网络**.

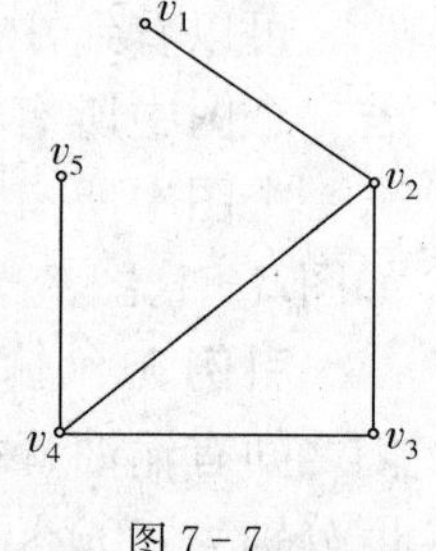

图 7-7

若一个图中存在经过每一条边一次且仅一次的通路,则此路称为**欧拉**①**通路**.

若一个图中存在经过每一条边一次且仅一次的回路,则此回路称为欧拉回路.具有欧拉回路的图称为**欧拉图**.

【例 2】 试找出图 7-8 中的欧拉通路和欧拉回路.

① 欧拉(Euler,1707—1783),瑞士数学家.

解　图 7-8(1)的一条欧拉通路是 $v_2v_3v_4v_1v_2v_4$；图 7-8(2)的一条欧拉回路是 $v_1v_2v_3v_4v_5v_2v_6v_1$.

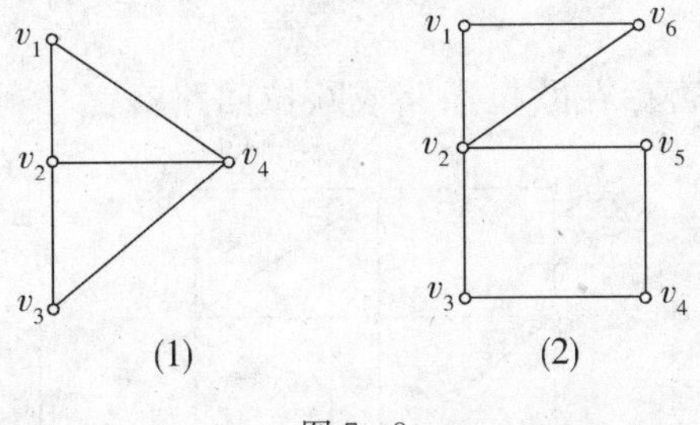

图 7-8

一个无向图是否存在欧拉通路的问题，称为"**一笔画问题**"，即笔不离纸，每条边只画一次而不许重复，能够画完该图. 关于欧拉通路和欧拉回路，有下面的定理.

定理 3　无向连通图中结点 v_i 和 v_j 间存在欧拉通路的充分必要条件是 v_i 和 v_j 的次数均为奇数，而其他结点的次数均为偶数.

定理 4　无向连通图是欧拉图的充要条件是每个结点的次数均为偶数.

树

定义　若一个图是连通的，且不包含回路，则这样的图称为**树**.

例 3　试判断图 7-9 中哪些是树，哪些不是树，并说明理由.

解　图 7-9(1)不连通，所以不是树；图 7-9(2)连通且无回路，所以是树；图 7-9(3)有回路，所以不是树.

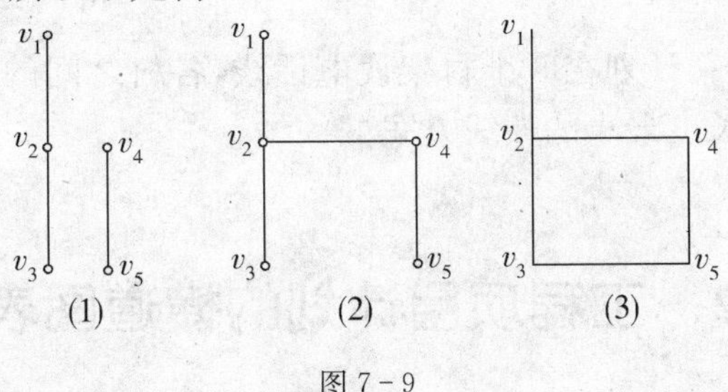

图 7-9

在图 7-9(3)中，若去掉边 v_3v_5，则可得到图 7-9(2). 因此，图 7-9(2)可看作是由图 7-9(3)的一部分(称为子图)构成的树，称为**生成树**.

☞巩固练习

1. 6 个城市 A,B,C,D,E,F 之间收发报业务关系为：(A,B)，(A,C)，(B,C)，(C,F)，(C,E)，(C,D)，(D,E)，(D,F)，(E,F). 试将这种关系用图表示出来，该图是连通图吗？

2. 设有某祖宗 a 生两个儿子 b,c；b 与 c 又分别生了 3 个儿子，分别为 d,e,f 与 g,h,i；而 d 与 g 又分别生了一个儿子，它们是 j 与 k. 试将这种家属关系用有向图表示出来.

3. 图 7－10 中是否存在欧拉通路或欧拉回路?

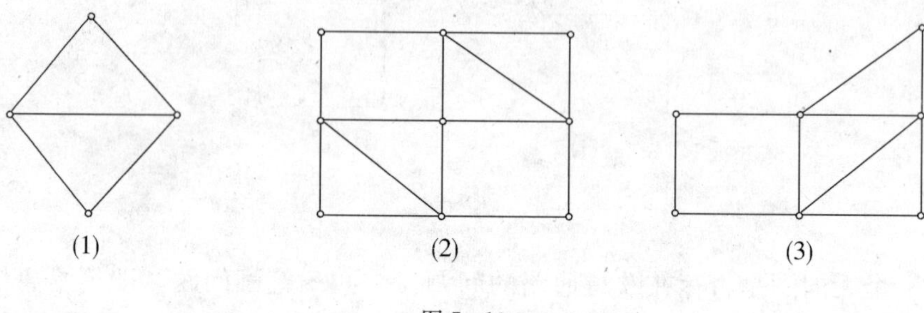

图 7－10

4. 如图 7－11，甲、乙两只蚂蚁分别从 A,B 两点出发，走过图中所有边，最后到达 C 点，若它们的速度相同，问谁先到达目的地?

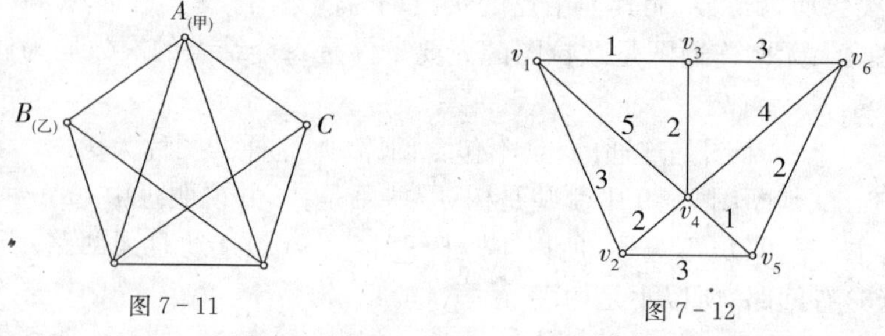

图 7－11 图 7－12

5. 设某电话公司计划在 6 个村架设电话线，各村之间的距离如图 7－12 所示，试求使电话总长度最小的架线方案.

§7.2 工程项目计划的横道图表示法

基础知识

引例 （建筑施工计划）某建筑工程施工计划如表 7－1. 其中紧前工作是指该项工作紧接的前一项工作，要等前一项工作完成后该项工作才能开工，例如工作 D 的紧前工作是 B 和 C，即 B 和 C 完工后 D 才能开工. 工作持续时间是指工作从开始到完成所用的时间. 问：用什么方法可以将工作计划直观表示出来，能让现场管理人员和施工人员都理解工作的进度和各项工作之间的先后关系？

表 7-1　施工计划表

工作序号	工作代号	工作名称	紧前工作	工作持续时间(d)
1	A	支模 1	—	4
2	B	支模 2	A	4
3	C	绑钢筋 1	A	2
4	D	绑钢筋 2	B,C	2
5	E	浇混凝土 1	C	6
6	G	浇混凝土 2	D,E	6

解　如表 7-2，横向为施工进度，纵向为工作项目. 由水平时间刻度表中画出代表工作的横道，表示出工作的开始和结束时间，横道的长度表示工作的持续时间. 则结合图形与表格，就可清晰地表达各项工作的进度和先后关系. 如工作"浇混凝土 1"的开工时间为第 7 天，完工时间为第 12 天. 第 5 天至第 10 天，整个工程是最忙的时候. 由表还可以看出，完成该工程的总工期为 18 天.

表 7-2　横道图表

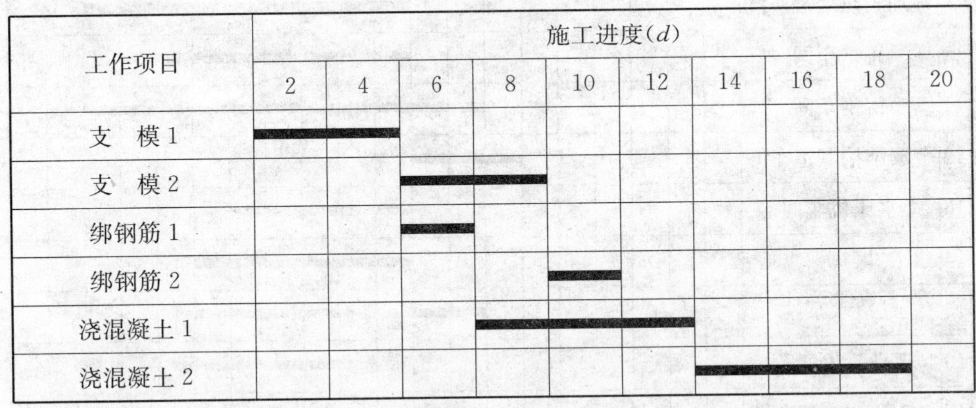

如表 7-2 所示的图表称为**横道图**. 横道图是编制进度计划最常用的一种表示方法，由亨利·甘特[①]于 1917 年提出，因此又称**甘特图**. 这样的图表阅读和更新起来相对简单，并且容易为所有层次的管理者(包括现场操作人员)所理解. 因此，这是一种有效的沟通工具. 它们既能为高层管理人员指出项目主要工作阶段的概况，也能用于表示为期几周的短期计划中的若干工作.

① 甘特(Henry L. Gantt，1861—1919)，美国企业管理学家.

应用案例

【例 1】（建厂工程计划）建设某重型机器制造厂工程进度计划如图 7－13 所示.试指出该工程的总工期，并指出大型机器厂房的开工时间、完工时间及工期.

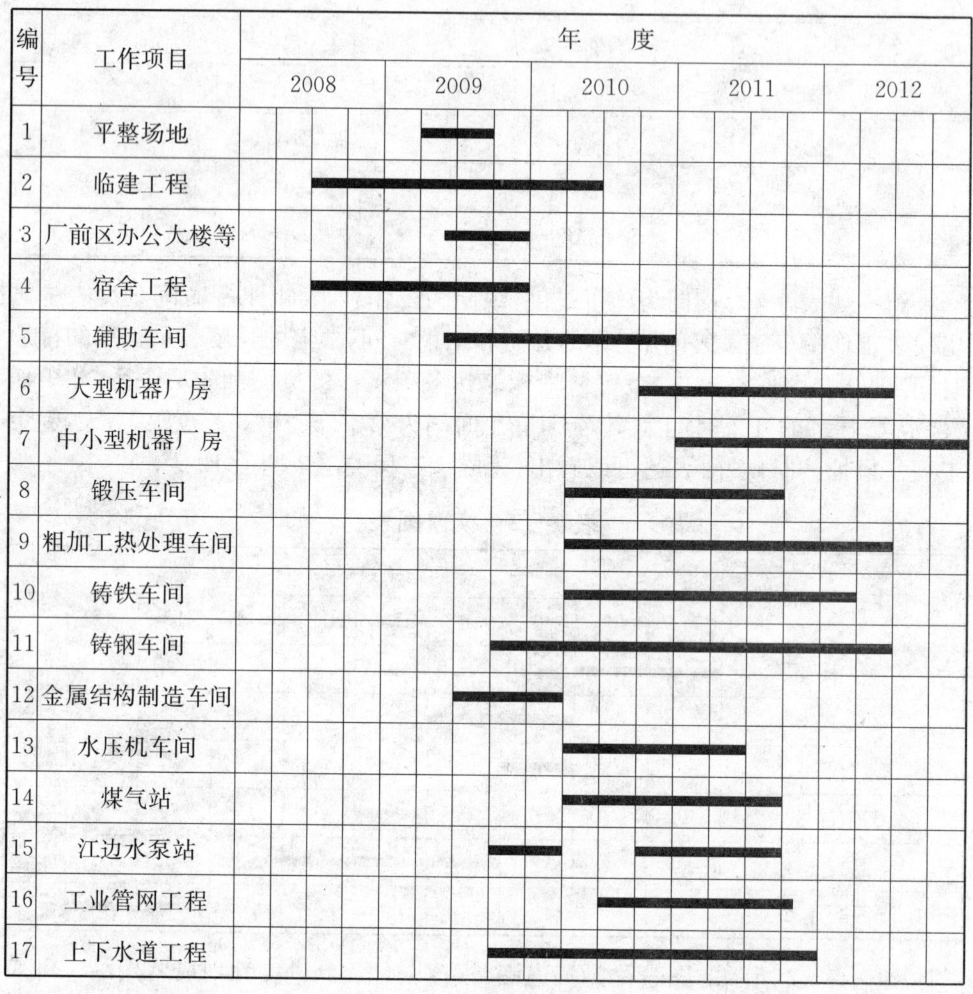

图 7－13

解　由图 7－13 可以看出，工程的开工时间为 2008 年第 3 季度初，完工时间为 2012 年第 4 季度末，全部工期为 4 年零 6 个月.其中大型机器厂房的开工时间为 2010 年第 4 季度，完工时间为 2012 年第 2 季度，该子项目工期为 21 个月.

【例 2】（推销工作计划）某新产品推销工作计划如表 7－3，试用横道图表示该工作计划，并计算项目的总工期.

表 7－3　新产品推销工作计划

工作序号	工作代号	工作项目	紧前工作	工作持续时间(d)
1	A	广告计划	—	2
2	B	推销员培训计划	A	2
3	C	商店管理人员培训计划	B	2
4	D	电视、报纸广告发布	A	3
5	E	广告拷贝	A	4
6	G	准备推销资料	B	7
7	H	准备培训资料	B	6
8	I	广告后继续在新闻机构宣传	D,E	4
9	J	审查、选拔、训练管理人员	C	7
10	K	实施训练计划	H,J	3
11	L	正式销售新产品	G,I,K	4

解　根据表 7－3 提供的信息，绘出横道图计划如图 7－14 所示. 可以看出，项目的总工期为 20 天.

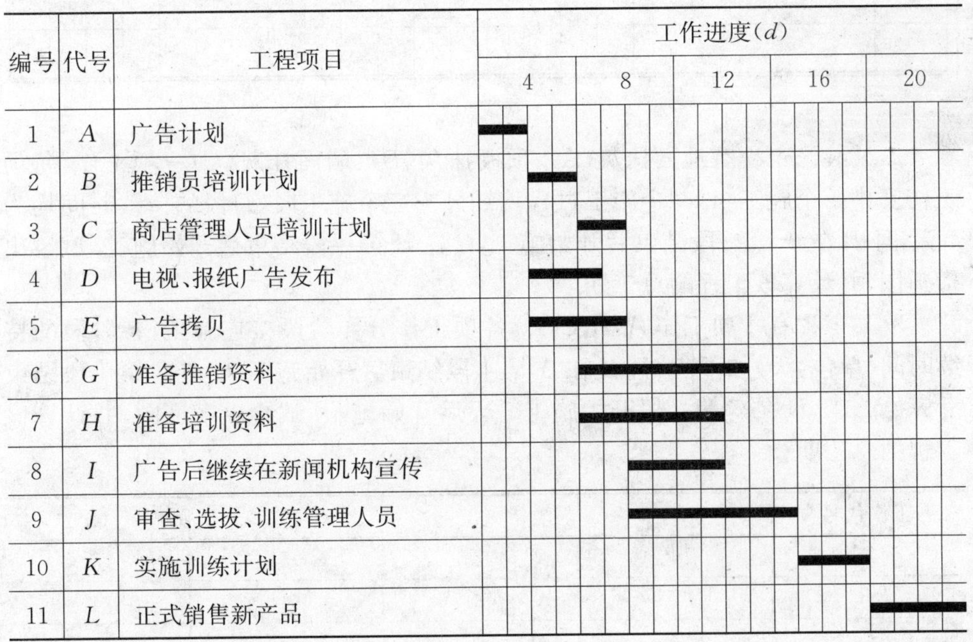

图 7－14

☞巩固练习

1. 根据图 7 - 15 所示的横道图,指出该工程的总工期,并指出其中"管道与设备"工作的开工时间、完工时间及工期.

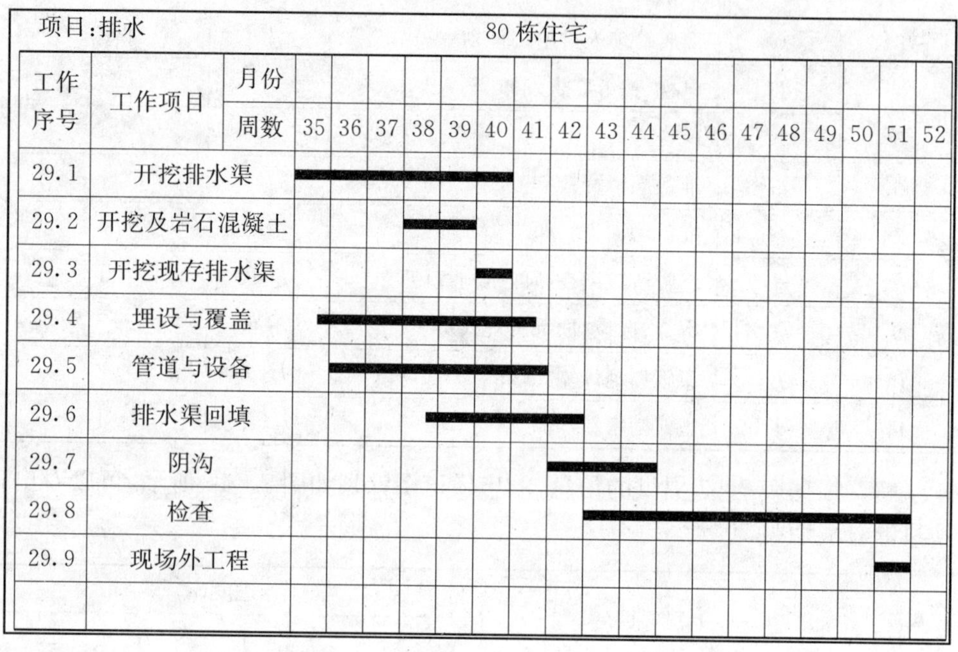

图 7 - 15

2. 某装修工程有地面抹灰(A)、顶棚抹灰(B)、墙面抹灰(C)三项工作,每项工作安排一个施工组,每个施工过程均划分为三个施工段,每段的持续时间均为 4 天,且 B 在 A 第一段结束后开始施工,C 在 B 第一段结束后开始施工. 试绘出横道图,并计算该工程的总工期.

3. 某工程有 4 项工作 A,B,C,D,各项工作分 4 阶段接连施工,各阶段的持续时间(单位:天)如下表,且 B 在 A 第 1 段结束后开始施工,C 在 B 第 1 段结束后开始施工,D 在 C 第 2 段开始施工 3 天后开始施工. 试绘出横道图,并计算该工程的总工期.

工作代号	①	②	③	④
A	4	2	5	3
B	5	3	4	4
C	4	4	3	5
D	3	5	1	4

§7.3　网络计划技术的概念及其表示

☞基础知识

网络计划技术的概念

引例　(建筑施工计划的网络表示)在前节的引例中，我们用横道图表示了工程的施工计划. 显然，横道图不能直接反映各施工过程之间相互联系、相互制约的逻辑关系，也不能指出哪些工作是关键工作、哪些工作不是关键工作. 因此，能否根据各工作之间的逻辑关系，利用前面的图论知识绘出其网络图呢?

分析　将表 7－1 中的每一项工作用图 7－16 所示的记号表示，则根据这些工作之间的逻辑关系，我们可以绘出图 7－17. 这就是我们所求的网络图，它清楚地表达了前面的建筑工程施工计划.

这种用网络图表达工程项目计划的方法称为**网络计划技术**.

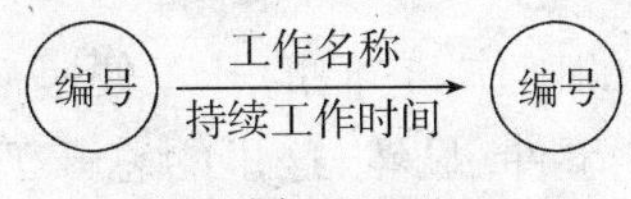

图 7－16

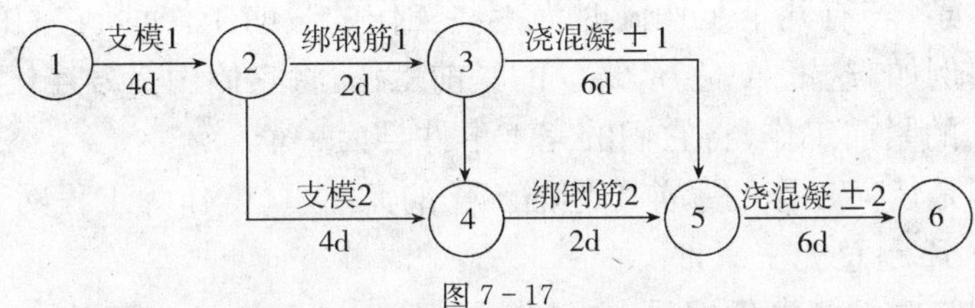

图 7－17

网络图种类繁多. 根据绘图表达方法的不同，分为双代号网络图和单代号网络图；根据表达的逻辑关系和时间参数肯定与否，又可分为肯定型网络图和非肯定型网络图；根据计划目标的多少，可以分为单目标网络图和多目标网络图；根据内容涉及的范围大小和项目划分程度的粗细，又可分为总体网络图和局部辅助网络图. 此外，还有无时间坐标和有时间坐标的网络图等. 这里，我们主要介绍双代号网络图和单代号网络图.

双代号网络图

上面给出的图 7－17 就是一个双代号网络图. 其中我们用一个箭号表示一个工作. 所谓工作是指一项有具体活动内容，需要人力或物力投入，并经过一定时间才能完成的生产或活动过程. 箭头和箭尾的圆圈叫做**事件(结点)**，表示工作完成或开始的瞬间. 完成某道工作所需的时间称为该**工作长**.

任何一个工作都可用前后两个圆圈的编号表示，如图 7－17 中的工作“支模1”可表示为(1,2)，工作“浇混凝土 1”可表示为(3,5)，因而这种表示工作的方法称为**双代号表示法**. 把完成一项工程的所有工作，根据先后顺序和它们的逻辑关系，用上述记号绘制成的图，称为**双代号网络图**.

【例 1】 一个工程由 A,B,C,D,E,F,G,H,I,J,K 共 11 项工作组成. 它们的先后关系是：A 完工后 B,C,G 可以同时开工，B 完工后 E,D 可以同时开工，C,D 完工后 H 可以开工，E,F 完工后 I 可以开工，G,H 完工后 F,J 可以开工，I,J 完工后 K 可以开工. 试绘出该工程网络图.

解 先将各工作的紧前工作列成表格形式(表 7－4)，再根据该表提供的工作关系绘工程网络图.

表 7－4 工作关系表

工作代号	A	B	C	D	E	F	G	H	I	J	K
紧前工作	—	A	A	B	B	G,H	A	C,D	E,F	G,H	I,J

绘工程网络图的程序如下：

(1)找出没有紧前工作的工作，它们的开工便是工程的开工，它们的开工事件应为工程网络图的总开工事件. 显然，这里的总开工事件是 A.

(2)找出以上述工作为紧前工作的工作，将它们接在这些工作的后面，如此继续下去. 注意，若有几个工作同时为一些工作的紧前工作，则它们的完工事件应合为一个. 例如，这里 A 是 B,C,G 的紧前工作，将它们用箭号连接在 A 之后. C,D 都是 H 的紧前工作，将它们的完工事件合为一个.

(3)将不是任何工作的紧前工作的工作的完工事件，作为工程网络图的总完工事件. 这里 K 是总完工事件.

(4)给网络中的各事件编号. 方法如下：

①将图中表示总开工事件的结点标号为 1，然后从图中删去该点和以它为起点的所有边；

②在余下的图中，对不作为任何边的终点节点依次用余下的自然数编号，然后去掉已编号的节点和以它们为起点的边；

③重复以上两步，直到只剩下图中表示总完工事件的节点，将它编上该工程网络最大的号.

根据以上程序，得到所求的工程网络图如图 7－18 所示.

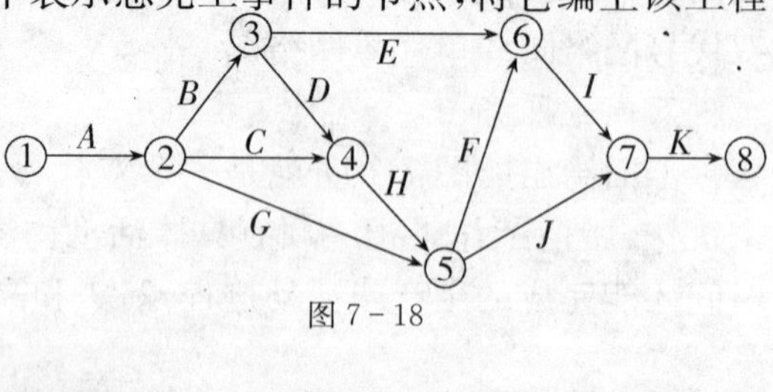

图 7－18

在绘工程网络图时，为了避免图中出现平行边，有时需要引进**虚**

工作. 虚工作是工作持续时间为零的工作，在工程网络图中用带箭头的虚线表示. 例如，两道工作可同时开工同时完工时，一般不表示成图 7-19(1)的形式，而是用图 7-19(2)来表示，其中工作 O 为虚工作. 当一项工作同时是其他两项工作的紧前工作时，需要引进虚工作. 如图 7-17 中，工作(3,4)就是虚工作.

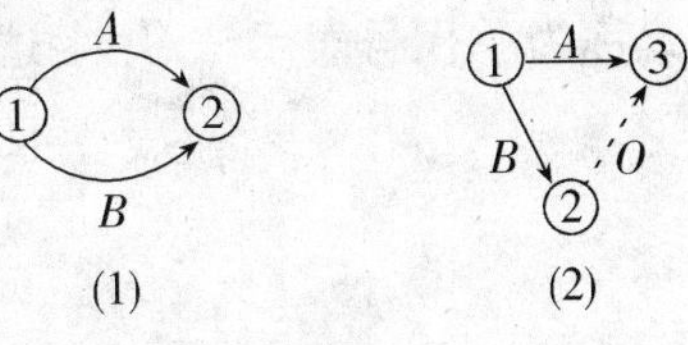

图 7-19

【例 2】 一个工程由 $A,B,C,D,E,F,G,H,I,J,K,L,M,N,P$ 共 15 项工作组成，它们的先后关系如表 7-5，试绘出该工程的网络图.

表 7-5　工作关系表

工作代号	A	B	C	D	E	F	G	H
紧前工作	—	—	—	C	B,C	A,E	E	F,G

工作代号	I	J	K	L	M	N	P
紧前工作	H,K	N,I	D,E	D,E	H,K	M	L

解　由于 C 为 D 的紧前工作，C 又与 B 一起为 E 的紧前工作，为此必须引进一个虚工作 O. 类似地，E 为 G 的紧前工作，同时 E 又和 A 一起为 F 的紧前工作，又和 D 一起为 K,L 的紧前工作，所以还要引进 2 个虚工作 O' 和 O''. 工程网络图如图 7-20 所示.

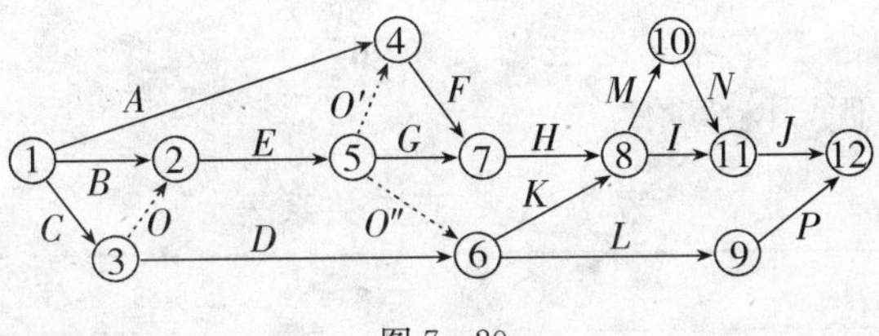

图 7-20

单代号网络图

如图 7-21 所示，用一个大圆圈或一个大方框作为结点表示一项工作. 把工作名称、编号、持续时间都写在圆圈或方框之内. 箭号仅用来表示工作先后的顺序关系. 由于一个编号可以代表一项工作，因

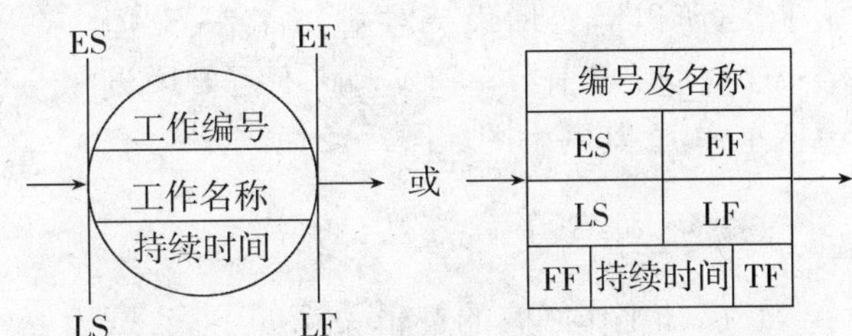

图 7-21

此称为**单代号表示法**. 用上述图例绘成的图形，称为**单代号网络图**(图 7－22).

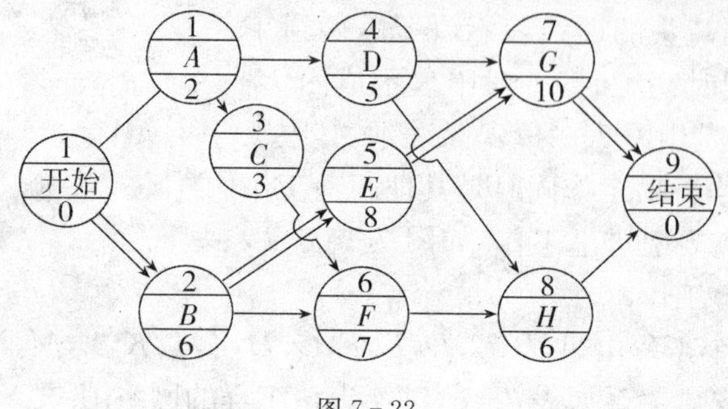

图 7－22

双代号网络图的表达形式很像横道图，必要时还可用箭杆的长短表示预估时间的长短，在土木建筑工程中应用较普遍. 但当逻辑关系复杂时，图中要增添若干个虚工作，这样就容易造成差错. 单代号网络图具有绘图简单，便于修改调整等优点，近年来，应用日益增多.

单代号网络图的绘制与双代号网络图不同. 主要区别在于，当网络图中有多项开始工作时，应增设一项虚拟的工作(S)，作为该网络图的起结点；当网络图中有多项结束工作时，应增设一项虚拟的工作(F)，作为该网络图的终结点(图7－23).

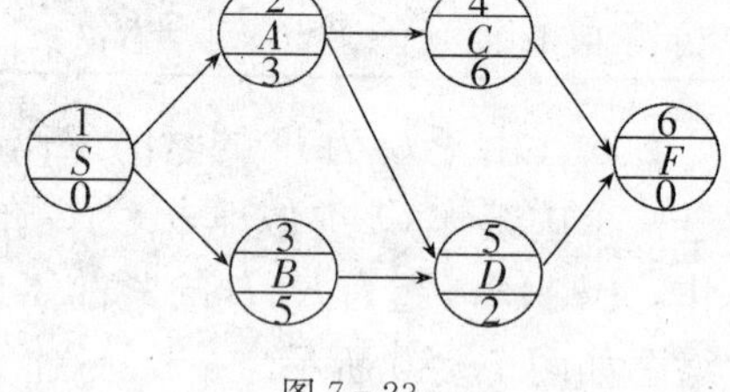

图 7－23

【例 3】 已知各工作之间的逻辑关系如表 7－6，试绘图单代号网络图.

表 7－6　工作关系表

工作代号	A	B	C	D	E	G	H	I
紧前工作	—	—	—	—	A,B	B,C,D	C,D	E,G,H

解　因为有 A,B,C,D 四项工作为开始工作，所以需要增设一项虚拟工作 S. 但结束工作只有工作 I 一项，因此不需要增设虚拟工作 F. 其网络图如图7－24所示.

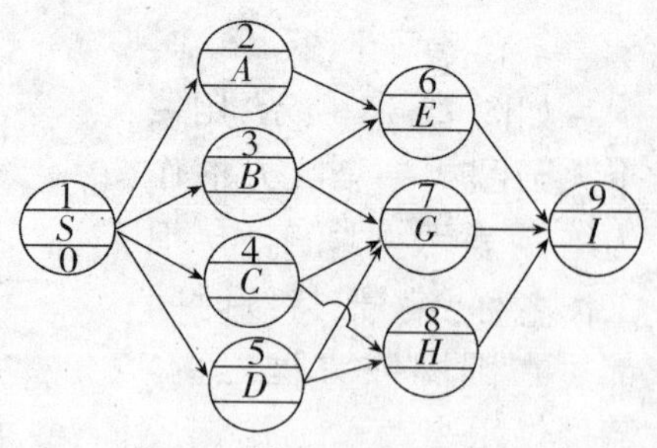

图 7－24

巩固练习

1. 已知工作之间的逻辑关系如下表，试分别绘制双代号网络图和单代号网络图.

工作代号	A	B	C	D	E	G	H	I	J
紧前工作	E	H,A	J,G	H,J,A	—	H,A	—	—	E

2. 已知某工程网络计划的有关资料如下表，试绘制双代号网络计划图，在图中标出时间参数，找出最长路径，并计算最长路径的长.

工人代号	A	B	C	D	E	F	G	H	I	J	K
持续时间	22	10	13	8	15	17	15	6	11	12	20
坚前工作	—	—	B,E	A,C,H	—	B,E	E	F,G	F,G	A,C,H,I	F,G

3. 已知某工程网络计划的有关资料如下表，试绘制横道图和双代号网络计划图，在图中标出时间参数，找出最长路径，并计算最长路径的长.

工作	A	B	C	D	E	G	H	I	J	K
持续时间	2	3	4	5	6	3	4	7	2	3
紧前工作	—	A	A	A	B	C,D	D	B	E,H,G	G

§7.4　网络计划的优化

☞基础知识

关键路径及其确定

引例　(最长路径)试找出图 7-25 中从总开工事件到总完工事件之间工程最长的路径，并计算其长度.

分析　从总开工事件①到总完工事件⑥所有的路径及其长度如下：

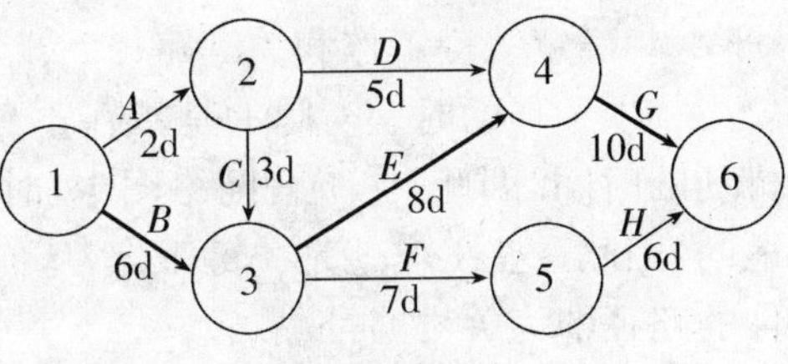

图 7-25

(1) ①—②—④—⑥，路径长为 17 天.

(2) ①—②—③—④—⑥，路径长为 23 天.

(3) ①—②—③—⑤—⑥，路径长为 18 天.

(4) ①—③—④—⑥，路径长为 24 天.

(5) ①—③—⑤—⑥，路径长为 19 天.

因此，工期最长的路径为①—③—④—⑥(图中用粗线标示)，路径长为24d.

在工程网络图中，从总开工事件到总完工事件的最长路径为**关键路径**，在网络图上关键路径通常用粗线或双线表示. 关键路径的长就是**总工期**. 位于关键路径上的工作称为**关键工作**. 如图7-25中关键路径的长为24，即总工期为24天. B,E,G都是关键工作，显然这些工作完成的快慢直接影响总工期. 所以关键路径是整个工程的关键所在，找出关键路径是协调工程计划的一个重要步骤.

确定关键路径的步骤如下：

(1)计算每一项工作最早可以开工的时间T_E.

如何确定一项工作的最早可以开工时间呢？下面以图7-25中工作G为例，分析计算某项工作最早可以开工时间的方法.

在图7-25中，可以看出总开工事件①沿箭头指向到工作G的开工事件④之间，有以下3条不同路径：①—②—④；①—②—③—④；①—③—④. 各路径的长分别为：7，13，14. 因为工作G必须等前面的所有工作完成后才能开工，所以G的最早可以开工时间应为三者中的最大值14.

一般地，在工程网络图中，**一项工作的最早可以开工时间等于从总开工事件到该工作开工事件所有路径长的最大值.**

(2)计算每一项工作最迟必须完工时间T_l.

类似地，由分析可知，在工程网络图中，**一项工作最迟必须完工时间等于总工期减去该工作的完工事件到总完工事件所有路径长的最小值.**

(3)计算时差S.

一项工作的时差等于该工作的最迟必须完工时间与最早可以开工时间之差再减去该工作的长. 即

$$\boxed{S(i,j)=T_L(i,j)-T_E(i,j)-t(i,j),}$$

其中$t(i,j)$为工作(i,j)的工作的长.

(4)确定关键工作和关键路径.

一项工作的时差实际上是指在不延误总工期的前提下，它的开工日期可以机动的时间. 因此，在工程网络图中，时差为零的工作其开工时间是没有机动余地的，因此这些工作就是关键工作，从而由它们组成的由总开工事件至总完工事件的路径即为关键路径.

【例1】 计算图7-26所示的双代号工程网络计划图中各工作的最早可能开工时间、最迟必须完工时间和时差，并据此找到关键工作与关键路径.

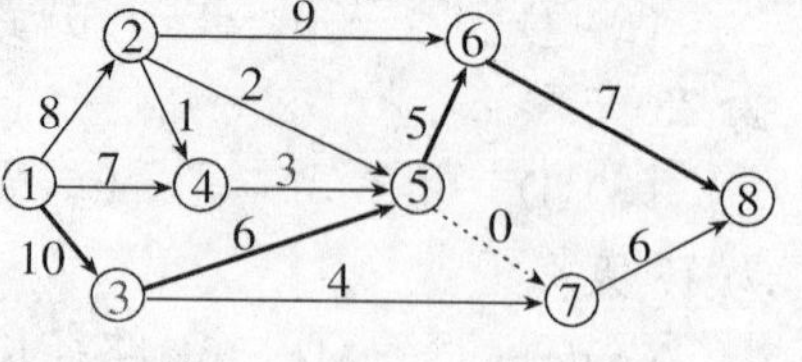

图7-26

解 设第(i,j)项工作的最早可能开工时

间为 $T_E(i,j)$，最迟必须完工时间为 $T_L(i,j)$，时差为 $S(i,j)$，则根据它们的定义，从网络的始结点开始计算，可得各项工作的最早可能开工时间依次为：

$T_E(1,2)=T_E(1,3)=T_E(1,4)=0, T_E(2,4)=T_E(2,5)=T_E(2,6)=8, T_E(3,5)=T_E(3,7)=10, T_E(4,5)=9, T_E(5,6)=T_E(5,7)=16, T_E(6,8)=21, T_E(7,8)=16.$

从网络的终结点开始计算，可得各项工作最迟必须完工时间依次为：

$T_L(7,8)=T_L(6,8)=28, T_L(5,7)=T_L(3,7)=22, T_L(2,6)=T_L(5,6)=21, T_L(2,5)=T_L(3,5)=T_L(4,5)=16, T_L(1,4)=T_L(2,4)=13, T_L(1,3)=10, T_L(1,2)=12.$

根据以上结果，得各项工作的时差为：

$S(1,2)=12-0-8=4, S(1,3)=10-0-10=0, S(1,4)=13-0-7=6, S(2,4)=13-8-1=4, S(2,5)=16-8-2=6, S(2,6)=21-8-9=4, S(3,5)=16-10-6=0, S(3,7)=22-10-4=8, S(4,5)=16-9-3=4, S(5,6)=21-16-5=0, S(5,7)=22-16-0=6, S(6,8)=28-21-7=0, S(7,8)=28-16-6=6.$

因为工作(1,3)，(3,5)，(5,6)，(6,8)的时差都为 0，所以它们都是关键工作. 于是，关键路径为①—③—⑤—⑥—⑧(图 7-26 中的粗线路径).

网络计划的优化

在制订出工程网络计划以后，便可以根据各项工作的开工时间，对原材料的供应、人员和设备的配置以及资金的使用等方面作出初步的安排. 为了使人力、物力和财力等资源的安排做到尽可能合理，还需要对所制订的计划进行优化.

对网络计划进行优化的基本思想是，在网络图中找出关键路径和关键工作，并对各关键工作优先安排资源，尽量压缩需要的时间. 而对非关键路径的各项工作，只要在不影响工程完工时间的条件下，抽出适当的人力、物力和财力等资源，用在关键路径上，以达到缩短工程总工期，合理利用资源等目地. 在执行计划过程中，可以明确工作重点，对各个关键工作加以有效控制和调度. 这种利用关键路径进行项目管理的方法称为**关键路径法**①.

因此，网络计划的优化是根据关键路径法，按既定目标对网络计划进行不断改进，以寻求满意方案的过程. 网络计划的优化目标主要有工期目标、费用目标和资源目标三个方面，因此网络计划的优化可分为工期优化、费用优化和资源优化三种.

(1)工期优化

网络计划工期优化是指在不改变网络计划中各项工作之间逻辑关系的前提

① 关键路径法的英译为 Critical Path Method，因此通常简称为 CPM.

下，通过压缩关键工作的持续时间来缩短总工期，从而达到优化目标的过程.

其基本思路是：按照优选系数（或组合优选系数）最小的原则，对关键工作的长进行压缩. 在压缩过程中，不改变关键工作的性质，即不能将关键工作压缩成非关键工作. 当工期优化过程中出现多条关键路径时，必须将各条关键路径的总持续时间压缩相同数值.

（2）费用优化

网络计划费用优化又称工期成本优化，是指寻求工程总成本最低时的工期安排，或按要求工期寻求最低成本的计划安排的过程.

其基本思路是：不断在网络计划中找出直接费用率（或组合直接费用率）最小的关键工作，缩短其持续时间，同时考虑间接费用随工期缩短而减少的数值，最后求得工程总成本最低时的最优工期或按要求工期求得最低成本的计划安排.

（3）资源优化

在通常情况下，**网络计划的资源优化**分为两种，即"资源有限，工期最短"的优化和"工期固定，资源均衡"的优化. 前者是通过调整计划安排，在满足资源限制的条件下，使工期延长最少的过程；而后者是通过调整计划安排，在工期保持不变的条件下，使资源需用量尽可能均衡的过程.

【例 2】（工期优化）已知某工程双代号网络计划如图 7－27 所示，图中数字为工作的正常持续时间. 已知该工程各项工作的优选系数和最短持续时间如表 7－7. 其中，优选系数是综合考虑质量、安全和费用增加情况确定的. 选择关键工作压缩其持续时间时，应选择优选系数量小的关键工作. 若需要同时压缩多个关键工作的持续时间时，则它们的优选系数之和最小者应优先作为压缩对象. 现假设要求工期为 15，试对其进行工期优化.

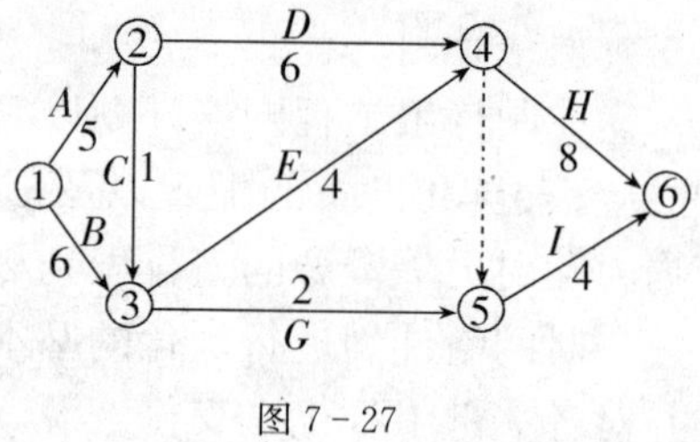

图 7－27

表 7－7　工作的优选系数和最短持续时间表

工作代号	A	B	C	D	E	G	H	I
优选系数	2	8	∞	5	4	5	10	2
最短持续时间	3	4	1	4	3	1	6	2

解　该网络计划的工期优化程序如下：

（1）确定网络计划的关键路径和总工期. 用前面介绍的方法，可得图 7－27 的关键路径为①—②—④—⑥，总工期为 19.

（2）计算总工期应缩短的时间. 用计划工期减去要求的工期，得应缩短的工期时间为 19－15＝4.

(3)实施第 1 次优化. 因为关键工作为 A, D, H,且 A 的优选系数最小,所以先对 A 优化. 由于工作 A 的最短持续时间为 3,因此可以将工作 A 压缩 2,即由 5 压缩至 3. 但通过计算知,改变后的网络计划中工作 A 变成了非关键工作. 为了保证 A 仍为关键工作,再将工作 A 的持续时间延长为 4,得到网络计划如图 7－28 所示. 此时,图中有两条关键路径,即①—②—④—⑥和①—③—④—⑥.

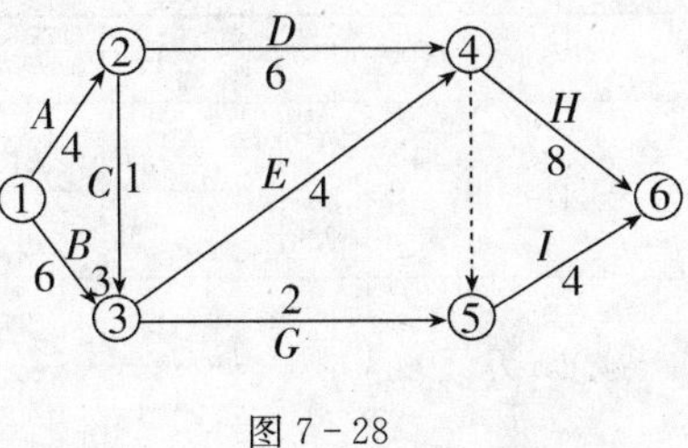

图 7－28

(4)实施第 2 次优化. 因为总工期为 18,仍大于要求工期,所以需要继续优化. 在图 7－24 中,有以下 5 个压缩方案:

方案 1　同时压缩工作 A 和 B,组合优选系数为 2＋8＝10.

方案 2　同时压缩工作 A 和 E,组合优选系数为 2＋4＝6.

方案 3　同时压缩工作 B 和 D,组合优选系数为 8＋5＝13.

方案 4　同时压缩工作 D 和 E,组合优选系数为 5＋4＝9.

方案 5　压缩工作 H,优选系数为 10.

这五个方案中,由于第二个方案的组合优选系数最小,因此应选择同时压缩工作 A 和 E 的方案. 将这两项工作的持续时间各压缩 1 个单位(压缩至最短),再确定关键路径和计算总工期(图 7－29). 此时,关键路径仍有两条,即①—②—④—⑥和①—③—④—⑥.

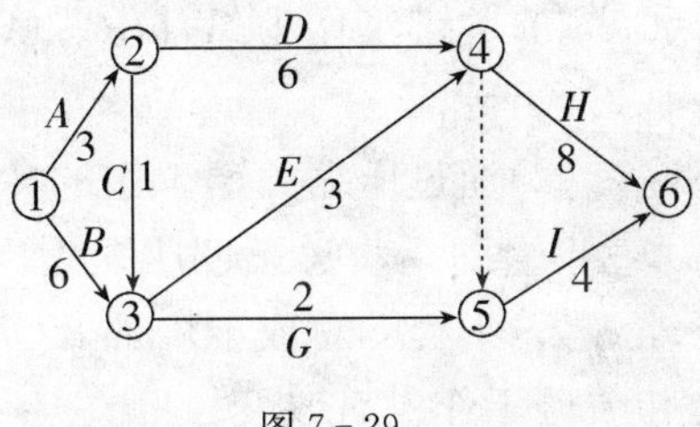

图 7－29

(5)实施第 3 次优化. 因为总工期为 17,仍大于要求工期,所以需要继续优化. 在图 7－29 中,关键工作 A 和 E 已不能再压缩,因此只有两个压缩方案:

方案 1　同时压缩工作 B 和 D,组合优选系数为 8＋5＝13;

方案 2　压缩工作 H,优选系数为 10.

这两个方案中,方案 2 的优选系数最小,因此应选择压缩工作 H 的方案. 将工作 H 的持续时间缩短 2,得到网络计划如图 7－30 所示. 由于关键路径不变,所以总工期为 15,已等于要求工期,故该方案为所求的优化方案.

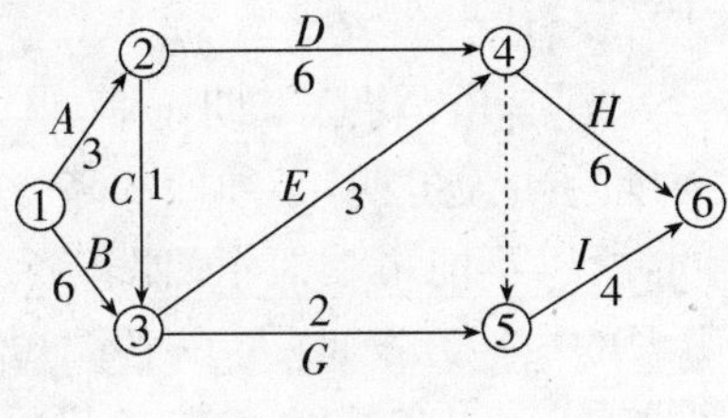

图 7－30

【例 3】 (费用优化)某工期的时间成本如表 7－8,工程网络图如图 7－31 所示. 试对该工程网络计划的费用进行优化.

表 7-8 时间成本表

工作代号		A	B	C	D	E	F	G	H	合计
时间(d)	正常	4	7	3	5	2	10	7	2	
	突击	3	5	2	3	2	8	5	1	
成本(万元)	正常	100	280	50	200	160	230	200	100	1 320
	突击	200	520	100	360	160	350	480	200	2 370
成本费用率		100	120	50	80	—	60	140	100	

注:表中正常时间和正常成本是指用最少费用完成任务时所需的时间和成本;突击时间和突击成本是指用最短的时间来完成任务所需的时间和成本.成本费用率表示每缩短一个单位的时间所需增加的成本,其计算公式为

$$\text{成本费用率}=\frac{\text{突击成本}-\text{正常成本}}{\text{正常时间}-\text{突击时间}}.$$

解 费用优化过程如下:

(1)根据正常时间,确定关键路径.

由图 7-31,易得网络计划的关键路径为①—②—④—⑤;关键工作为 A,D,G;总工期 16 天,直接总成本 1 320 万元.

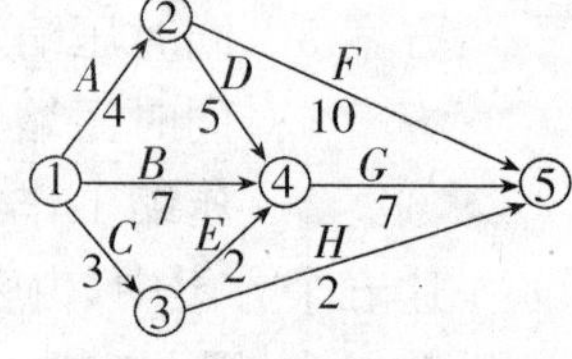

图 7-31

(2)通过压缩关键工作的持续时间进行费用优化.

方案 1 将总工期压缩到 15 天.将关键工作中成本费用率最小的工作 D 压缩 1 天,工程的总成本增加 80 万元,即直接总成本为 1 400 万元.并且关键路径和关键工作没有改变.

方案 2 将总工期压缩到 14 天.将关键工作中成本费用率最小的工作 D 再压缩 1 天(图 7-32),直接总成本为 1 480 万元.这时,图中有 3 条关键路径:①—②—⑤,①—②—④—⑤,①—④—⑤.D 仍为关键工作.

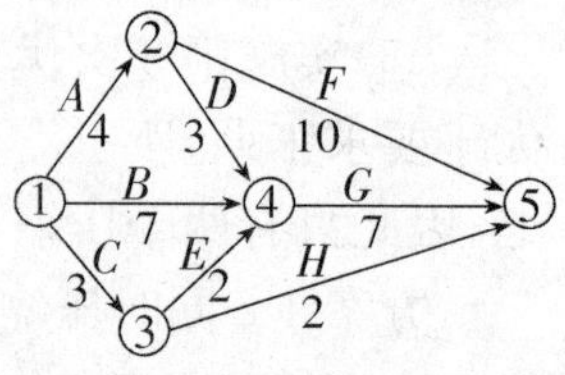

图 7-32

方案 3 将总工期压缩到 13 天.由图 7-32 可知,要缩短 1 天工期,必须使 3 条关键路径都缩短 1 天.但工作 D 已经达到突击时间,所以不能再缩短了.比较各工作成本费用率后可知,使 3 条关键路径都缩短 1 天的最佳方案是:A,G 各缩短 1 天,D 增加 1 天,成本增加 $100+140-80=160$(万元),直接总成本为 1 640 万元(图 7-33).

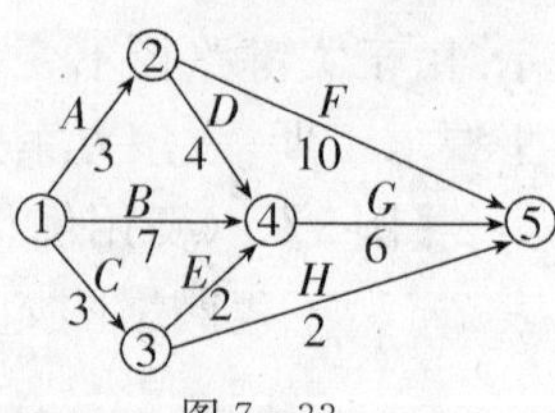

图 7-33

方案 4 将总工期压缩到 12 天.最佳方案是:F,G 各缩短 1 天,直接总成本为 1 840 万元.

方案 5　将总工期压缩到 11 天. 最佳方案是：D,F,B 各缩短 1 天，直接总成本为 2 100 万元.

根据所给的数据，总工期已不能再压缩. 若希望再减少工期，则必须采取革新、挖潜等其他措施.

将原方案计算在内，我们共得到了 6 种方案. 在这 6 种方案中，哪一种方案最好呢？如果整个工程的决定因素是工期，那么应选择 5. 如果整个工程的决定因素是成本，那么必须在这六个方案中选择总成本最低的方案. 一项工程的总成本等于直接总成本加上间接总成本. 一般来说工程的间接成本随时间的增加而增加，且是时间的线性函数. 根据有关实际数据，算得总成本与总工期的相应数据如表 7－9. 可以看出，总成本最低的总工期为 14 天. 因此，我们应该选择方案 2.

表 7－9　工期与成本关系数据表

总工期(d)	16	15	14	13	12	11
直接成本(万元)	1 320	1 400	1 480	1 640	1 840	2 100
间接成本(万元)	1 600	1 500	1 400	1 300	1 200	1 100
总成本(万元)	2 920	2 900	2 880	2 940	3 040	3 200

巩固练习

1. 找出工程网络图(图 7－34)中的全部关键路径.

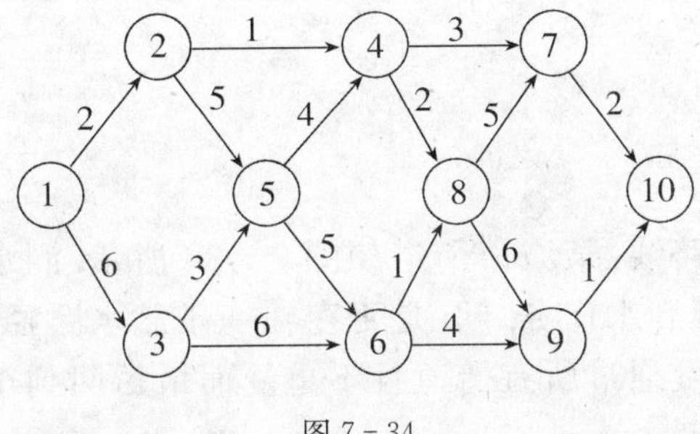

图 7－34

2. 根据下表中的数据，绘出工程网络图，并求出各工作的最是开工时间、最迟完成时间和时差，找出关键路径.

工作代号	A	B	C	D	E	F	G	H	I	J	K	L	M	N	P
紧前工作	—	A	A	B	A	B	C,F	B	D,E	G	D,E	G	J,H,I	J,H,I	K,M
持续时间	3	20	10	14	8	4	3	10	5	15	3	3	2	46	20

3. 如图 7－35 是某工程的网络图，各工序的时间成本如下表. 问：

工作代号		A	B	C	D	E	F	G	H	I
时间(月)	正常	6	5	7	5	6	6	9	2	4
	突击	3	1	5	2	2	4	5	1	1
成本(万元)	正常	4	3	4	3	4	3	6	2	2
	突击	5.2	5	10	6	7	6	11	4	5

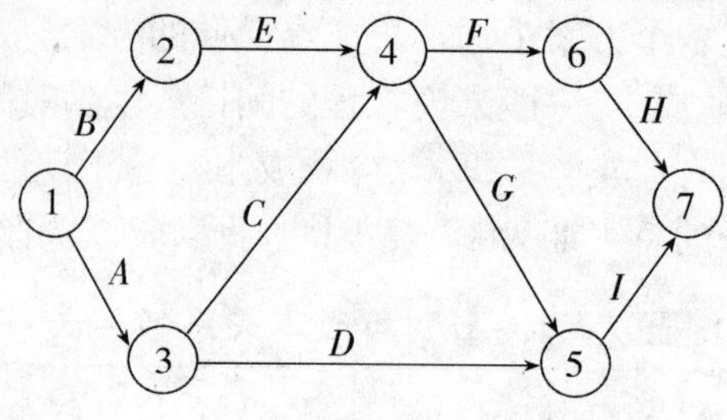

图 7-35

(1)总工期为 16 个月和 23 个月的最低成本是多少?

(2)如果该工程的间接费用为 1 万元×月数,求该工程的总成本最低的最佳工期及相应的总成本.

§7.5 图论与计划编制的应用

☞基础知识

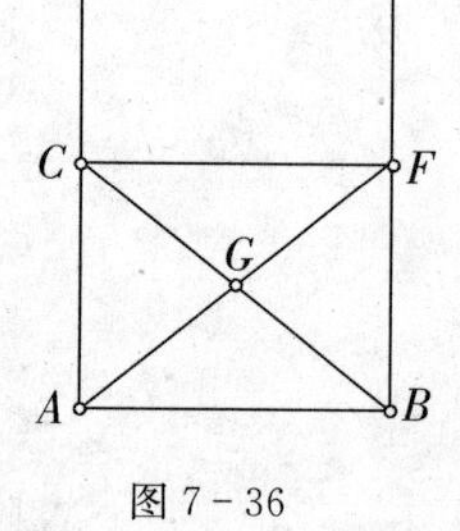

图 7-36

【例 1】 (洒水路线)某城市街道如图 7-36 所示. 洒水车从 A 点出发,执行洒水任务. 问:是否存在一条洒水路径,使洒水车从 A 点出发通过所有街道且不重复而最后回到车库 B?

解 此题即为求证图 7-36 是否存在 A 到 B 的欧拉通路问题. 因为 A,B 的次数都是奇数,而其余各结点的次数都是偶数,所以由 7.1 节定理 3 知这样的洒水路径是存在的. 例如,其中一条这样的路径是:$ACDEFBGCFGAB$.

【例 2】 (七桥问题①)哥尼斯堡②城的居民有郊游的习惯. 在城郊的普雷格

---

① 此问题是欧拉于 1736 年最早解决的.

② 哥尼斯堡(Königsberg)现名加里宁格勒,属俄罗斯.

尔河畔，河中有两个小岛 C,D，七座桥将两个小岛与河岸 A,B 连接(见图 7-37). 问是否存在这样的游玩路径：从 A,B,C,D 中任一地出发，不重复走遍七座桥，再回到原出发地？

解　我们将河岸和小岛都作为点，小桥作为线，画出对应的图如图 7-38. 于是问题成为在图 7-38 中是否存在欧拉回路，即判定图 7-38 是否是欧拉图的问题. 因为图中各结点的次数均为奇数，所以由 7.1 节定理 4 知它不是欧拉图，即图中不存在欧拉回路，因此这样的游玩路径不存在.

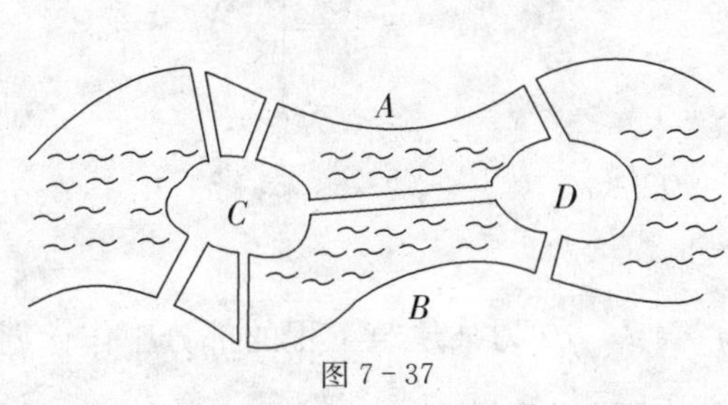

图 7-37

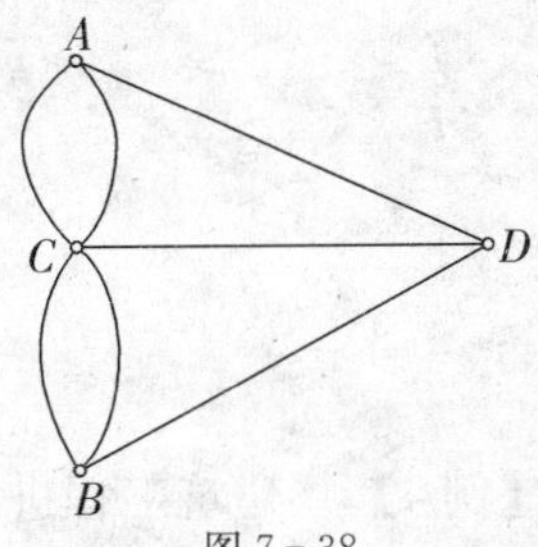

图 7-38

【例 3】　(保卫油图)设有 6 个城市 v_1,v_2,v_3,v_4,v_5,v_6，它们间有输油管连通，其分布如图 7-39 所示(图中的数字表示油管的长度). 为了保卫油管不受破坏，在每段油管间需派一连士兵看守. 问：至少需派多少连士兵，他们应驻在哪些油管处？

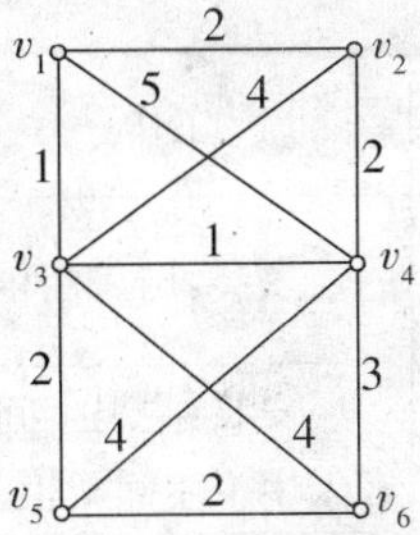

图 7-39

解　显然，此问题即为寻找最短生成树问题. 方法如下：

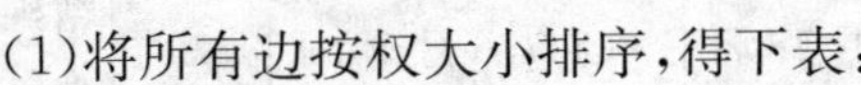

(1)将所有边按权大小排序，得下表：

边	v_1v_3	v_3v_4	v_1v_2	v_2v_4	v_3v_5	v_5v_6	v_4v_6	v_2v_3	v_3v_6	v_4v_5	v_1v_4
权	1	1	2	2	2	2	3	4	4	4	5

(2)将原图所有边删去，保留所有点，得图 7-40.

(3)按表中的次序将边加入图 7-40 中.

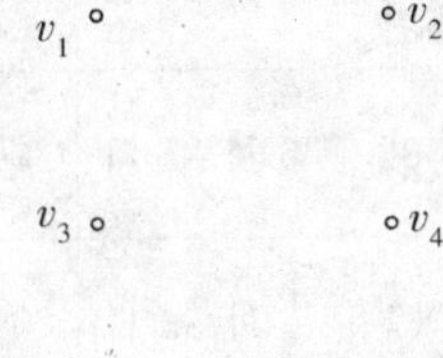

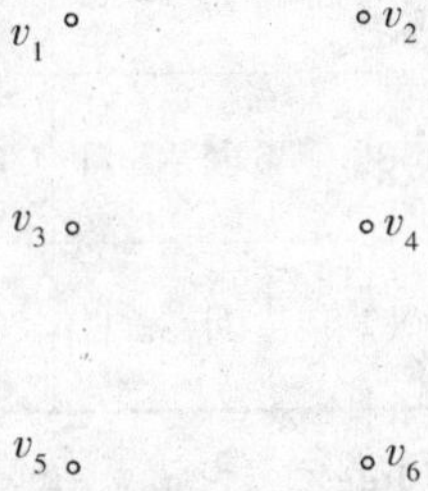

图 7-40

(4)如出现回路,则删去权为最大的边,即得最短树.

图 7-41 给出了寻找最短树的全过程.可以看到,只需派 5 个连驻守.守卫油管的总长度为 8.

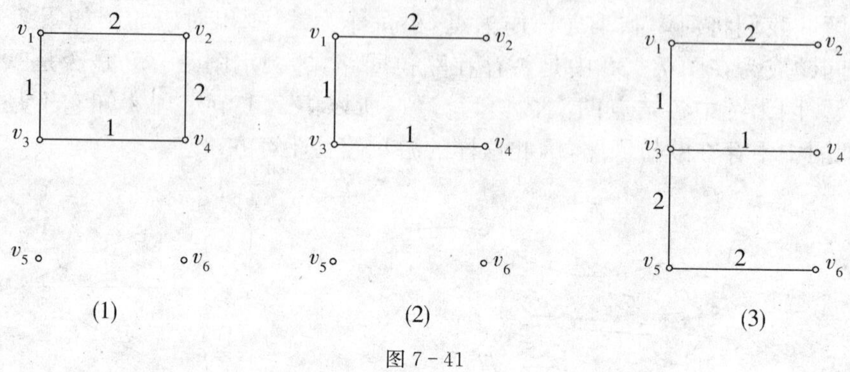

图 7-41

【例 4】 (建筑工程进度计划) 表 7-10 为某建筑工程的部分工作计划.

表 7-10 工程进度计划

序号	工作	持续时间	开工时间	完工时间	紧前工作	资源名称
77	一层安装:厨房橱柜	2 天	2008 年 6 月 15 日	2008 年 6 月 16 日		精细木工承包商
78	一层安装:主卫生间和客人用卫生间橱柜	1 天	2008 年 6 月 17 日	2008 年 6 月 17 日	77	精细木工承包商
79	二层安装:主卫生间和私人卫生间橱柜	1 天	2008 年 6 月 18 日	2008 年 6 月 18 日	78	精细木工承包商
80	安装护墙板、装饰线和装饰物	2 天	2008 年 6 月 21 日	2008 年 6 月 22 日	79	精细木工承包商
81	完成一层:厨房管道	1 天	2008 年 6 月 18 日	2008 年 6 月 18 日	77,78	管道工程承包商
82	完成一层:主卫生间和客人用卫生间管道	2 天	2008 年 6 月 19 日	2008 年 6 月 20 日	81,79	管道工程承包商
83	完成二层:主卫生间和私人卫生间管道	2 天	2008 年 6 月 21 日	2008 年 6 月 22 日	82,80	管道工程承包商
84	进行管道安装完成后的检查	1 天	2008 年 6 月 23 日	2008 年 6 月 23 日	83	检查人员

(1)试绘出横道图及双代号网络图;

(2)由横道图直观看出该工程的工期是多少?

(3)找出网络图中的最长路径.

解　(1)根据横道图和网络图的绘法,分别得到所求建筑工程进度计划的横道图、双代号网络图如图 7-42、图 7-43 所示.

(2)由横道图知,总工期长为 9 天.

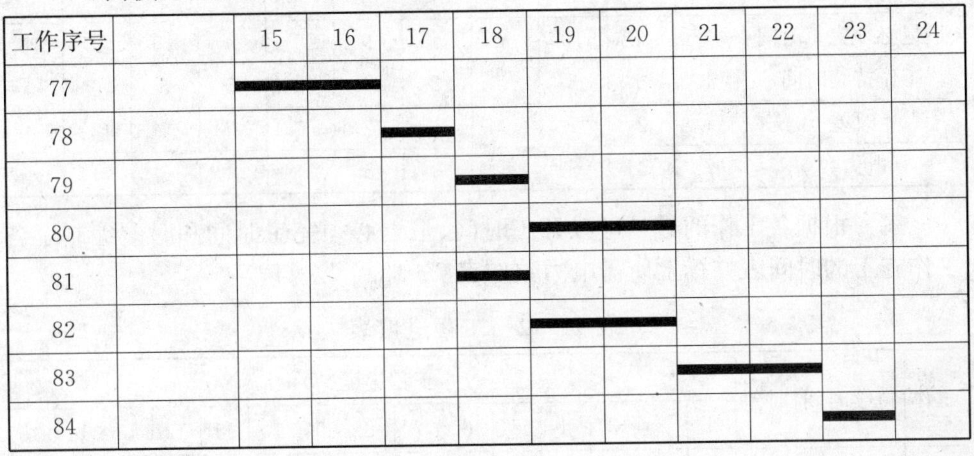

工作序号
15
16
17
18
19
20
21
22
23
24
77
78
79
80
81
82
83
84

图 7-42

1
77
2
2
78
1
3
79
1
5
80
2
7
4
81
1
6
82
2
8
83
2
9
84
1
10

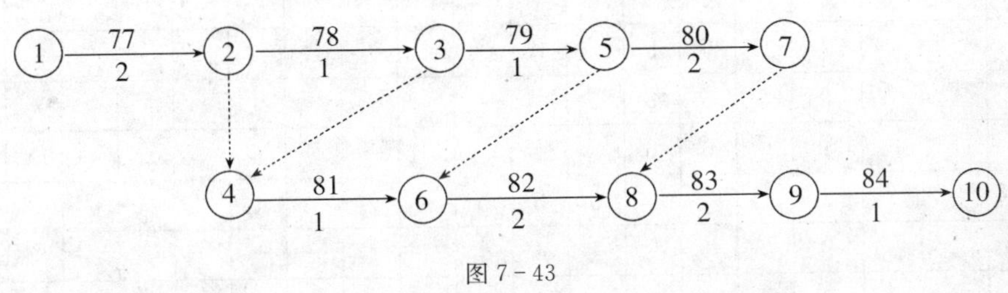

图 7-43

(3)共有 3 条最长的路径,分别是:①—②—③—④—⑥—⑧—⑨—⑩;①—②—③—⑤—⑥—⑧—⑨—⑩;①—②—③—⑤—⑦—⑧—⑨—⑩. 网络图的最长路径长为 9 天.

比较图 7-42 和图 7-43 可知,横道图有直观形象的优点,但也有不能明细表达各工作逻辑关系的缺点. 网络计划能全面而明确地反映各施工过程之间相互联系、相互制约和逻辑关系,而且在后面一节我们将会看到,通过对时间参数的计算,能够在网络计划中找出关键施工过程和关键工作,从而可对网络计划进行调整和优化. 因此,网络计划弥补了横道图计划的不足. 在实际工作中,通常将横道图计划与网络计划结合起来使用.

4
L
C
B
F
M
1
3
6
8
A
G
N
D
2
7
E
H
5

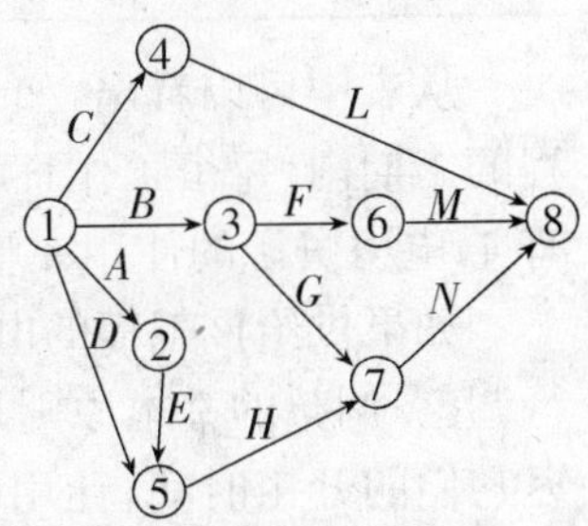

图 7-44

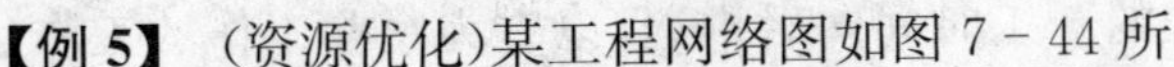

【例 5】　(资源优化)某工程网络图如图 7-44 所

示. 该工程各项工作的时间和所需电力数如表 7 - 11,试作出工程进度的合理安排.

表 7 - 11 工作时间与电力数据表

工作	A	B	C	D	E	F	G	H	L	M	N
最早可以开工时间	0	0	0	0	1	3	3	4	3	7	9
最迟必须完工时间	2	3	10	4	4	9	9	9	15	15	15
工作持续时间	1	3	3	4	2	4	3	5	5	6	6
时差	1	2	7	0	1	2	3	0	7	2	0
电力数	7	4	5	5	6	5	4	3	5	4	4

解 根据各工作的最是可以开工时间、最迟必须完工时间和时差编制了各工作施工的时间表并标上所需电力数如表 7 - 12.

表 7 - 12 工程进度表

工作	持续时间	时差	工程进度(d)														
			1	2	3	4	5	6	7	8	9	10	11	12	13	14	15
A	1	1	7														
B	3	2	4	4	4												
C	3	7	5	5	5												
D	4	0	5	5	5	5											
E	2	1		6	6												
F	4	2				5	5	5	5								
G	3	3				4	4	4									
H	5	0					3	3	3	3	3						
L	5	7				5	5	5	5	5							
M	6	2								4	4	4	4	4	4		
N	6	0										4	4	4	4	4	4
合计每天用电数			21	20	19	17	17	13	12	7	8	8	8	8	8	4	4

从表中可以看出,如果各道工序都在最早可以开工时间开工,那么在整个工程的工期内,每个工作日所需的电力数是前高后低的,最大值达到 21,最小值只有 4,电力资源的使用在整个工期内不均衡.

如果供给该工程的电力数限制在 15 之内,就有必要对各工作的施工时间进行调整. 调整的基本原则是:保证关键工作用电,利用非关键工作的时差,向后推迟它们的开工时间,让用电高峰向后延伸,从而使总电力数最大值下降. 调整时应注意的是:如果某一工作的开工时间向后推迟,以它为紧前工作的工作(除关键工作外)的开工时间应相应推迟. 调整后的施工时间表如表 7-13 所示.

表 7-13　调整后的工程进度表

工作	持续时间	时差	工程进度(d)														
			1	2	3	4	5	6	7	8	9	10	11	12	13	14	15
A	1	1	7														
B	3	2		4	4	4											
C	3	7								5	5	5					
D	4	0	5	5	5	5											
E	2	1		6	6												
F	4	2					5	5	5	5							
G	3	3					4	4	4								
H	5	0					3	3	3	3	3						
L	5	7											5	5	5	5	5
M	6	2									4	4	4	4	4	4	
N	6	0										4	4	4	4	4	4
合计每天用电数			12	15	15	9	12	12	12	13	12	13	13	13	13	13	9

经过调整后,在工程的整个工期内,电力总数的最大值从 21 下降到 15,前后期对电力的需求也比较均衡. 这种利用非关键工作的时差进行合理安排,使工程有限的电力资源的利用达到优化的手段,同样适合于对有限人力、材料、设备等资源的安排与调配.

若利用上述方法进行资源均衡后,还不能使有限的资源数确保工程在预定的工期内完成,则需要适当延迟工期.

巩固练习

1. 设某电话公司计划在 6 个村架设电话线,各村之间的距离如图 7-45 所示,试求使电话线总长度最小的架线方案.

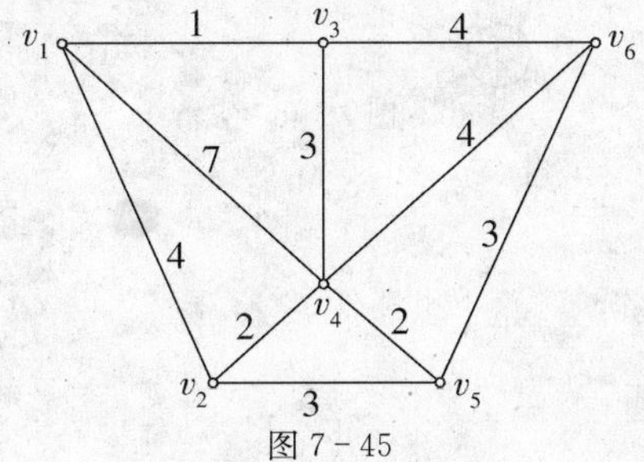

图 7-45

2. 某公司新办公室搬迁工作计划如下表，试用横道图表示该工作计划，并计算项目总工期.

工作序号	工作代号	工作项目	紧前工作	工作持续时间(d)
1	A	制定搬迁计划	—	2
2	B	设计新办公区	A	3
3	C	订购办公设备	A	2
4	D	雇用搬运工	B,C	1
5	E	处理旧办公设备	D	2
6	F	安装新办公区电话和网络设备	B,C	3
7	G	分配新办公场地和设备	E	1
8	H	实施搬迁	F	1
9	I	检查是否有损坏和丢失的物品	H	1
10	J	安排新办公地点各项培训	I,H	2

3. 已知某工程的工程网络图如图 7-46 所示，工作所需人员数如下表. 现要求在 11 天内完成全部工程，而每天投入的施工人员不得超过 10 人，求满足该要求的施工方案.

工作代号	A	B	C	D	E	F	G	H
所需时间	4	2	2	2	2	2	3	4
所需人员	9	3	6	4	7	2	8	1

图 7-46

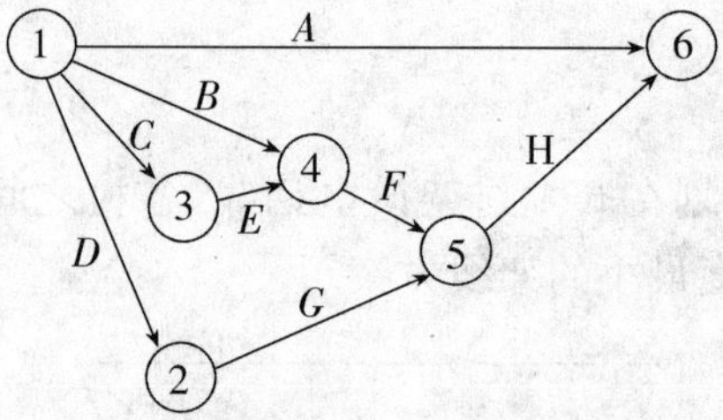

图 7-46

复习题七

一、填空题

1. ________________称为简单图.

2. 任一图中点的次数之和等于边数的________.

3. ________叫连通图. ________叫网络.

4. ________称为欧拉图. ________称为树.

5. ________________叫做横道图.

6. 横道图的优点是________________.

7. ________________称为网络计划.

8. ________________称为双代号网络图.

9. 在双代号网络图中,一个箭号表示一个________,箭头和箭尾的圆圈叫做________.

10. 虚工作是工作持续时间为________的工作,用带箭头的________表示.

11. ________________称为单代号网络图.

12. ________________称为关键路径. 位于关键路径上的工作称为________. 关键路径的长就是________.

13. 一项工作的时差的计算公式是:$S(i,j)=$________.

14. 在工程网络图中,时差为零的工作就是________,由它们组成的由总开工事件至总完工事件的路径即为________.

15. ________________称为关键路径法.

二、6 个小城市 A,B,C,D,E,F 之间某种物流业务关系为:(A,B),(A,C),(A,D),(B,C),(B,E),(C,D),(C,F),(D,F),(E,F). 试将这种关系用图表示出来,该图是连通图吗?

三、图 7-47 中是否存在欧拉通路或欧拉回路?

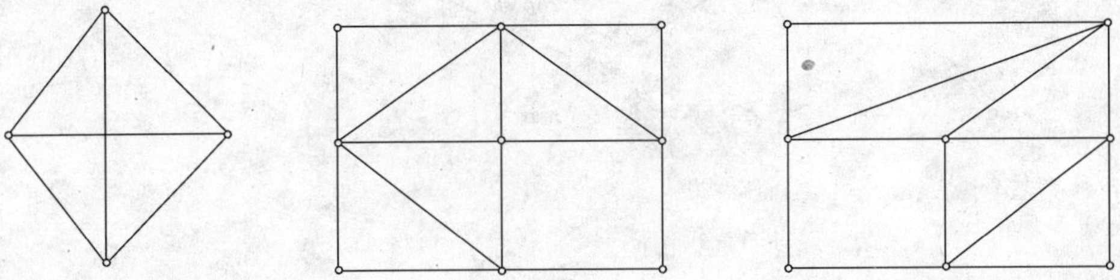

(1)　(2)　(3)

图 7-47

四、某工程有 4 项工作 A,B,C,D，各项工作的持续时间如下表，且 B 在 A 结束后开始施工，C,D 在 B 结束后开始施工. 试绘出横道图，并计算该工程的总工期.

工作编号	A	B	C	D
持续时间	4	2	3	2

五、某网络计划的有关资料如表所示，试绘制双代号网络图，并计算总工期，各项工作的最早可能开工时间，最迟必须完工时间和时差，据此找到关键工作与关键路径.

工作	A	B	C	D	E	F	G	H	I
持续时间	2	3	5	2	3	3	2	3	6
紧前工作	—	A	A	B	B	D	F	E,F	C,F

六、某工程的时间成本如下表，工程网络图如图 7－48. 试对该工程网络计划的工期进行优化.

工作		A	B	C	D	合计
时间(周)	正常	7	9	10	8	
	突击	5	6	9	6	
成本(万元)	正常	50 000	80 000	40 000	30 000	200 000
	突击	62 000	110 000	45 000	42 000	259 000
成本率		6 000	10 000	5 000	6 000	

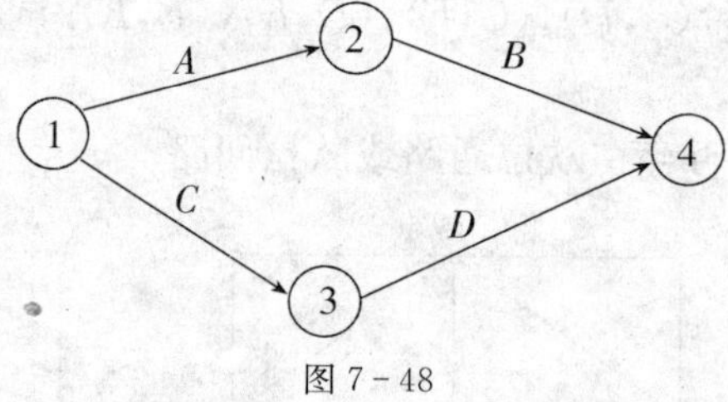

图 7－48

第三篇　拓展模块

第八章　数学实验

§8.1　MATLAB 简介及基本运算

☞基础知识

MATLAB 简介

MATLAB 名字由 MATrix 和 LABoratory 两词的前三个字母组合而成. 那是 20 世纪七十年代后期的事：时任美国新墨西哥大学计算机科学系主任的 CleveMoler 教授为减轻学生编程负担，设计了一组调用 LINPACK 和 EISPACK 库程序的“通俗易用”的接口，此即用 FORTRAN 编写的萌芽状态的 MATLAB. 经几年的校际流传，在 Little 的推动下，由 Little、Moler、SteveBangert 合作，于 1984 年成立了 MathWorks 公司，并把 MATLAB 正式推向市场. 从这时起，MATLAB 的内核采用 C 语言编写，而且除原有的数值计算能力外，还新增了数据图视功能.

MATLAB 以商品形式出现后，仅短短几年，就以其良好的开放性和运行的可靠性，使原先控制领域里的封闭式软件包(如英国的 UMIST，瑞典的 LUND 和 SIMNON，德国的 KEDDC)纷纷淘汰，而改以 MATLAB 为平台加以重建. 在时间进入 20 世纪九十年代的时候，MATLAB 已经成为国际控制界公认的标准计算软件.

在欧美大学里，诸如应用代数、数理统计、自动控制、数字信号处理、模拟与数字通信、时间序列分析、动态系统仿真等课程的教科书都把 MATLAB 作为内容. 这几乎成了九十年代教科书与旧版书籍的区别性标志. 在那里，MATLAB 是攻读学位的大学生、硕士生、博士生必须掌握的基本工具. 在国际学术界，MATLAB 已经被确认为准确、可靠的科学计算标准软件. 在许多国际一流学术刊物上，(尤其是信息科学刊物)，都可以看到 MATLAB 的应用.

在设计研究单位和工业部门，MATLAB 被认作进行高效研究、开发的首选软件工具. 如美国 National Instruments 公司信号测量、分析软件 LabVIEW，

Cadence 公司信号和通信分析设计软件 SPW 等，或者直接建筑在 MATLAB 之上，或者以 MATLAB 为主要支撑. 又如 HP 公司的 VXI 硬件，TM 公司的 DSP，Gage 公司的各种硬卡、仪器等都接受 MATLAB 的支持.

MATLAB 具有用法简易、可灵活运用、程式结构强又兼具延展性. 以下为其几个特色：

* 功能强的数值运算——在 MATLAB 环境中，有超过 500 种数学、统计、科学及工程方面的函数可使用，函数的标示自然，使得问题和解答像数学式子一般简单明了，让使用者可全力发挥在解题方面，而非浪费在电脑操作上.

* 先进的资料视觉化功能——MATLAB 的物件导向图形架构让使用者可执行视觉数据分，并制作高品质的图形，完成科学性或工程性图文并茂的文章.

* 高阶但简单的程式环境——作为一种直译式的程式语言，MATLAB 容许使用者在短时间内写完程式，所花的时间约为用 FORTRAN 或 C 的几分之一，而且不需要编译(compile)及联结(link)即能执行，同时包含了更多及更容易使用的内建功能.

* 开放及可延伸的架构——MATLAB 容许使用者接触它大多数的数学原使码，检视运算法，更改现存函数，甚至加入自己的函数使 MATLAB 成为使用者所需要的环境.

* 丰富的程式工具箱——MATLAB 的程式工具箱融合了套装前软体的优点，有一个灵活开放但容易操作的环境，提供了使用者在特别应用领域所需的许多函数. 现有工具箱有：符号运算、影像处理、统计分析、讯号处理、神经网路、模拟分析、控制系统、即时控制、系统确认、强建控制、弧线分析、最佳化、模糊逻辑、mu 分析及合成、化学计量分析.

MATLAB 界面

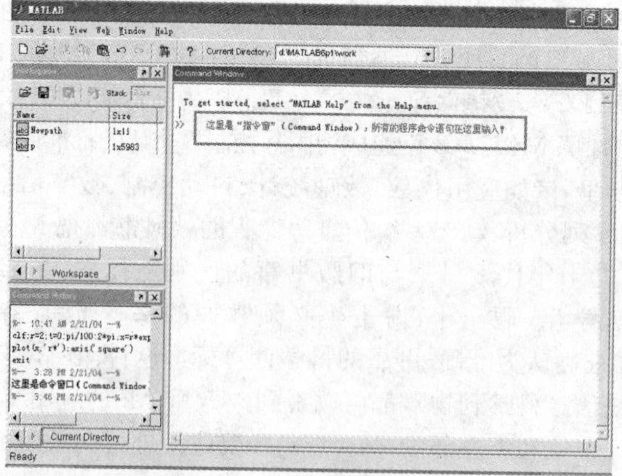

图 8-1 MATLAB 系统命令

表 8－1

命令	含义
help	在线帮助
helpwin	在线帮助窗口
helpdesk	在线帮助工作台
demo	运行演示程序
ver	版本信息
readme	显示 Readme 文件
who	显示当前变量
whos	显示当前变量的详细信息
clear	清空工作间的变量和函数
pack	整理工作间的内存
load	把文件调入变量到工作间
save	把变量存入文件中
quit/exit	退出 MATLAB
what	显示指定的 matlab 文件
lookfor	在 HELP 里搜索关键字
which	定位函数或文件
path	获取或设置搜索路径
echo	命令回显
cd	改变当前的工作目录
pwd	显示当前的工作目录
dir	显示目录内容
unix	执行 unix 命令
dos	执行 dos 命令
!	执行操作系统命令
computer	显示计算机类型

在 MATLAB 系统中使用帮助方式有三种：

1. 是利用 help 指令，如果你已知要找的题材（topic）是什么的话，直接键入 help<topic>. 所以即使身旁没有使用手册，也可以使用 help 指令查询不熟悉的指令或题材的用法，例如 help sqrt.

2. 是利用 lookfor 指令，它可以从你键入的关键字（key－word）（即使这个关键字并不是 MATLAB 的指令）列出所有相关的题材，例如 lookfor cosine，lookfor sine.

3. 是利用指令视窗的功能选单中的 Help，从中选取 Table of Contents（目录）或是 Index（索引）.

基本数学运算

变量命名规则：

1. 变量名要区分大小写.

2. 变量的第一个字符必须为英文字母，而且不能超过 31 个字符.

3. 变量名可以包含下连字符、数字，但不能为空格符、标点.

表 8－2 系统预定义的变量

ans	预设的计算结果的变量名
eps	MATLAB 定义的正的极小值＝2.220 4e－16
pi	内建的 π 值（＝3.141 592 6…）
inf	∞值，无限大$\left(\frac{1}{0}\right)$
NaN	无法定义一个数目$\left(\frac{0}{0}\right)$
i 或 j	虚数单位 $i=j=\sqrt{-1}$
nargin	函数输入参数个数
nargout	函数输出参数个数
realmax	最大的正实数
realmin	最小的正实数
flops	浮点运算次数

而键入 clear 则是去除所有定义过的变量名称.

表达式

在 MATLAB 下进行基本数学运算，只需将运算式直接打在提示号>>后面，并按入 Enter 键即可. MATLAB 将计算的结果以 ans 显示.

【例 1】 求$[12+2\times(7-4)]\div 3^2$ 的算术运算结果.

解 (1)用键盘在 MATLAB 指令窗中输入以下内容：

\>>(12+2*(7-4))/3^2

(2)在上述表达式输入完成后，按【Enter】键，该就指令被执行.

(3)在指令执行后，MATLAB 指令窗中将显示以下结果.

```
ans=
    2
```

我们也可给运算式的结果设定一个变量 x：

```
x=(5*2+1.3-0.8)*10^2/25
x=
    42
```

变量 x 的值可以在下个语句中调用：

```
y=2*x+1
y=
    85
```

如果一个指令过长可以在结尾加上...(代表此行指令与下一行连续)，例如：

```
>>1*2+3*4+5*6+7*8+9*10+11*12+...
    13*14+15*16
ans=
    744
```

若不想让 MATLAB 每次都显示运算结果，只需在运算式最後加上分号(;)即可，如下例：

```
y=1034*22+3^5;
```

若要显示变数 y 的值，直接键入 y 即可：

```
>>y
y=
    22991
```

MATLAB 会忽略所有在百分比符号(%)之后的文字，因此百分比之后的文字均可视为程式的注解(Comments).

【例 2】　计算圆面积 Area$=\pi r^2$，半径 $r=2$，则可键入：

解　>>r=2;% 圆半径 r=2,

```
>>area=pi*r^2;% 计算圆面积 area
>>area=
    12.5664
```

MATLAB 提供基本的算术运算有：加(+)、减(-)、乘(*)、除(/)、幂次方(^)，范例为：5+3,5-3,5*3,5/3,5^3

MATLAB 常用数学函数

表 8－3　三角函数和双曲函数

名称	含义	名称	含义	名称	含义
sin	正弦	csc	余割	atanh	反双曲正切
cos	余弦	asec	反正割	acoth	反双曲余切
tan	正切	acsc	反余割	sech	双曲正割
cot	余切	sinh	双曲正弦	csch	双曲余割
asin	反正弦	cosh	双曲余弦	asech	反双曲正割
acos	反余弦	tanh	双曲正切	acsch	反双曲余割
atan	反正切	coth	双曲余切	atan2	四象限反正切
acot	反余切	asinh	反双曲正弦		
sec	正割	acosh	反双曲余弦		

表 8－4　指数函数

名称	含义	名称	含义	名称	含义
exp	e 为底的指数	log10	10 为底的对数	pow2	2 的幂
log	自然对数	log2	2 为底的对数	sqrt	平方根

表 8－5　复数函数

名称	含义	名称	含义	名称	含义
abs	绝对值	conj	复数共轭	real	复数实部
angle	相角	imag	复数虚部		

表 8－6　其他函数

名称	含义	名称	含义
min	最小值	max	最大值
mean	平均值	median	中位数
std	标准差	diff	相邻元素的差
sort	排序	length	个数
norm	欧氏(Euclidean)长度	sum	总和
prod	总乘积	dot	内积
cumsum	累计元素总和	cumprod	累计元素总乘积
cross	外积		

【例 3】 计算 $y_1=\frac{2\sin(0.3\pi)}{1+\sqrt{5}}$的值.

解　(1)应依次键入以下字符

```
y1=2*sin(0.3*pi)/(1+sqrt(5))
```

(2)按【Enter】键,该指令便被执行,并给出以下结果

```
y1=
    0.5000
```

若又想计算 $y_2=\frac{2\cos(0.3\pi)}{1+\sqrt{5}}$,可以简便地用操作键获得指令,具体办法是:先用＊键调回已输入过的指令 y1=2＊sin(0.3＊pi)/(1+sqrt(5));然后移动光标,把 y1 改成 y2;把 sin 改成 cos 便可. 即得

```
y2=2*cos(0.3*pi)/(1+sqrt(5))
y2=
    0.3633
```

注:　设置精度值.

```
t=2.895 7e-007
digits(8)         %精确到小数点后 8 位
sym(t,'d')
ans=
    .28957372e-6
```

符号变量与符号表达式

MATLAB 符号运算工具箱处理的对象主要是符号变量与符号表达式. 要实现其符号运算,首先需要将处理对象定义为符号变量或符号表达式,其定义格式如下:

格式 1:sym('变量名')或 sym('表达式')

功能:定义一个符号变量或符号表达式.

例如:

```
>>sym('x')        %定义变量 x 为符号变量
>>sym('x+1')      %定义表达式 x+1 为符号表达式
```

格式 2:syms　变量名 1　变量名 2　…　变量名 n

功能:定义变量名 1,变量 2,…,变量名 n 为符号变量.

例如:

```
>>syms a b x t      %定义 a,b,x,t 均为符号变量
```

MATLAB 符号运算工具箱中,包括了较多的代数式化简和代换功能,下面仅举出部分常见运算.

simplify　　利用各种恒等式化简代数式
expand　　将乘积展开为和式
factor　　把多项式转换为乘积形式
collect　　合并同类项
horner　　把多项式转换为嵌套表示形式
solve(f,t)　　解代数方程(对变量 t 解方程 $f=0$，t 缺省时默认为 x 或最接近字母 x 的符号变量.)

【例 4】 合并同类项 $3x^3-\frac{1}{2}x^3+3x^2$.

解
```
>>syms x
>>collect(3*x^3-0.5*x^3+3*x^2)
ans=
    5/2*x^3+3*x^2)
```
进行因式分解执行
```
>>factor(3*x^3-0.5*x^3+3*x^2)
ans=
    1/2*x^2*(5*x+6)
```

【例 5】 求解一元二次方程 $f(x)=ax^2+bx+c$ 的实根.

解
```
>>syms a b c x
>>f=a*x^2+b*x+c;
>>solve(f,x)
ans=
    [1/2/a*(-b+(b^2-4*a*c)^(1/2))]
    [1/2/a*(-b-(b^2-4*a*c)^(1/2))]
```

☞巩固练习

1. 熟悉 MATLAB 界面工作环境.
2. 熟练使用 help 命令查看 MATLAB 各个指令的格式.

§8.2　用 MATLAB 求函数极限

☞基础知识

函数简介

MATLAB 符号工具箱中求极限函数是 LIMIT，其调用格式如下：

```
LIMIT(F,x,a)
LIMIT(F,a)
LIMIT(F)
LIMIT(F,x,a,'right')or
LIMIT(F,x,a,'left')
```

说明：(1)LIMIT(F,x,a)求函数 F 当 $x\to a$ 时的极限.

(2)LIMIT(F,a)求 F 中的自变量(系统默认的自变量为 x)趋于 a 时的极限.

(3)LIMIT(F)求 F 中的自变量趋于 0 时的极限.

(4)LIMIT(F,x,a,'right')或 LIMIT(F,x,a,'left')求 F 当 $x\to a$ 时的右极限或左极限.

【例 1】　求极限 $\lim\limits_{x\to 0^-}\dfrac{x}{|x|}$；$\lim\limits_{x\to 0^+}\dfrac{x}{|x|}$.

解　>>syms x

>>limit(x/abs(x),x,0,'left')

ans=

　　−1

>>limit(x/abs(x),x,0,'right')

ans=1

即：$\lim\limits_{x\to 0^-}\dfrac{x}{|x|}=-1$，$\lim\limits_{x\to 0^+}\dfrac{x}{|x|}=1$.

【例 2】　计算下列极限：

(1)$\lim\limits_{x\to 0}\dfrac{\sin x}{5x}$；　(2)$\lim\limits_{x\to\infty}\left(1+\dfrac{t}{x}\right)^{2x}$；　(3)$\lim\limits_{x\to 0^+}\dfrac{1}{x}$；　(4)$\lim\limits_{x\to 0}\dfrac{1}{\sin x}$.

解　>>sysms x t

>>limit(sin(x)/(5 * x),x,0)

```
ans=
    1/5
>>y='(1+t/x)^(2*x)';
>>limit(y,x,inf)
ans=
    exp(2*t)
>>limit(1/x,x,0,'right')
ans=
    inf
>>limit(1/sin(x))
ans=
    NaN
```

即：(1)$\lim\limits_{x\to 0}\dfrac{\sin x}{5x}=\dfrac{1}{5}$　(2)$\lim\limits_{x\to\infty}\left(1+\dfrac{t}{x}\right)^{2x}=\mathrm{e}^2$　(3)$\lim\limits_{x\to 0^+}\dfrac{1}{x}=\infty$

(4)$\lim\limits_{x\to 0}\dfrac{1}{\sin x}$不存在.

说明：(1)syms 是符号变量的说明函数."syms x t"意为 x 和 t 是符号变量.进行符号运算时，须先对符号变量进行说明.

(2)将符号表达式赋给另一个变量时，要用单引号.如：

$$y='(1+t/x)^(3*x)';$$

意为将符号表达式赋给变量 y.不显示结果时后缀分号，否则将显示运算结果.

(3)ans 意为"答案"，它是系统设定的变量名，存放最近一次无赋值语句的运算结果.

(4)inf 意为"$+\infty$"，NaN 意为"不存在"，它们也是系统设定的几个变量名.此外，还有$-$inf($+\infty$)，pi(π)，i 或 j(虚数单位)等.

【例 3】 求下列极限：

(1)$\lim\limits_{x\to -1}\left(\dfrac{1}{x+1}-\dfrac{1}{x^2+1}\right)$；　(2)$\lim\limits_{x\to 1}\dfrac{\sqrt{1+x}-2}{x-3}$；　(3)$\lim\limits_{x\to 0}\dfrac{\mathrm{e}^x-1}{x}$.

解

```
>>syms x
>>limit(1/(x+1)-1/(x^2+1),x,-1)
ans=
    NaN
>>limit(sqrt(x+1)-2)/(x-3),x,1)
ans=
    -1/2*2(1/2)+1
```

```
>>limit(exp(x)-1/x,x,0)
ans=
    1
```

即：$\lim\limits_{x\to-1}\left(\frac{1}{x+1}-\frac{1}{x^3+1}\right)$=不存在，$\lim\limits_{x\to1}\frac{\sqrt{1+x}-2}{x-3}=1-\frac{\sqrt{2}}{2}$，$\lim\limits_{x\to0}\frac{e^x-1}{x}=1$.

☞巩固练习

用 MATLAB 求下列极限：

(1) $\lim\limits_{x\to0}\frac{e^x-1}{x}$；　(2) $\lim\limits_{x\to0^+}2^{\frac{1}{x}}$；　(3) $\lim\limits_{x\to+\infty}\frac{\arctan x}{x}$；

(4) $\lim\limits_{x\to1}\frac{\sqrt{x+2}-\sqrt{3}}{x-1}$；　(5) $\lim\limits_{x\to0}\frac{1-\cos x}{x\sin x}$；　(6) $\lim\limits_{x\to+\infty}\left(\frac{2x-1}{2x+1}\right)^{x+1}$.

§8.3　用 MATLAB 求一元微积分

☞基础知识

求导

MATLAB 符号工具箱中求导数函数是 diff，其调用格式如下：

```
diff(y)
    diff(y,'x')
    diff(y,N)
    diff(z,'x',N)
```

说明：(1) diff(y) 求函数 y 的导数.

(2) diff(y,'x') 对函数 y 关于自变量 x 求导数.

(3) diff(y,N) 求函数 y 的 N 阶导数.

(4) diff(z,'x',N) 求函数 z 关于 x 的 N 阶偏导数，用它还可求隐函数的导数，这已在前面介绍它的用法.

【例 1】　求函数 $f(x)=ax^2+bx+c$ 对变量 x 的一阶导数.

解

```
>>syms a b c x
>>f=a*x^2+b*x+c;
>>diff(f)
```

```
ans=
    2*a*x+b
```

求函数 $f(x)$ 对变量 x 的二阶导数，命令及结果为

```
>>diff(f,2)
ans=
    2*a
```

【例 2】 已知 $y=\frac{\ln x}{x^2}$，求 y 的一阶、二阶导数，并计算 y 的二阶导数在 $x=1.5$ 处的值.

解

```
>>syms x y
Y='log(x)/x^2';
>>dydx=diff(y)
dydx=
    1/x^3-2*log(x)/x^3
>>dydx=diff(y,2)
dydx2=
    -5/x^4+6*log(x)/x^4
>>zhi=subs(dydx2,'(1.5)')
Zhi=
    -5/(1.5)^4+6*log((1.5))/(1.5)^4
>>eval(zhi)
ans=
    -0.5071
```

说明 (1)函数 subs(f,old,new)可对符号表达式中的变量进行替换，即用 new 替换 old 字符串；当 old='x'时，可省略.

(2)用函数 eval 可将符号表达式转换成数值表达式；反之，用函数 sym 可将数值表达式转换成符号表达式. 例如：

```
>>p=1.701
p=
    1.7010
>>sym(p)
ans=
    1701/1000
```

在例 2 中，先用 dydx2=diff(f,2)求出了函数 f 的二阶导数，将它赋给变量 dydx2；然后用 zhi=subs(dydx2,'1.5')求出了二阶导数函数在 $x=1.5$ 处的值，

它是一个符号表达式,将它赋给变量 zhi;最后用 eval(zhi)求出该符号表达式的数值.

【例 3】 设求 $f(x)=\dfrac{x\sin x}{1-\tan x}$及 $f'\left(\dfrac{\pi}{3}\right)$.

解 ＞＞f=‘x＊sin(x)/(1－tan(x))’

＞＞dydx=diff(f)

dydx=

sin(x)/(1－tan(x))＋x＊cos(x)/(1－tan(x))－x＊sin(x)/(1－tan(x))^2
＊(－1－tan(x)^2)

＞＞zhi=subs(dydx,’pi/3’)

zhi=

sin((pi/3))/(1－tan((pi/3)))＋(pi/3)＊cos(pi＊3))/(1－tan((pi/3))－(pi/3)＊sin((pi/3))/(1－tan((pi/3)))^2＊(－1－tan((pi/3))^2)

＞＞eval(zhi)

ans=

　　4.8709

求积分

利用 MATLAB 符号工具箱中的求积函数 int,可求函数的不定积分和定积分. int 函数的调用格式如下:

```
int(S)
int(S,v)
int(S,a,b)
int(S,v,a,b)
```

说明:(1)int(S)求表达式 S 的不定积分.

(2)int(S,v)求表达式 S 关于 v 的不定积分.

(3)int(S,a,b)求表达式 S 在区间$[a,b]$的定积分.

(4)int(S,v,a,b)求表达式 S 关于变量 v 在区间$[a,b]$区间上的定积分.

【例 4】 求函数 $f(x)=ax^2+bx+c$ 对变量 x 不定积分,命令及结果为:

解 ＞＞syms a b c x

＞＞f=a＊x^2＋b＊x＋c;

＞＞int(f)

ans=

　　1/3＊a＊x^3＋1/2＊b＊x^2＋c＊x

求函数 $f(x)$对变量 x 从 1 到 5 的定积分,命令及结果为:

```
>>int(f,1,5)
ans=
    124/3*a+12*b+4*c
```

【例 5】 计算$\int \frac{1+\sin x}{1+\cos x}e^x dx$.

解
```
>>syms f x
>>f='(1+sin(x))*exp(x)/(1+cos(x))';
>>int(f,'x')
ans=
    exp(x)*tan(1/2*x)
```

【例 6】 计算$\int_0^{\frac{\pi}{2}} \sqrt{1-\sin 2x}dx$.

解
```
>>int('sqrt(1-sin(2*x)','x','0','(pi/2)')
ans=
    -2+2*2^(1/2)
>>eavl(ans)
ans=
    0.8284
```

巩固练习

1. 用MATLAB求下列导数：

(1)$f(x)=\frac{x-\sin x}{x+\sin x}$,求$f'\left(\frac{\pi}{2}\right)$；

(2)$f(x)=\frac{\cos x}{2x^3+3}$,求$y'|_{x=1}$；

(3)$f(x)=x^4-x^2+1$,求$f''(1)$.

2. 用MATLAB求解下列不定积分：

(1)$\int x\sqrt{3x^2+4}dx$；　(2)$\int \frac{\cos x}{\sin x(1+\sin x)^2}dx$；

(3)$\int \frac{1}{x^2+5x+6}dx$；　(4)$\int \frac{2x-7}{4x^2+12x+25}dx$.

3. 用MATLAB求解下列定积分：

(1)$\int_{\frac{\pi}{3}}^{\pi} \sin\left(x+\frac{\pi}{3}\right)dx$；　(2)$\int_0^1 \frac{1}{\sqrt{4+x^2}}dx$；

(3)$\int_0^1 x^2(x^3-1)^4dx$；　(4)$\int_0^{\ln 2} x^2e^{-x}dx$.

§8.4　用 MATLAB 求微分方程与拉氏变换

☞基础知识

解微分方程

利用 MATLAB 符号工具箱中的函数 dsolve，可求微分方程的解，其调用格式如下：

```
r=dsolve('eq1,eq2,…','cond1,cond2',…,'v')
r=dsolve('eq1','eq2',…,'cond1','cond2',…,'v')
```

说明：求微分方程或微分方程组 eq1，eq2，…满足初始条件 cond1，cond2，…关于自变量 v 的解. 在 MATLAB 中，约定 D1 表示一次微分，D2 表示二次微分，依此类推，Dn 表示 n 次微分，符号 Dy 相当于 Dy/Dt，默认自变量为 t.

【例 1】　求微分方程 $y'=1+y^2$ 的通解：

解　>>dsolve('Dy=1+y^2','x')

ans=

　tan(t+c1)

【例 2】　求微分方程 $y''+2y'+y=0$ 满足 $y(0)=4, y'(0)=-2$ 的特解.

解　>>dsolve('D2y+2*Dy+y=0','y(0)=4','Dy(0)=2','x')

ans=

　4*exp(-x)+2*exp(-x)*x

解拉氏变换

表 8-7

格式	含义
laplace(f)	求函数 f(t)的拉普拉斯变换
ilaplace(f)	求函数 f(t)的拉普拉斯逆变换

【例 3】　求下列函数的拉普拉斯变换：

(1) $f(t)=3e^{-4t}$；　　　　(2) $f(t)=\sin t^3$.

解　(1)>>symst;

>>laplace(3*exp(-4*t))

ans=

　3/(s+4)

所以函数的拉氏变换为：$L(3e^{-4t})=\frac{3}{s+4}$.

(2)>>symst;

>>laplace(sin(t)^3;)

ans=

6/(s^2+1)/(s^2+9)

所以函数的拉氏变换为：$L(\sin t^3)=\frac{6}{(s^2+1)(s^2+9)}$;

【例 4】 求下列函数的拉氏逆变换：

(1)$f(s)=\frac{2}{s-3}$;　　　　(2)$f(s)=\frac{s^2}{(s+2)(s^2+2s+2)}$.

解　(1)>>syms s

>>ilaplace(2/(s-3));

ans=

2＊exp(3＊t)

拉氏逆变换为 $L^{-1}\left(\frac{2}{s-3}\right)=2e^{3t}$.

(2)>>syms s

>>ilaplace(s^2/((s+2)＊(s^2+2＊s+2))

ans=

2＊exp(-2＊t)-exp(-t)＊cos(t)-exp(-t)sin(t)

拉氏逆变换为 $L^{-1}\left(\frac{s^2}{(s+2)(s^2+2s+2)}\right)=2e^{-2t}-e^{-4}\cos t-e^{-t}\sin t$.

巩固练习

1. 用 MATLAB 求解下列微分方程的通解：

(1)$y'=y+x$;　　　　(2)$y''+2y'+y=0$.

2. 用 MATLAB 求解下列微分方程的特解：

(1)$4y''+4y'+y=0,y(0)=2,y'(0)=0$;

(2)$5y''+8y'+y=0,y(0)=2,y'(0)=0$.

3. 用 MATLAB 求下列函数的拉氏变换：

(1)$f(t)=5\sin 2t-3\cos t$;　　　　(2)$f(t)=5e^{-3t}$.

4. 用 MATLAB 求下列函数的拉氏逆变换：

(1)$\frac{2s-5}{s^2}$;　　　　(2)$\frac{s+3}{s^3+4s^2+4s}$.

§8.5　用 MATLAB 作矩阵运算与求解线性方程组

☞基础知识

矩阵

矩阵是 MATLAB 数据存储的基本单元，而矩阵的运算是 MATLAB 语言的核心，在 MATLAB 语言系统中几乎一切运算均是以对矩阵的操作为基础的. 下面重点介绍矩阵的生成、矩阵的基本运算和矩阵的数组运算.

矩阵的生成

MATLAB 是以矩阵为基本变量单元的，因此矩阵的输入非常方便，输入时，矩阵的元素用方括号括起来，行内元素用逗号或空格分割，各行之间用分号分隔或直接回车.

【例 1】　输入矩阵 $A=\begin{pmatrix}1 & 2 & 3\\ 4 & 5 & 6\\ 7 & 8 & 9\end{pmatrix}$.

解　方式 1 ```>>A=[1,2,3;4,5,6;7,8,9]```

方式 2
```
>>A=[1,2,3
     4,5,6
     7,8,9]

A=
   1  2  3
   4  5  6
   7  8  9
```

从键盘上直接输入矩阵是最方便、最常用的创建数值矩阵的方法，尤其适合较小的简单矩阵. 在用此方法创建矩阵时，应当注意以下几点：

1. 输入矩阵时要以“[　]”为其标识符号，矩阵的所有元素必须都在括号内.
2. 矩阵同行元素之间由空格或逗号分隔，行与行之间用分号或回车键分隔.
3. 矩阵大小不需要预先定义.
4. 矩阵元素可以是运算表达式.
5. 若“[　]”中无元素表示空矩阵.

对于一些比较特殊的矩阵(单位阵、矩阵中含 1 或 0 较多)，由于其具有特殊的结构，MATLAB 提供了一些函数用于生成这些矩阵. 常用的有下面几个：

zeros(m) 生成 m 阶全 0 矩阵

eye(m) 生成 m 阶单位矩阵

ones(m) 生成 m 阶全 1 矩阵

rand(m) 生成 m 阶均匀分布的随机阵

magic(n) 生成 n 阶魔方方阵

矩阵的基本数学运算

在 MATLAB 工作环境中如果已有矩阵 A 和 B，则可以由下述命令对他们进行运算：

转置：A^{T} 加法：$A+B$

减法：$A-B$ 乘法：$A*B$

逆阵：inv(A) 左除（即 $A^{-1}B$）：$A\backslash B$

右除（即 B^{A} -1）：B/A 乘方和开方：A^x

的逆矩阵 inv()或 A^(−1) 矩阵的秩 rank(A)

【例 2】 设 $A=\begin{pmatrix}1 & 2\\ 3 & 4\end{pmatrix}$，$B=\begin{pmatrix}5 & 5\\ 7 & 8\end{pmatrix}$，求 $A^T, A+B, A-B, AB, A^{-1}B, BA^{-1}, A^2$.

解

```
>>A=[1,2;3,4];B=[5,5;7,8]
>>AT
ans=
     1     3
     2     4
>>A+B
ans=
     6     7
    10    12
>>A-B
ans=
    -4    -3
    -4    -4
>>A*B
ans=
    19    21
    43    47
inv(A^2)
ans=
```

```
    -2.0000     1.0000
    1.5000      -0.5000
>>A\B
ans=
    -3.0000     -2.0000
    4.0000      3.5000
>>A/B
ans=
    -1.2000     1.0000
    -0.8000     1.0000
>>A^2
ans=
    7           10
    15          22
```

线性方程组的求解

调用 rref 函数可将线性方程组的系数矩阵或增广矩阵化为阶梯矩阵，据此，即可求得线性方程组的解，调用 rrefmovie 函数，还可将高斯消元法求解的每个步骤显示出来.

【例 3】 求解齐次线性方程组：

$$\begin{cases} x_1+2x_2+ \qquad\quad x_4-2x_5=0, \\ 2x_1+4x_2+2x_3+2x_4+5x_5=0, \\ -x_1-2x_2+x_3+3x_4+8x_5=0, \\ 3x_1+6x_2 \qquad\quad +x_4-2x_5=0. \end{cases}$$

解 　>>A=[1　2　0　1　-2;2　4　2　2　5;-1　-2　1　3　8;3　6　0　1　-2]

```
>>rref(A)
ans=
    1  2  0  0  0
    0  0  1  0  0
    0  0  0  1  0
    0  0  0  0  1
```

所以，原方程等价于方程组$\begin{cases} x_1+2x_2=0, \\ x_3=0, \\ x_4=0, \\ x_5=0, \end{cases}$

故方程组的解为$\begin{cases} x_1=2\lambda, \\ x_2=\lambda, \\ x_3=0, \\ x_4=0, \\ x_5=0. \end{cases}$

☞巩固练习

1. 输入矩阵$A=\begin{pmatrix} 1 & 0 & 0 \\ 0 & 2 & 0 \\ 0 & 0 & 3 \end{pmatrix}$和$B=\begin{pmatrix} 1 & 2 & 3 \\ 4 & 5 & 6 \\ 7 & 8 & 9 \end{pmatrix}$,并求$A+B$,$A-B$,$B^{\mathrm{T}}$,$AB$.

2. 输入矩阵$A=\begin{pmatrix} \lambda & 1 & 0 \\ 0 & \lambda & 1 \\ 0 & 0 & \lambda \end{pmatrix}$,并求$A^{10}$,$A^k$($k$是正整数).

3. 求解线性方程组:

(1)$\begin{cases} x_1+x_2+x_3=1, \\ -x_1+2x_2-4x_3=2, \\ 2x_1+5x_2-x_3=3; \end{cases}$ (2)$\begin{cases} x_1+x_2-2x_3-x_4=-1, \\ x_1+5x_2-3x_3-2x_4=0, \\ 3x_1-x_2+x_3+4x_4=2, \\ -2x_1+2x_2+x_3-x_4=1. \end{cases}$

§8.6 用 MATLAB 做概率统计分析

☞基础知识

函数简介

离散型随机变量数学期望计算的命令格式(见表 8-8).

表 8-8

命令格式	含 义
y=mean(X)	计算参数为 X 的数组的均值
y=sum(X)	X——一个数组(矩阵) y——数值的和(或矩阵每列的和组成的数组)
y=var(X)	计算参数为 X 的数组的方差
y=std(X)	计算参数为 X 的数组的标准差

【例 1】　计算一组随机数 $X=[12,31,56,48,89,42,77,88]$的平均值.

解　>>x=[12,31;56,48,89,42,77,88];

```
>>y=mean(x)
y=
   55.3750
```

【例 2】　求向量 $x=[1,8,4,2]$的平均值、方差、标准差、最大值和最小值.

解　>>x=[1,8,4,2];

```
>>mean(x)
ans=
   3.7500
>>var(x)
ans=
   9.5833
>>std(x)
ans=
   3.0957
>>max(x)
ans=
   8
>>min(x)
ans=
   1
```

【例 3】　从某商场过去 3 年中每天商品零售额的统计资料中抽出 50 天的零售额,结果数字如下(单位:万元):

33.0	23.0	35.0	35.5	26.0	32.3	41.0	29.0	38.5	42.0
31.0	54.2	34.0	26.5	27.0	37.0	40.1	30.0	39.0	43.0
23.0	36.5	43.0	45.0	31.0	46.3	42.8	52.1	49.0	48.0
40.0	52.7	39.0	37.0	48.1	35.0	58.0	32.0	31.5	37.0
28.0	19.0	34.0	38.0	59.5	32.5	43.0	47.0	33.0	26.0

作出所给数据的频率直方图.

解　(1)确定组中值向量:因为 max(y)=59.5,min(y)=19,所以极差 R=max(y)-min(y)=40.5.若取组数为 $k=9$,则组距为 $h=\dfrac{R}{k}=4.5=5$.于是组中值向量为 $x=17.75:5:57.75$;

(2)求频率:

```
n=hist(y,x)
n=
   1   2   7   12   11   7   5   3   2
```

(3)画频率直方图：

```
hist(y,x)
```

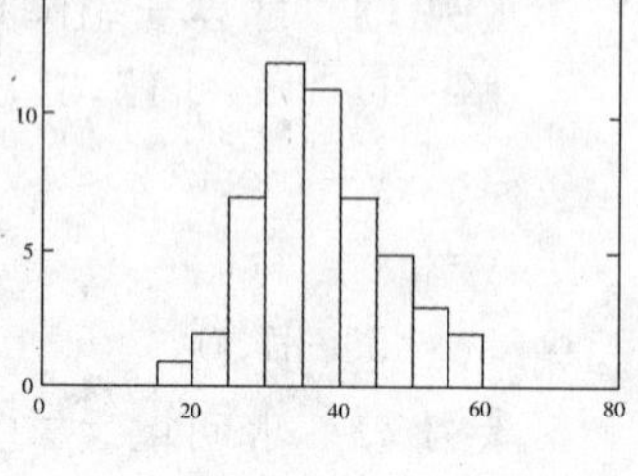

图 8－2

显示结果如图 8－2 所示.

说明：(1)函数 n=hist(Y)是指将 Y 中的元素分到 10 个组距相同的组中，并返回每个组中元素的个数(即频数). 若 Y 是矩阵，则 hist 函数对每一列生成直方图.

(2)函数 n=hist(Y,x)中 x 是向量，返回 Y 的在 x 所指定的组中的频数，x 中的数是每一组的中值. 例如，若 $x=[2,4,6]$，$y=[0,1,2,2,3,4,4,5,5,6,7,10,100]$，则 hist 函数将统计出 Y 中的元素落到区间$(-\infty,3]$，$(3,5]$，$(5,+\infty)$中的频数，即 $n=[5,4,4]$.

(3)hist(…)是无输出变量的 hist 函数，用来创建一个直方图，hist 函数在 y 的最小值和最大值之间沿 x 轴分配条形.

最小二乘法拟合

在科学实验的统计方法研究中，往往要从一组实验数据(x_i,y_i)中寻找出自变量 x 和因变量 y 之间的函数关系 $y=f(x)$. 由于观测数据往往不够准确，因此并不要求 $y=f(x)$经过所有的点(x_i,y_i)，而只要求在给定点 x_i 上误差 $\delta=f(x_1)-y$ 按照某种标准达到最小，通常采用$\sqrt{\delta}=\sqrt{[f(x_i)-y_i]^2}$作为误差量度的标准. 这就是所谓的最小二乘法. 在 MATLAB 中实现最小二乘法拟合通常采用 polyfit 函数进行.

函数 polyfit 是指用一个多项式函数来对已知数据进行拟合，我们以下列数据为例介绍这个函数的用法：

```
>> x=[47,57,59,60,68,66,69,70,72,77,88,80];
>> y=[18,14,21,18,27,25,26,29,31,32,37,33];
```

为了使用 polyfit，首先必须指定我们希望以多少阶多项式对以上数据进行拟合，如果我们指定一阶多项式，结果为线性近似，通常称为线性回归. 我们选择一阶多项式进行拟合.

```
>> n=1        % polynomial order
>> p=polyfit(x, y, n)
p =
    0.5860      -13.7842
```

函数返回的是一个多项式系数的行向量，写成多项式形式为：$0.586\ 0x-13.7842$，即变量 y 与的 x 线性回归方程为：$y=0.586\ 0x-13.784\ 2$.

☞巩固练习

1. 求一组随机数 $X=[21,23,30,31,34,42,44,46,50,52]$ 的平均值、方差、标准差、最大值和最小值.

2. 在某省一"夫妻对电视传播媒介观念的研究"项目中，访问了 30 对夫妻，其中丈夫所受教育(单位:年)的数据如下：

18 20 16 6 16 17 12 14 16 18 14 14 16 9 20

18 12 15 13 16 16 21 21 9 16 20 14 14 16 16

(1)求平均值、方差、标准差、最大值和最小值；

(2)将数据分组，作出频率分布的直方图.

3. 假设关于某设备的使用年限 x 和所支出的维修费用 y(万元)，有如下的统计资料：

x	2	3	4	5	6
y	2.2	3.8	5.5	6.5	7.0

若由资料可知对呈线性相关关系. 用 MATLAB 求出它们的线性回归方程.

第九章　数学建模

数学建模是利用数学方法解决实际问题的一种实践，即通过抽象、简化、假设、引进变量等处理过程后，将实际问题用数学方式表达，建立起数学模型，然后运用先进的数学方法及计算机技术进行求解. 在这一章里将介绍数学建模的一些基础知识，并介绍几个常见的初等数学模型和高等数学模型.

§9.1　数学建模概述

☞基础知识

函数关系可以说是一种变量相依关系的数学模型. 数学模型方法是处理科学理论问题的一种经典方法，也是处理各类实际问题的一般方法. 掌握数学模型方法是非常必要的. 在此，对数学模型方法作一简述.

数学模型方法(Mathematical Modeling)称为 MM 方法. 它是针对所考察的问题构造出相应的数学模型，通过对数学模型的研究，使问题得以解决的一种数学方法.

数学模型的含义

数学模型是针对于现实世界的某一特定对象，为了一个特定的目的，根据特有的内在规律，作出必要的简化和假设，运用适当的数学工具，采用形式化语言，概括或近似地表述出来的一种数学结构. 它或者能解释特定对象的现实性态，或者能预测对象的未来状态，或者能提供处理对象的最优决策或控制. 数学模型既源于现实又高于现实，不是实际原形，而是一种模拟，在数值上可以作为公式应用，可以推广到与原物相近的一类问题，可以作为某事物的数学语言，可译成算法语言，编写程序进入计算机.

数学模型的建立过程

建立一个实际问题的数学模型，需要一定的洞察力和想像力，筛选、抛弃次要因素，突出主要因素，作出适当的抽象和简化. 全过程一般分为表述、求解、解释、验证几个阶段，并且通过这些阶段完成从现实对象到数学模型，再从数学模型到现实对象的循环. 可用流程图表示如下：

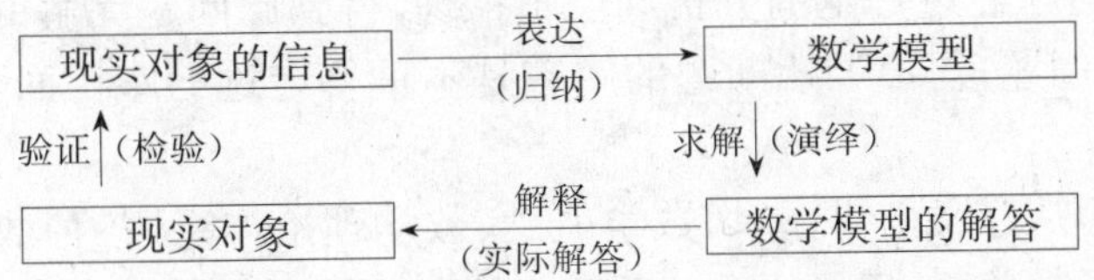

表述　根据建立数学模型的目的和掌握的信息，将实际问题翻译成数学问题，用数学语言确切地表述出来.

这是一个关键的过程，需要对实际问题进行分析，甚至要做调查研究，查找资料，对问题进行简化、假设、数学抽象，运用有关的数学概念、数学符号和数学表达式去表述客观对象及其关系. 如果现有的数学工具不够用时，可根据实际情况，大胆创造新的数学概念和方法去表述模型.

求解　选择适当的方法，求得数学模型的解答.

解释　数学解答翻译回现实对象，给实际问题的解答.

验证　检验解答的正确性.

例如，哥尼斯堡一条普雷格尔河，这条河有两个支流，在城中心汇合成大河，河中间有一小岛，河上有七座桥，如图 9 - 1 所示. 18 世纪哥尼斯堡的很多居民总想一次不重复地走过这七座桥，再回到出发点. 可是试来试去总是办不到，于是有人写信给当时著名的数学家欧拉，欧拉于 1736 年，建立了一个数学模型解决了这个问题. 他把 A,B,C,D 这四块陆地抽象为数学中的点，把七座桥抽象为七条线，如图 9 - 2 所示.

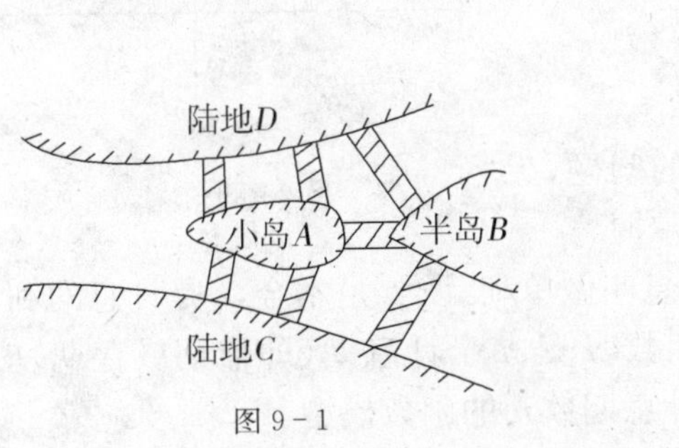

图 9 - 1

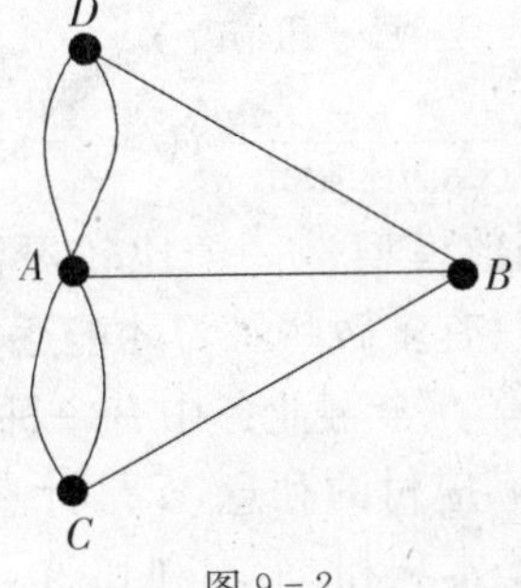

图 9 - 2

人们步行七桥问题，就相当于图 9 - 2 的一笔画问题，即能否将图 9 - 2 所示的图形不重复地一笔画出来，这样抽象并不改变问题的实质.

哥尼斯堡七桥问题是一个具体的实际问题，属于数学模型的现实原型. 经过理想化抽象所得到的如图 9 - 2 所示的一笔画问题便是七桥问题的数学模型. 在一笔画的模型里，只保留了桥与地点的连接方式，而其他一切属性则全部抛弃了.所以从总体上来说，数学模型只是近似地表现了现实原型中的某些属性，而就所要解决的实际问题而言，它是更深刻、更正确、更全面地反映了现实，也正由此，对一笔画问题经过一定的分析和逻辑推理，得到此问题无解的结论之后，可以返回到七桥问题，得出七桥问题的解答是不重复走过七座桥回到出发点是不可能的.

数学模型，从广义上讲，一切数学概念、数学理论体系、各种数学公式、各种方程式、各种函数关系，以及由公式系列构成的算法系统等等都可以叫做数学模型.从狭义上讲，只有那些反映特定问题或特定的具体事物系统的数学关系的结构，才叫做数学模型.在现代应用数学中，数学模型都作狭义解释.而建立数学模型的目的，主要是为了解决具体的实际问题.

函数模型的建立

研究数学模型，建立数学模型，进而借鉴数学模型，对提高解决实际问题的能力，以及提高数学素养都是十分重要的.建立函数模型的步骤可分为：

(1)分析问题中哪些是变量，哪些是常量，分别用字母表示；

(2)根据所给条件，运用数学或物理知识，确定等量关系；

(3)具体写出解析式 $y=f(x)$，并指明定义域.

【例 1】 重力为 P 的物体置于地平面上，设有一与水平方向成 α 角的拉力 F，使物体由静止开始移动，求物体开始移动时拉力 F 与角 α 之间的函数模型(图9-3).

解 由物理知识可知，当水平拉力与摩擦力平衡时，物体开始移动，而摩擦力是与正压力 $P-F\sin\alpha$ 成正比的(设摩擦系数为 μ)，故有，

$$F\cos\alpha=\mu(P-F\sin\alpha),$$

即 $F=\dfrac{\mu P}{\cos\alpha+\mu\sin\alpha}(0°<\alpha<90°)$.

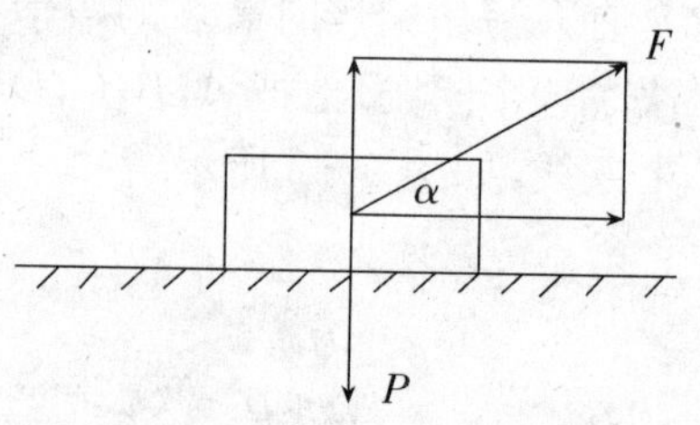

图 9-3

建立函数模型是一个比较灵活的问题，无定法可循，只有多做些练习才能逐步掌握.

【例 2】 在金融业务中有一种利息叫做单利.设 p 是本金，r 是计息的利率，c 是计息期满应付的利息，n 是计息期数，I 是 n 个计息期(即借期或存期)应付的单利，A 是本利和.求本利和 A 与计息期数 n 的函数模型.

解 计息期的利率$=\dfrac{\text{计息期满的利息}}{\text{本金}}$，即 $r=\dfrac{c}{p}$.

由此得 $c=pr$，单利与计息数成正比，即 n 个计息期应付的单利为 $I=cn$.

又 $c=pr$，所以 $I=prn$，

本利和为　　$A=p+I$,

即　　$A=p+prn$,

可得本利和与计息期数的函数关系,即单利模型:$A=p(1+rn)$.

随着经济的发展,越来越多的人们通过“按揭贷款”的方式购买住房或汽车等,但大部分对“按揭”采取何种还款方式以及对于不同的还款方式:(1)如何计算各期还款额;(2)若自己设定一个每月还款数额则需还多长时间;(3)还款本息合计的计算方法等问题还不是很清楚,我们现从数学的角度来解决这些问题.

首先,我们要弄清楚“按揭”的涵义.所谓按揭,是消费者、商家、银行之间的一种协定,是消费者因购买资金不足而向银行贷款购物(以所购物作为抵押),而还款按照约定的时间间隔定期偿还贷款并付息的一种消费方式.现在,我们通过下面例题来解决上述提出的问题.

【例 3】 设借款额(即贷款本金)为 a_0,银行借款利率为 r,试建立月均等额还款的数学模型,并由模型计算贷款期限一定时每月还款额;每月还款数额一定时所需的时间;贷款还清时所还的本利和.

解　模型建立:

一个月后欠银行的本利和为:$a_0(1+r)$,式中 a_0 表示借款额(即贷款本金),r 表示借款利率.

但为了减少欠款,设每月还 x 元,因而一个月后还欠款 $a_1=a_0(1+r)-x$,式中 x 表示定期还款额.

a_i 表示第 i 次还款后的欠款($i=1,2,\cdots,n$),其中 n 为还款次数,

第 i 个月的情况为 $a_i=a_{i-1}(1+r)-x$,($i=1,2,\cdots,n$).

又我们都知道,最后一次还款应该全部还清,故:$a_n=0$.

于是得数学模型为:

$$\begin{cases} a_i=a_{i-1}(1+r)-x,(i=1,2,\cdots,n), \\ a_n=0, \end{cases}$$ 其中 a_0,r,n 为已知数.

模型求解:

显然,$a_2=a_1(1+r)-x=a_0(1+r)^2-x(1+r)-r$;

$a_3=a_2(1+r)-x=a_0(1+r)^3-x(1+r)^2-x(1+r)-x$;

…

$$a_k=a_0(1+r)^k-x(1+x)^{k-1}-x(1+r)^{k-2}-\cdots-x$$

$$=a_0(1+r)^k-\frac{x}{r}[(1+r)^k-1],(k=1,2,\cdots,n),$$

由 $a_n=0$ 可得:　$a_0(1+r)^n-\frac{x}{r}[(1+r)^n-1]=0$,

解得:$x=\frac{a_0r(1+r)^n}{(1+r)^n-1}$,此即为我们所要求的每月应还贷款额 x.

在上面的模型中，若每月应还贷款额 x 为已知，则还款月数可由下求得.

由 $a_0(1+r)^n-\frac{n}{r}[(1+r)^n-1]=0$，可得：$(1+r)^n=\frac{x}{x-ra_0}$，

变形后两边取自然对数，整理得：$n=\frac{\ln\left(\frac{x}{x-ra_0}\right)}{\ln(1+r)}$，式中 n 即为每月还 x 元的前提下还清贷款所需的月数，最后所还本息合计为：$s_n=nx$.

若贷款 100 000 元，每月还 500，800，1 000 元，代入上面的式子，利用MATLAB可以分别计算得：$n\approx 362,168,125$，即若贷款 10 万元，每个月各还 500，800，1 000元所对应的时间为 362，168，125 个月.

数学建模方法

数学建模就是建立数学模型，建立数学模型的过程就是数学建模的过程（见数学建模过程流程图）. 数学建模是一种数学的思考方法，是运用数学的语言和方法，通过抽象、简化建立能近似刻画并解决实际问题的数学模型的一种强有力的数学手段.

常用的数学建模方法如下：

（一）机理分析法：从基本物理定律以及系统的结构数据来推导出数学模型的方法.

1. 比例分析法——建立变量之间函数关系的最基本、最常用的方法.

2. 代数方法——求解离散问题（离散的数据、符号、图形）的主要方法.

3. 逻辑方法——数学理论研究的重要方法，用以解决社会学和经济学等领域的实际问题，在决策论、对策论等学科中得到广泛应用.

4. 常微分方程——解决两个变量之间的变化规律，关键是建立“瞬时变化率”的表达式.

5. 偏微分方程——解决因变量与两个以上自变量之间的变化规律.

（二）数据分析法：从大量的观测数据利用统计方法建立数学模型的方法.

1. 回归分析法——用于对函数 $f(x)$ 的一组观测值 $(x_i,f(x_i))(i=1,2,\cdots,n)$，确定函数的表达式，由于处理的是静态的独立数据，故称为数理统计方法.

2. 时序分析法——处理的是动态的相关数据，又称为过程统计方法.

（三）仿真和其他方法

1. 计算机仿真（模拟）——实质上是统计估计方法，等效于抽样试验.

①离散系统仿真——有一组状态变量.

②连续系统仿真——有解析表达式或系统结构图.

2. 因子试验法——在系统上作局部试验，再根据试验结果进行不断分析修改，求得所需的模型结构.

3. 人工现实法——基于对系统过去行为的了解和对未来希望达到的目标，

并考虑到系统有关因素的可能变化，人为地组成一个系统.

数学建模竞赛

由于数学建模在科学技术领域中的重要性，一些西方国家于 20 世纪六、七十年代开始开设数学建模和数学实验课程，1985 年，美国出现了一种面向大学生的称为数学建模竞赛的新型竞赛. 这是一种彻底公开的竞争，学生以三人组成一队的形式参赛，在三天时间内完成一篇有问题的叙述、简化和合理性的假设论述、数学模型的建立和求解，计算方法的设计和用计算对解的实现，以及结果的分析和检验，改进模型的缺点以及可能的应用范围等自我评述内容的论文，最后由专家评阅，以假设的合理性、建模的创造性、结果的正确性和文字表述的清晰程度为主要标准定出获奖等级. 我国从 1989 年就组队参加全美大学生数学建模竞赛，并取得了优异的成绩（北京理工大学叶其孝教授倡导）. 1992 年起我国开始创办我们自己的大学生数学建模竞赛，1993 年在全国大学生中正式开展，其竞赛宗旨是“创新意识，团队精神，重在参与，公平竞争”，目的在于激励学生学习数学的积极性，提高学生建立数学模型和运用计算机技术解决实际问题的综合能力，鼓励广大学生踊跃参加课外科技活动，开拓知识面，培养创造精神及合作意识，推动大学数学教学体系、教学内容和方法的改革.

自 1993 年全国大学生数学建模竞赛开展以来（92 年为部分高校联赛），社会各界反响热烈，参赛规模逐年扩大，平均每年增长 20%以上. 全国奖的获奖率保持在 10%左右，其中一等奖和二等奖的比例在 1∶3 左右. 2001 年 3 月，教育部高教司发出“关于委托全国大学生数学建模竞赛组委会组织竞赛活动的通知”（教高司函[2001]30 号），指出“这一活动对于提高学生综合素质、培养创新精神、促进高等学校教学建设和教学改革起着重要的推动作用.”

1999 年前，竞赛不分组，每次出两道题，参赛小组任选一题作答. 从 1999 年开始竞赛分本科组和专科组进行，每组各出两道题，参赛小组任选一题作答. 从 2004 年开始竞赛分甲组和乙组进行，部分本科专业（如农、林等专业）学生可参加乙组比赛. 2007 年起规定本科生只能参加甲组竞赛，来自高职高专院校以及个别本科院校中的专科学生参加乙组竞赛. “目前这一竞赛活动已成为我国高等学校中规模最大的大学生课外科技活动”，这充分反映了数学建模竞赛活动的生命力和内在魅力.

竞赛一般在每年 9 月第三个星期的星期五早 8 点到下一星期的星期一早 8 点的三天内举行. 全国统一竞赛题目，每组有两道题目可供选择. 采取通讯竞赛方式，网上发布题目. 竞赛题目一般来源于日常生活、工程技术和管理科学等方面经过适当简化加工的实际问题，不要求参赛者预先掌握深入的专门知识，只需要学过普通高校的数学课程即可，有较大的灵活性，留有充分余地供参赛者发挥其创造能力. 竞赛期间参赛队员可以使用各种图书资料、计算机和软件，在国际互联网上浏览，但不得与队外任何人（包括在网上）讨论. 参赛者应根据题目要求，完成一篇包括模型的假设、建立和求解、计算方法的设计和计算机实现、结果的分析和检验、模型的改进等方面的论文（即答卷）.

与传统的数学竞赛考查内容单一，偏重理论知识和解题技巧性不同. 一般来说，数学建模竞赛题是一个"课题"，它是一个综合性的问题，数据庞大，需要用计算机来完成. 其答案往往不是唯一的（数学模型是实际的模拟，是实际问题的近似表达，它的完成是在某种合理的假设下，因此其只能是较优的，不唯一的）. 呈报的成果是一篇"论文". 由此可见"数模竞赛"偏重于应用，它是以数学知识为引导，以计算机运用能力及文章的写作能力为辅的综合能力的竞赛. 例如，2003 年的 A 题"SARS 的传播"，要求根据提供的数据建立一个 SARS 传播的数学模型，并预测 SARS 对经济某个方面的影响；2004 年的 A 题"奥运会临时超市网点设计"，要求根据给出的问卷调查数据，找出观众在出行、用餐和购物等方面所反映的规律，并根据奥运场馆的主规划图，给出不同商区内临时超市网点的设计方案，阐明方法的科学性；2006 年的 D 题"煤矿瓦斯和煤尘的监测与控制"，要求根据某煤矿所给监测数据，鉴别该矿是属于"低瓦斯矿井"还是"高瓦斯矿井"，并判断该煤矿不安全的程度（即发生爆炸事故的可能性）有多大？2007 年的 A 题为"中国人口增长预测"，许多数学建模教材和参考文献上都有人口模型，学生似乎很容易入手，主要考察的是：根据问题的要求和统计数据建立合适的模型以及求解的能力. B 题"乘公交，看奥运"，是城市交通服务中的实际问题，挑战性较强. C 题"手机'套餐'优惠几何"，是当前社会热点问题之一. D 题"体能测试时间安排"，是现实生活中的问题，这两道题都比较容易为专科同学入手. 所有这些题目均来自于生产、生活实际，有的还具有一定的时效特征.

现在除了全国大学生数学建模竞赛之外，还有全国性的研究生数学建模竞赛、地区性的数学建模竞赛（如苏北地区数学建模联赛等），许多学校还有自己的数学建模竞赛.

☞巩固练习

1. 某人家住 T 市在他乡工作，每天下班后乘火车于 6 时抵达 T 市车站，他的妻子驾车准时到车站接他回家. 一日他提前下班，搭早一班火车于 5 时半抵 T 市车站，随即步行回家，他的妻子像往常一样驾车前来，在路上遇到他接回家时，发现比往常提前了 10 min，问他步行了多长时间？

2. 两兄妹分别在离家 2 km 和 1 km 且方向相反的两所学校上学，每天同时放学后分别以 4 km/h 和 2 km/h 的速度步行回家，一小狗以 6 km/h 的速度从哥哥处奔向妹妹，又从妹妹处奔向哥哥，如此往返直至回家中，问小狗奔波了多少路程？

3. 一个星级旅馆有 150 个房间. 经过一段时间的经营实践，经理得到数据：如果每间客房定价为 160 元，住房率为 55%；如果每间客房定价为 140 元，住房率为 65%；如果每间客房定价为 120 元，住房率为 75%；如果每间客房定价为 100 元，住房率为 85%. 欲使每天收入提高，问每间住房的定价应是多少？

4. 李四夫妇计划贷款 30 万元购买一套房子，他们打算用 20 年的时间还清贷款. 目前，银行的贷款利率是每月 0.6%. 他们采用等额本息还款的方式（即每月的还款额相同）偿还贷款.

(1) 在上述条件下，李四夫妇每月的还款额是多少？共计需要付多少利息？

(2) 在贷款 10 年零 7 个月后，他们认为他们有经济能力还完余下的款额，打算提前还贷，那么他们在已支付第 10 年的第 7 个月的还款额后的某天，应一次付给银行多少钱，才能将余下全部的贷款还清？

§9.2　初等数学模型

基础知识

现实世界中有很多问题，它的机理较简单，用静态、线性或逻辑的方法即可建立模型，使用初等的数学方法，即可求解，我们称之为初等数学模型. 本节主要介绍有关自然数、比例关系、状态转移及量纲分析等建模例子，这些问题的巧妙的分析处理方法，可使读者达到举一反三，开拓思路，提高分析、解决实际问题的能力.

鸽笼原理

鸽笼原理又称为抽屉原理，把 N 个苹果放入 $n(n<N)$ 个抽屉里，则必有一个抽屉中至少有 2 个苹果.

问题 1　如果有 N 个人，其中每个人至多认识这群人中的 $n(n<N)$ 个人（不包括自己），则至少有两个人所认识的人数相等.

分析　我们按认识人的个数，将 N 个人分为 $0,1,2,\cdots,n$ 类，其中 $k(0\leqslant k\leqslant n)$ 类，表示认识 k 个人，这样形成 $n+1$ 个"鸽笼". 若 $n<N-1$，则 N 个人分成不超过 $N-1$ 类，必有两人属于一类，也即有两个人所认识的人数相等；若 $n=N-1$，此时注意到 0 类和 N 类必有一个为空集，所以不空的"鸽笼"至多为 $N-1$ 个，也有结论成立.

问题 2　在一个边长为 1 的正三角形内最多能找到几个点，能够使这些点彼此间的距离大于 0.5.

分析　边长为 1 的正三角形△ABC，分别以 A，B，C 为中心，0.5 为半径圆弧，将三角形分为四个部分（如图 9－4），则四部分中任一部分内两点距离都小于 0.5，由鸽笼原理知道，在三角形内最多能找四个点，使彼此间距离大于 0.5，且确实可找到，如 A，B，C 及三角形中心四个点.

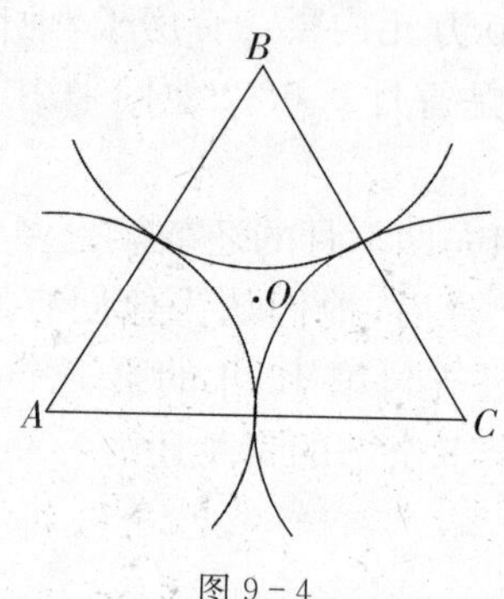

图 9－4

问题 3　能否在 8×8 的方格表 $ABCD$ 的各个空格中，分别填写 1，2，3 这三个数中的任一个，使得每行，每列及对角线 AC，BD 的各个数的和都不相同？为什么？

分析　若从考虑填法的种类入手，情况太复杂；这里我们注意到，方格表中的行、列及对角线的总数为 18；而用 1，2，3 填入表格，每行、列及对角线都是 8 个数，8 个数的和最小为 8，最大为 24，共有 24－8＋1＝17（种）；利用鸽笼原理，18 个"鸽"放入 17 个"鸽笼"，必有两个在一个"鸽笼"，也即必有两个和相同. 所以题目中的要求，无法实现.

"奇偶校验"方法

所谓"奇偶校验"，即是如果两个数都是奇数或偶数，则称这两个数具有相同的奇偶性；若一个数是奇数，另一个数是偶数，则称具有相反的奇偶性. 在组合问题中，经常使用"奇偶校验"考虑配对问题.

问题 4　（棋盘覆盖问题）假设你有一张普通的国际象棋盘，一组对角上的两个方格被切掉，这样棋盘上只剩下 62 个方格（如图 9－5）. 若你还有 31 块骨牌，每块骨牌的大小为 1×2 方格. 试说明用互不重叠的骨牌完全覆盖住这张残缺的棋盘是不可能的.

分析　关键是对图 9－5 的棋盘进行黑白着色，使得相邻的两个方格有不同的颜色；用一块骨牌覆盖两个方格，必是盖住颜色不同的方格. 我们计算一下黑白着色棋盘的黑格和白格个数，分别为 30 和 32；因此不能用 31 块骨牌盖住这张

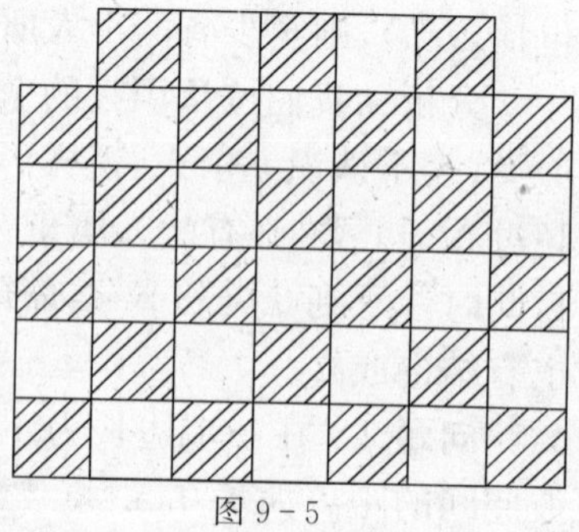

图 9－5

残缺的棋盘.用奇偶校验法，我们可以把黑色方格看成奇数方格，白色方格看成偶数方格；因为奇偶个数不同，所以不能进行奇偶配对，故题中要求的作法是不可能实现的.

问题 5　(菱形十二面体上的 H 路径问题)沿一菱形十二面体各棱行走，要寻找一条这样的路径使它通过各顶点恰好一次，该问题被称为 Hamilton 路径问题.

分析　我们注意到菱形十二面体的每个顶点的度或者为 3 或者为 4，所谓顶点的度是指通过这一顶点的棱数，如图 9－6，且每 3 度顶点刚好与 3 个 4 度顶点相连，而每个 4 度顶点刚好与 4 个 3 度顶点相连.因此一个 Hamilton 路径必是 3 度与 4 度顶点交错，故若存在 Hamilton 路径，则 3 度顶点个数，与 4 度顶点个数要么相等，要么相差 1.用奇偶校验法 3 度顶点为奇数顶点，4 度顶点为偶数顶点，奇偶配对，最多只能余 1 个；而事实上菱形十二面体中，有 3 度顶点 8 个，4 度顶点 6 个；可得结论，菱形十二面体中不存在 Hamilton 路径.

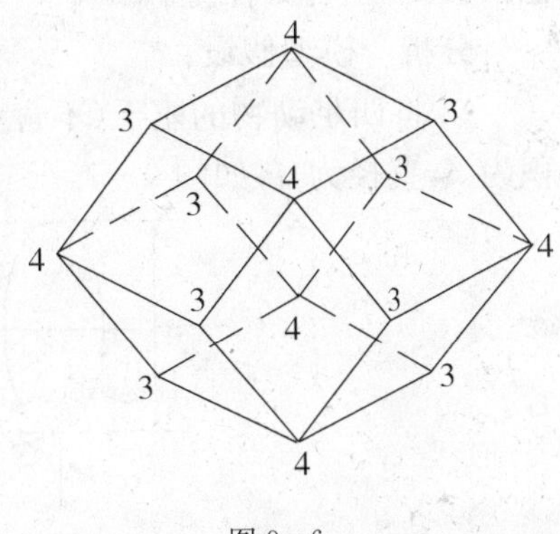

图 9－6

自然数的因子个数与狱吏问题

令 $d(n)$ 为自然数 n 的因子个数，则 $d(n)$ 有的为奇数，有的为偶数，见下表：

n	1	2	3	4	5	6	7	8	9	10	11	12	13	14	15	16
$d(n)$	1	2	2	3	2	4	2	4	3	4	2	6	2	4	4	5

我们发现这样一个规律，当且仅当 n 为完全平方数时，$d(n)$ 为奇数；这是因为 n 的因子是成对出现的，也即 $n=ab$；只有 n 为完全平方数，才会出现 $n=a^2$ 的情形，$d(n)$ 才为奇数.

下面我们利用上述结论来研究一个有趣的问题.

问题 6　(狱吏问题)某国王对囚犯进行大赦，让一狱吏 n 次通过一排锁着的 n 间牢房，每通过一次按所定规则转动门锁，每转动一次，原来锁着的被打开，原来打开的被锁上；通过 n 次后，门锁开着的，牢房中的犯人放出，否则犯人不得获释.转动门锁的规则是这样的，第一次通过牢房，要转动每一把门锁，即把全部锁打开；第二次通过牢房时，从第二间开始转动，每隔一间转动一次；第 k 次通过牢房，从第 k 间开始转动，每隔 $k-1$ 间转动一次；问通过 n 次后，那些牢房的锁仍然是打开的?

分析　牢房的锁最后是打开的，则该牢房的锁要被转动奇数次；如果把 n 间牢房用 1,2,…,n 编号,则第 k 间牢房被转动的次数,取决于 k 是否为 1,2,…,n 整除,也即 k 的因子个数,利用自然数因子个数定理,我们得到结论:只有编号为完全平方数的牢房门仍是开着的.

函数与比例模型

问题 7 (动物体型问题)某生猪收购站,需要研究如何根据生猪的体长(不包括头尾)估计其体重?

分析 模型假设:

1. 将四足动物的躯干(不含头尾)视为质量为 m 的圆柱体,长度为 l,截面面积为 S,直径为 d,如图 9-7.

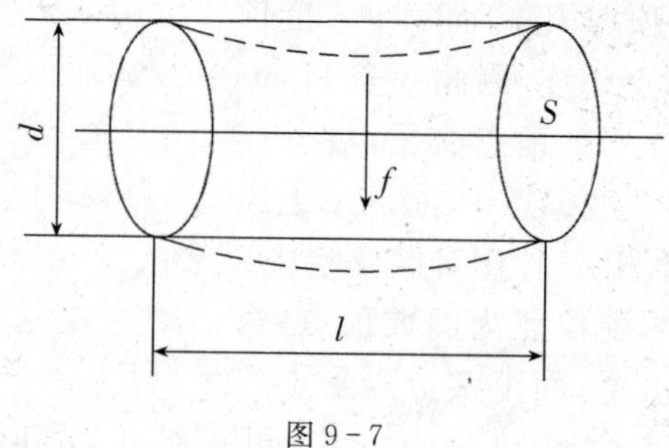

图 9-7

2. 把圆柱体的躯干看作一根支撑在四肢上的弹性梁,动物在体重 f 作用下的最大下垂为 δ,即梁的最大弯曲,根据弹性力学弯曲度理论,有:

$$\delta \propto \frac{f l^3}{Sd^2}. \qquad ①$$

3. 以生物进化学的角度,可认为动物的相对下垂度 $\frac{\delta}{l}$ 已达到一个最合适的数值,也即 $\frac{\delta}{l}$ 为常数.

模型建立:

$$\because S=\frac{\pi d^2}{4}, \quad f=\frac{\pi d^2}{4}l, \qquad ②$$

由①式,可令 $\delta=k_1\frac{fl^3}{sd^2}$,$k_1$ 为比例常数.

由②式得,
$$\begin{aligned} S\cdot d^2 &=\frac{\pi d^2}{4}\cdot d^2=\frac{\pi}{4}d^4 \\ &=\frac{4}{\pi}\left(\frac{\pi}{4}\right)^2\cdot d^4\cdot l^2\cdot\frac{1}{l^2} \\ &=\frac{4}{\pi}\left(\frac{\pi}{4}d^2 l\right)^2\cdot\frac{1}{l^2}. \end{aligned}$$

又 $f=\frac{\pi}{4}d^2l$,

$$\therefore f=\frac{\pi}{4}k_1\ \frac{l^5}{\delta}=\frac{\pi}{4}k_1\ \frac{l}{\delta}\cdot l^4.$$

令 $k=\frac{\pi}{4}k_1\ \frac{l}{\delta}$,由假设 3 可知,$k$ 为常数

$$\therefore f=kl^4.$$

因此生猪的体重与体长的四次方成正比,在实际工作中,工作人员可由实际经验及统计数据找出常数 k,则可近似地由生猪的体长估计它的体重.

问题 8 （双重玻璃的功效）房间居室的窗户有的是双层的,即在窗户上装两层玻璃,且中间留有一定的空隙,试比较双层玻璃窗与单层玻璃窗的热量流失?

分析　模型假设:

1. 设双层玻璃窗的两玻璃的厚度都为 d,两玻璃的间距为 l,单层玻璃窗的玻璃厚度为 $2d$,所用玻璃材料相同,如图 9 - 8.

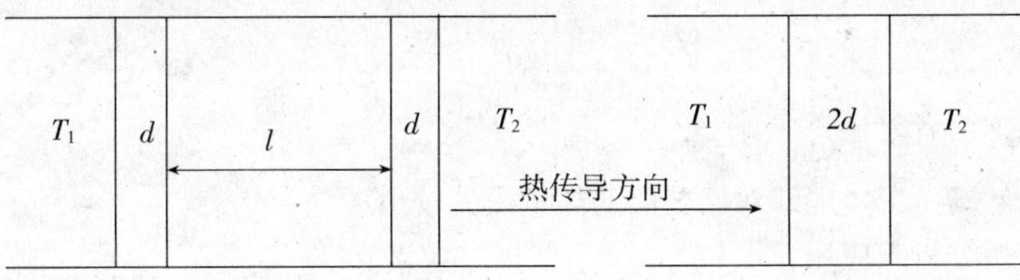

图 9 - 8

2. 假设窗户的封闭性能很好,两层玻璃之间的空气不流动,即忽略热量的对流,只考虑热量的传导.

3. 室内温度 T_1 和室外温度 T_2 保持不变,热传导过程处于稳定状态,即单位时间通过单位面积的热量为常数.

4. 玻璃材料均匀,热传导系数为常数.

模型建立:

对于厚度为 d 的均匀介质,两侧温度差为 ΔT,则单位时间由温度高的一侧向温度低的一侧通过单位面积的热量 Q 满足

$$Q=k\cdot\frac{\Delta T}{d},k\text{ 为热传导系数}.$$

设玻璃的热传导系数为 k_1,空气的热传导系数为 k_2.

(1)先考虑单层玻璃在单位时间、单位面积内的热量传导为:

$$Q_1=k_1\cdot\frac{T_1-T_2}{2d}. \quad ①$$

(2)考虑双层玻璃情形.

此时热量先通过厚度为 d 的玻璃传导到两层玻璃的夹层空气中,再通过空气传导,再通过厚度为 d 的玻璃传导. 设内层玻璃的外侧温度为 T_a,外层玻璃的内侧温度为 T_b,则有双层玻璃在单位时间、单位面积内的热量传导为:

$$Q_2=k_1\frac{T_1-T_a}{d}=k_2\frac{T_a-T_b}{l}=k_1\frac{T_b-T_2}{d}. \qquad ②$$

由②式可得

$$\begin{cases}T_a+T_b=T_1+T_2,\\ T_a-T_b=\dfrac{k_1}{k_2}\dfrac{l}{d}(T_b-T_2).\end{cases}$$

记 $s=\dfrac{k_1 l}{k_1 d}$,则 $$2T_b=T_1+T_2-s(T_b-T_2),$$

$$2(T_b-T_2)=T_1-T_2-s(T_b-T_2),$$

$$(T_b-T_2)=\frac{1}{2+s}(T_1-T_2),$$

$$Q_2=\frac{k_1}{(2+s)d}(T_1-T_2).$$

考虑两者之比$\dfrac{Q_2}{Q_1}=\dfrac{2}{2+s}$.

显然 $Q_2<Q_1$,也即双层玻璃的热量损失较小.

模型分析与应用:

常用玻璃的热传导系数:$k_1=4\times10^{-3}\sim8\times10^{-3}\mathrm{J/cm\cdot s\cdot c}$,

而不流通,干燥空气的热传导系数:$k_2=2.5\times10^{-4}\mathrm{J/cm\cdot s\cdot c}$,

∴ $$\frac{k_1}{k_2}=16\sim32.$$

若取 $\dfrac{l}{d}=h$,则 $16h\leqslant s\leqslant 32h$,

故 $$\frac{Q_2}{Q_1}\leqslant\frac{1}{1+8h}. \qquad ③$$

若取 $h=4$,则$\dfrac{Q_2}{Q_1}\leqslant\dfrac{1}{33}$. 由此可见双层玻璃的保暖效果是相当可观的. 我国北方寒冷地区的建筑物,通常采用双层玻璃.

由③式可得,当 $h=4$ 时,$Q_2\approx\dfrac{1}{33}Q_1$. 若 h 再大些,则热量传递的减少就不明显了,再考虑到墙体的厚度,所以建筑规范通常要求 $h\approx4$.

问题 9 (席位分配模型)某校有 200 名学生,甲系 100 名,乙系 60 名,丙系 40 名. 若学生会中学生代表有 20 个席位,则公平又简单的分法应分别有 10,6,4

个席位. 若丙系有 6 名学生分别转入甲、乙两系各 3 人，此时各系的人数为 103，63，34；按比例席位分配应为 10.3，6.3 和 3.4，出现了小数，而这是不可能进行的，因此，先把 19 个整数席位分配完后，最后一席留给小数部分最大的丙系，分别为 10，6，4. 为方便提案表决，现增加 1 席共 21 席，按比例计算甲、乙、丙三系分别占有 10.815，6.615，3.570，按上面的分法应分别为 11，7，3，这样虽然增加了一个席位，但丙系的席位反而减少一席，因此这种分法显然是不合理的，请给出一个比较公平的席位分配方案？

分析　席位分配问题，当出现小数时，无论如何分配都是不完全公平的，那么一个比较公平的分法是应该找到一个不公平程度最低的方法，因此首先要给出不公平程度的数量化，然后考虑使之最小的分配方案.

模型建立：

1. 讨论不公平程度的数量化：

设 A，B 两方人数分别为 p_1，p_2，分别占有 n_1 和 n_2 个席位，则两方每个席位所代表的人数分别为$\frac{p_1}{n_1}$和$\frac{p_2}{n_2}$.

我们称$\left|\frac{p_1}{n_1}-\frac{p_2}{n_2}\right|$为绝对不公平值. 如：$p_1=120$，$p_2=100$，$n_1=n_2=10$，则$\left|\frac{p_1}{n_1}-\frac{p_2}{n_2}\right|=2$. 又若 $p_1=1\ 020$，$p_2=1\ 000$，$n_1=n_2=10$，则$\left|\frac{p_1}{n_1}-\frac{p_2}{n_2}\right|=2$.

这时我们发现，用绝对不公平程度作为衡量不公平的标准并不合理，下面我们给出相对不公平值.

若$\frac{p_1}{n_1}>\frac{p_2}{n_2}$，则称$\frac{\frac{p_1}{n_1}-\frac{p_2}{n_2}}{\frac{p_2}{n_2}}=\frac{p_1n_2}{p_2n_1}-1$为对 A 的相对不公平值，记为 $r_A(n_1,n_2)$.

若$\frac{p_1}{n_1}<\frac{p_2}{n_2}$，则称$\frac{\frac{p_2}{n_2}-\frac{p_1}{n_1}}{\frac{p_1}{n_1}}=\frac{p_2n_1}{p_1n_2}-1$为对 B 的相对不公平值，记为 $r_B(n_1,n_2)$.

此时，在上面的假设中，相对不公平值分别为：0.2 和 0.02，可见相对不公平值较合理.

2. 用相对不公平值建立模型.

设 A，B 两方人数分别为 p_1，p_2，分别占有 n_1 和 n_2 个席位. 现在增加一个席位，应该给 A 还是 B？不妨设$\frac{p_1}{n_1}>\frac{p_2}{n_2}$，此时对 A 不公平，下面分两种情形：

(1)$\frac{p_1}{n_1+1} \geqslant \frac{p_2}{n_2}$,这说明即使 A 增加 1 席,仍对 A 不公平,故这一席应给 A.

(2)$\frac{p_1}{n_1+1} < \frac{p_2}{n_2}$,这说明 A 方增加 1 席时,将对 B 不公平,此时计算对 B 的相对不公平值得 $r_B(n_1+1, n_2)=\frac{p_2(n_1+1)}{p_1 n_2}-1$.

若这一席给 B,则对 A 的相对不公平值为 $r_A(n_1, n_2+1)=\frac{p_1(n_2+1)}{p_2 n_1}-1$.

本着使得相对不公平值尽量小的原则,

若 $r_B(n_1+1, n_2) < r_A(n_1, n_2+1)$, ①

则增加的 1 席给 A 方.

若 $r_A(n_1, n_2+1) < r_B(n_1+1, n_2)$, ②

则增加的 1 席给 B 方.

由①式可得:$\frac{p_2^{\,2}}{n_2(n_2+1)} < \frac{p_1^{\,2}}{n_1(n_1+1)}$.

由②式可得:$\frac{p_2^{\,2}}{n_2(n_2+1)} > \frac{p_1^{\,2}}{n_1(n_1+1)}$.

记:$Q_i=\frac{p_i{}'}{n_i(n_i+1)}$,则增加的 1 席应给 Q_i 值大的一方.

第一种情形,显然也符合该原则.

现在将上述方法推广到 m 方分配席位的情况 A_i 方人数为 p_i,已占有 n_i 席,$i=1,2,\cdots,m$.

计算 $Q_i=\frac{p_i^{\,2}}{n_i(n_i+1)}$,则将增加的 1 席应分配给 Q_i 值最大的一方.

下面考虑原问题:

前 19 席的分配没有争议,甲系得 10 席,乙系得 6 席,丙系得 3 席.

第 20 席的分配

$Q_1=\frac{103^2}{10(10+1)}=96.4$,$Q_2=\frac{63^2}{6(6+1)}=94.5$,$Q_3=\frac{34^2}{3(3+1)}=96.3$,

故第 20 席分配给甲系.

第 21 席的分配

$Q_1=\frac{103^2}{11(11+1)}=80.4$,$Q_2=94.5$,$Q_3=96.3$.

故第 21 席分配给丙系.

甲、乙、丙三系各分得 11,6,4 席,这样丙系保住它险些丧失的 1 席.

巩固练习

1. 在一个边长为 1 的正三角形内，若要彼此间距离大于$\frac{1}{n}$，最多能找到几个点？

2. 设一所监狱有 64 间囚室，其排列类似 8×8 棋盘，看守长告诉关押在一个角落里的囚犯，只要他能够不重复地通过每间囚室到达对角的囚室(所有相邻囚室间都有门相通)，他将获释，问囚犯能否获得自由？

3. 某班有 49 个学生，坐成 7 行 7 列，每个坐位的前后左右的坐位叫做它的邻座，要让 49 个学生都换到他的邻座上去，问是否有这种调换位置的方案？

4. 怎样讨论三层玻璃的功效？

5. 比利时(d'Hondt)分配方案：将甲、乙、丙三系的人数都用 1,2,3,…去除，将商从大到小排列，取前 21 个最大的，这 21 个中各系占有几个，就分给几个席位，你认为这种方法合理吗？

6. 学校共有 1 000 名学生，235 人住在 A 楼，333 人住在 B 楼，432 人住在 C 楼. 学生们要组成一个 10 人委员会，使用 Q 值方法及 d'Hondt 方法给出分配方案. 如果委员会为 15 人，分配方案是什么？

§9.3 高等数学模型

基础知识

函数连续性模型

问题 1 (椅子的放平问题)把椅子往不平的地面上一放，通常只有三只脚着地，放不稳. 然而，只需稍挪动几次，就可以使四只脚同时着地，放稳了. 试建立数学模型，并用该模型的结果解释这个现象.

分析 模型假设：

1. 椅子四条腿一样长，椅脚与地面接触可视为一个点，四脚的连线呈正方形.

2. 地面高度是连续变化的，沿任何方向都不会出现间断(没有像台阶那样的情况)，即地面可视为数学上的连续光滑曲面.

3. 相对于椅脚的间距和椅腿的长度而言，地面是相对平坦的，使椅子在任何位置至少有三只脚同时着地.

模型建立：

(1)用变量表示椅子的位置.

椅脚四点 $ABCD$ 呈正方形，以正方形 $ABCD$ 的中心 O 为原点，对角线 AC 所在直线建立 x 轴(如图 9－9). 当椅子绕中心 O 旋转角度 θ 后，正方形 $ABCD$ 转至位置 $A'B'C'D'$，这时对角线 $A'C'$ 与 x 轴的夹角 θ 表示了椅子的位置.

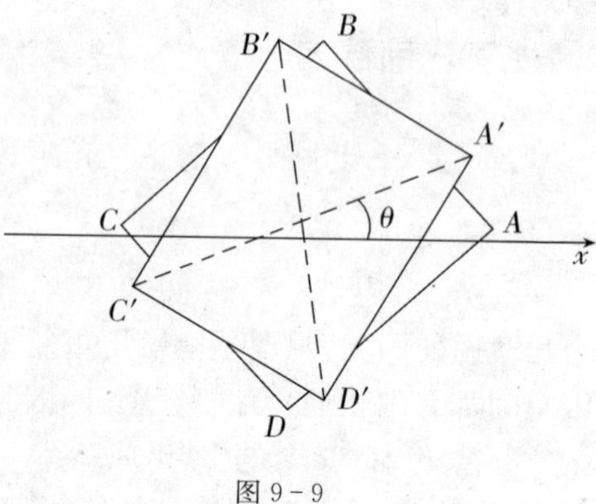

图 9－9

(2)用数学符号表示椅脚的着地情况.

当椅脚位置为 $A'B'C'D'$ 时，设 A'，C' 两脚与地面的距离之和为 $f(\theta)$，B'，D' 两脚与地面的距离之和为 $g(\theta)$，显然有当 $f(\theta)\geqslant 0$ 时，$g(\theta)\geqslant 0$. 特别当 $f(\theta)=0$(或 $g(\theta)=0$)时，A'，C' 两脚着地(或 B'，D' 两脚着地).

由假设 2 可知，$f(\theta)$ 和 $g(\theta)$ 都是连续函数. 由假设 3 可知，任何位置至少有三只脚着地，因此对于任意的 θ，$f(\theta)$ 和 $g(\theta)$ 中至少有一个为 0. 当 $\theta=0$ 时，不妨设 $g(0)=0$，$f(0)>0$，这样改变椅子的位置使四只脚同时着地就归结为证明如下的数学命题：

即模型为——已知 $f(\theta)$ 和 $g(\theta)$ 都是连续函数，对任意 θ，都有 $f(\theta)g(\theta)=0$，且 $g(0)=0$，$f(0)>0$，证明存在 θ_0 满足 $f(\theta_0)=g(\theta_0)=0$.

模型求解：

将椅子旋转 $\frac{\pi}{2}$ 时，对角线 AC 与 BD 互换，由 $g(0)=0$，$f(0)>0$ 知，$g\left(\frac{\pi}{2}\right)>0$，$f\left(\frac{\pi}{2}\right)=0$. 令 $h(\theta)=f(\theta)-g(\theta)$，显然 $h(\theta)$ 在 $\left[0,\frac{\pi}{2}\right]$ 上连续. 因为 $h(0)=f(0)-g(0)>0$，所以 $h\left(\frac{\pi}{2}\right)=f\left(\frac{\pi}{2}\right)-g\left(\frac{\pi}{2}\right)<0$. 根据连续函数的零点存在定理知，存在 $\theta_0\in\left(0,\frac{\pi}{2}\right)$ 使得 $h(\theta_0)=0$，即 $f(\theta_0)=g(\theta_0)$. 而 $f(\theta_0)g(\theta_0)=0$，故 $f(\theta_0)=g(\theta_0)=0$.

这个模型的巧妙之处在于用一元变量 θ 表示椅子位置，用 θ 的两个函数表示椅子四脚与地面的距离.

矩阵模型

问题 2　(人、狗、鸡、米问题)人、狗、鸡、米均要过河，船上除 1 人划船外，最多还能运载一物，而人不在场时，狗要吃鸡，鸡要吃米，问人，狗、鸡、米应如何过河?

分析　假设人、狗、鸡、米要从河的南岸到河的北岸，由题意，在过河的过程中，两岸的状态要满足一定条件，所以该问题为有条件的状态转移问题.

1. 允许状态集合

我们用(w,x,y,z)，$w,x,y,z=0$ 或 1，表示南岸的状态，例如$(1,1,1,1)$表示它们都在南岸，$(0,1,1,0)$表示狗、鸡在南岸，人、米在北岸. 很显然有些状态是允许的，有些状态是不允许的，用穷举法可列出全部 10 个允许状态向量，

$(1,1,1,1)$，$(1,1,1,0)$，$(1,1,0,1)$，$(1,0,1,1)$，$(1,0,1,0)$，

$(0,0,0,0)$，$(0,0,0,1)$，$(0,0,1,0)$，$(0,1,0,0)$，$(0,1,0,1)$.

我们将上述 10 个可取状态向量组成的集合记为 S，称 S 为允许状态集合.

2. 状态转移方程

对于一次过河，可以看成一次状态转移，我们用向量来表示决策，例$(1,0,0,1)$表示人、米过河. 令 D 为表示允许决策的集合，即

$$D=\{(1,x,y,z):\quad x+y+z=0 \text{ 或 } 1\}.$$

另外，我们注意到过河有两种，奇数次的为从南岸到北岸，而偶数次的为北岸回到南岸，因此得到下述转移方程，

$$S_{k+1}=S_k+(-1)^k d_k. \qquad ①$$

$S_k=(w_k,x_k,y_k,z_k)$表示第 k 次状态，$d_k\in D$ 为决策向量.

人、狗、鸡、米过河问题，即要找到

$d_1,d_2,\cdots,d_{m-1}\in D$，$S_0,S_1,\cdots,S_m\in S$，$S_0=(0,0,0,0)$，$S_m=(1,1,1,1)$且满足①式.

下面用状态转移图求解.

将 10 个允许状态用 10 个点表示，并且仅当某个允许状态经过一个允许决策仍为允许状态，则这两个允许状态间存在连线，而构成一个图，如图 9－10.

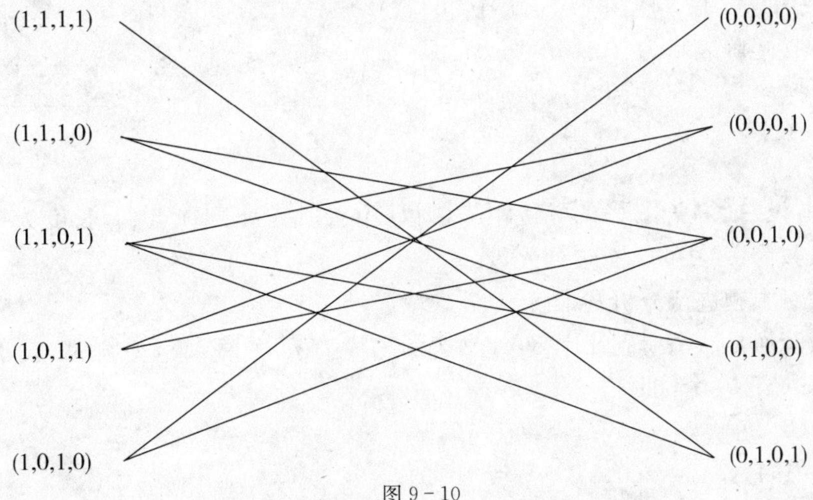

图 9－10

在其中寻找一条从(1,1,1,1)到(0,0,0,0)的路径，这样的路径就是一个解，可得下述路径图，如图 9 - 11.

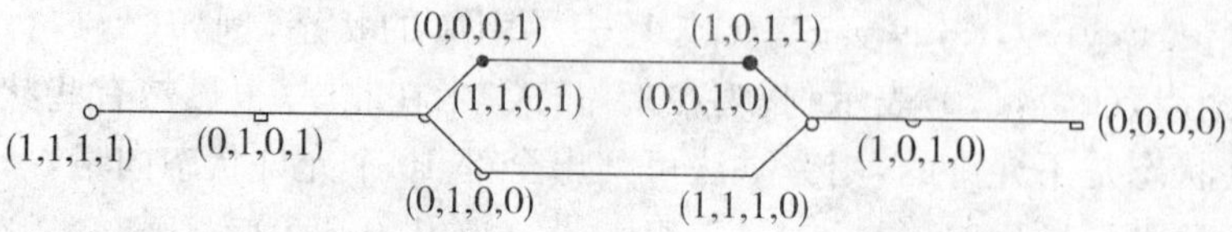

图 9 - 11

由图 9 - 11 可知，有两个解都是经过 7 次运算完成，均为最优解.

问题 3 （商人过河问题）三名商人各带一个随从乘船渡河，现有一只小船只能容纳两个人，由他们自己划行，若在河的任一岸的随从人数多于商人，他们就可能抢劫财物. 但如何乘船渡河由商人决定，试给出一个商人安全渡河的方案.

为了解决这个问题，首先介绍图论中的一个定理.

G 是一个图，$V(G)$ 为 G 的顶点集，$E(G)$ 为 G 的边集. 设 G 中有 n 个顶点 $v_1,v_2,\cdots,v_n$，$A=(a_{ij})n\times n$ 为 G 的邻接矩阵，且是一个 $n\times n$ 的 0—1 矩阵，其中

$$a_{ij}=\begin{cases}1, & v_iv_j\in E(G),\\ 0, & v_iv_j\notin E(G),\end{cases}\qquad i,j=1,2,\cdots,n.$$

也就是说，如果两顶点之间有一条弧，则邻接矩阵中对应的元素为 1；否则为 0. 可以看出，这种表示法非常简单、直接.

例如：对于图 9 - 12 所示的图，

可以用邻接矩阵表示为 $\begin{pmatrix}0&1&1&0&0\\0&0&0&1&0\\0&1&0&0&0\\0&0&1&0&1\\0&0&1&1&0\end{pmatrix}$.

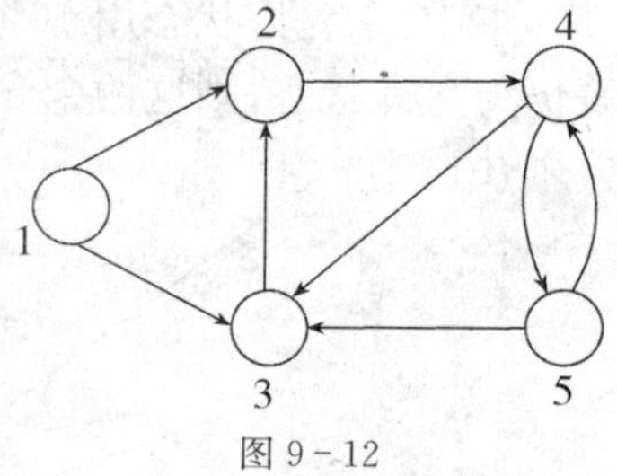

图 9 - 12

定理：设 $A(G)$ 为图 G 的邻接距阵，则 G 中从顶点 v_i 到顶点 v_j，长度为 k 的道路的条数为 A^k 中的 i 行 j 列元素.

下面对本题进行分析及求解.

假设渡河是从南岸到北岸，(m,n) 表示南岸有 m 个商人，n 个随从，全部的允许状态共有 10 个，即

$$v_1=(3,3),\quad v_2=(3,2),\quad v_3=(3,1),\quad v_4=(3,0),\quad v_5=(2,2),$$
$$v_6=(1,1),\quad v_7=(0,3),\quad v_8=(0,2),\quad v_9=(0,1),\quad v_{10}=(0,0).$$

以 $V=\{v_1,v_2,\cdots,v_{10}\}$ 为顶点集，考虑到奇数次渡河及偶数次渡河的不同，

我们建立两个邻接距阵 $A=\begin{pmatrix}A_1 & A_2\\ 0 & A_3\end{pmatrix}$，$B=A^{\mathrm{T}}$.

其中 $A_1=\begin{pmatrix}0&1&1&0&1\\0&0&1&1&1\\0&0&0&1&0\\0&0&0&0&0\\0&0&0&0&0\end{pmatrix}$，$A_2=\begin{pmatrix}0&0&0&0&0\\0&0&0&0&0\\1&0&0&0&0\\0&0&0&0&0\\1&0&1&0&0\end{pmatrix}$，$A_3=\begin{pmatrix}0&0&0&1&1\\0&0&1&1&0\\0&0&0&1&1\\0&0&0&0&1\\0&0&0&0&0\end{pmatrix}$.

其中 A 表示从南岸到北岸渡河的图的邻接距阵，$B=A^{\mathrm{T}}$ 表示从北岸到南岸渡河的图的邻接距阵.

由上面定理可知我们应考虑最小的 k，使得 $(AB)^kA$ 中第 1 行第 10 列的元素不为 0，此时 $2k+1$ 即为最少的渡河次数，而矩阵 $(AB)^kA$ 中第 1 行第 10 列的元素为最佳的路径数目.

经过计算 $k=5$ 时，$(AB)^5A$ 的第 1 行第 10 列元素为 2，所以需 11 次渡河，有两条最佳路径.

最后我们用图解法求解：

前面我们已求出问题的 10 种允许状态，允许决策向量集合 $D=\{(u,v):u+v=1.2\}$，状态转移方程为 $S_{k+1}=S_k+(-1)^kd_k$，如图 9－13，标出 10 种允许状态，找出 S_1 从经由允许状态到原点的路径，该路径还要满足奇数次向左，向下；偶数次向右，向上.

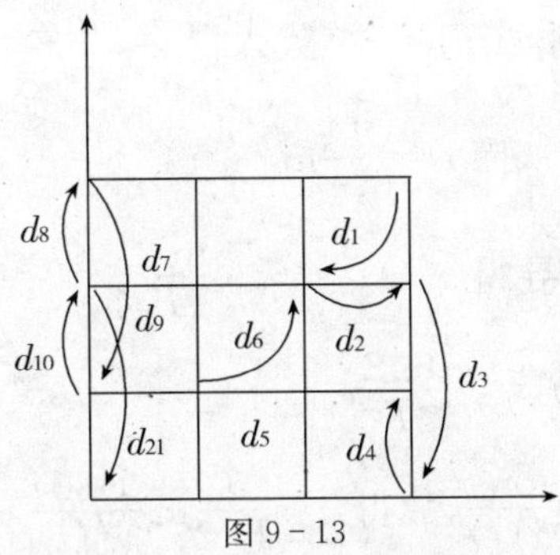

图 9－13

由图可得这样的过河策略，共分 11 次决策，即

$(3,3)\xrightarrow{\text{去一商一随}}(2,2)\xrightarrow{\text{回一商}}(3,2)\xrightarrow{\text{去二随}}(3,0)\xrightarrow{\text{回一随}}(3,1)\xrightarrow{\text{去二商}}(1,1)\xrightarrow{\text{回一商一随}}(2,2)\xrightarrow{\text{去二商}}(0,2)\xrightarrow{\text{回一随}}(0,3)\xrightarrow{\text{去二随}}(0,1)\xrightarrow{\text{回一随}}(0,2)\xrightarrow{\text{去二商}}(0,0)$.

微分方程模型

问题 4　^{14}C 年代测定方法是 1949 年美国芝加哥大学利比(W. F. Libby)建

立的，是考古工作者研究断代的重要手段之一．宇宙线（从星际空间射到地球的射线）中子穿过大气层时撞击空气中的氮核，引起核反应而生成具有放射性的 ^{14}C．从古至今，碳 ^{14}C 不断产生，同时其本身又在不断的放出 β 射线而裂变为氮．大气中 ^{14}C 处于动态平衡状态，^{14}C 经过一系列交换过程进入活组织内，直到在生物体内达到平衡浓度，即在活体中，^{14}C 的数量与稳定的 ^{12}C 的数量成定比，生物体死亡后，交换过程停止，放射性碳便按照放射性元素裂变规律（裂变速率与剩余量成正比）衰减．

碳 14 测定法（^{14}C）测定马王堆一号汉墓的年代．该墓出土于 1972 年 8 月，测得出土的木炭标本中的 ^{14}C，平均原子衰变数为 29.78 次/分，已知新木炭中 ^{14}C 平均原子衰变数为 38.37 次/分，^{14}C 的半衰期为 5 730 年．推测马王堆一号汉墓的年代．

分析　模型假设：

1．现代生物体 ^{14}C 内的衰变速度与汉代时相同．

2．某时刻 ^{14}C 的衰变速度与该时刻 ^{14}C 的含量成正比．

模型建立：

设时刻 t 年生物体中 ^{14}C 的存量为 $x(t)$，由假设 2 得 $\frac{dx}{dt}=-kx(k>0)$，设生物死亡时间 $t=0$，其时 ^{14}C 含量为 $x(0)=x_0$．

模型求解：

这是变量可分离方程，其特解为 $x(t)=x_0e^{-kt}$．

记 ^{14}C 半衰期为 T，则 $x(T)=\frac{x_0}{2}$，代入得 $k=\frac{\ln 2}{T}$，

所以 $x(t)=x_0e^{-\frac{\ln 2}{T}t}$，从而 $t=\frac{T}{\ln 2}\ln\frac{x_0}{x(t)}$．

由 $x(t)=x_0e^{-\frac{\ln 2}{T}t}$，求导得 $x'(t)=-x_0\frac{\ln 2}{T}e^{-\frac{\ln 2}{T}t}=-\frac{\ln 2}{T}x(t)$，

且 $x'(0)=-\frac{\ln 2}{T}x(0)=-\frac{\ln 2}{T}x_0$．

两式相除得：$\frac{x'(0)}{x'(t)}=\frac{x_0}{x(t)}$，故得：$t=\frac{T}{\ln 2}\ln\frac{x'(0)}{x'(t)}$．

已知 $x'(0)=38.37$，$x'(t)=29.78$，$T=5\,730$，故得

$t=\frac{5\,730}{\ln 2}\ln\frac{38.37}{29.78}\approx 2\,095$（年）．

人口增长模型

世界人口增长情况：

年	1625	1830	1930	1960	1974	1987	1999
人口(亿)	5	10	20	30	40	50	60

中国人口增长情况：

年	1908	1933	1953	1964	1982	1990	1995
人口(亿)	3	4.7	6	7	10.1	11.3	12

由于资源的有限性，当今世界各国都注意有计划地控制人口的增长，为了得到人口预测模型，必须首先搞清影响人口增长的因素，而影响人口增长的因素很多，如人口的自然出生率、人口的自然死亡率、人口的迁移、自然灾害、战争等诸多因素，如果一开始就把所有因素都考虑进去，则无从下手. 因此，先把问题简化，建立比较粗糙的模型，再逐步修改，得到较完善的模型.

问题 5　(马尔萨斯(Malthus)模型)英国人口统计学家马尔萨斯(1766—1834)在担任牧师期间，查看了教堂 100 多年人口出生统计资料，发现人口出生率是一个常数，于 1789 年在《人口原理》一书中提出了闻名于世的马尔萨斯人口模型，他的基本假设是：在人口自然增长过程中，净相对增长(出生率与死亡率之差)是常数，即单位时间内人口的增长量与人口成正比，比例系数设为 r，在此假设下，推导并求解人口随时间变化的数学模型.

解　设时刻 t 的人口为 $N(t)$，把 $N(t)$ 当作连续、可微函数处理(因人口总数很大，可近似地这样处理，这是离散变量连续化处理)，据马尔萨斯的假设，在 t 到 $t+\Delta t$ 时间段内，人口的增长量为

$$N(t+\Delta t)-N(t)=rN(t)\Delta t,$$

并设 $t=t_0$ 时刻的人口为 N_0，于是

$$\begin{cases}\dfrac{\mathrm{d}N}{\mathrm{d}t}=rN,\\ N(t_0)=N_0.\end{cases}$$

这就是马尔萨斯人口模型，用分离变量法易求出其解为

$$N(t)=N_0\mathrm{e}^{r(t-t_0)}.$$

此式表明人口以指数规律随时间无限增长.

模型检验：据估计 1961 年地球上的人口总数为 3.06×10^9，而在以后 7 年中，人口总数以每年 2% 的速度增长，这样 $t_0=1\,961$，$N_0=3.06\times10^3$，$r=0.02$，于是

$$N(t)=3.06\times10^9\mathrm{e}^{0.02(t-1\,961)}.$$

这个公式非常准确地反映了在 1700—1961 年间世界人口总数. 因为，这期间地球上的人口大约每 35 年翻一番，而上式断定 34.6 年增加一倍(请读者证明这一点).

马尔萨斯人口模型可用于短期人口增长预测，与 19 世纪以前欧洲一些地区

人口统计数据吻合，适用于 19 世纪后迁往加拿大的欧洲移民后代，但是不符合 19 世纪后多数地区人口增长规律，不能预测较长期的人口增长过程. 人们以美国人口为例，用马尔萨斯模型计算结果与人口资料比较，却发现有很大的差异，尤其是在用此模型预测较遥远的未来地球人口总数时，发现更令人不可思议的问题，如按此模型计算，到 2 670 年，地球上将有 36 000 亿人口. 如果地球表面全是陆地(事实上，地球表面还有 80%被水覆盖)，我们也只得互相踩着肩膀站成两层了，这是非常荒谬的，因此，这一模型应该修改.

问题 6 (逻辑 Logistic 模型)马尔萨斯模型为什么不能预测未来的人口呢？这主要是地球上的各种资源只能供一定数量的人生活，随着人口的增加，自然资源、环境条件等因素对人口增长的限制作用越来越显著，如果当人口较少时，人口的自然增长率可以看作常数的话，那么当人口增加到一定数量以后，这个增长率就要随人口的增加而减小. 因此，应对马尔萨斯模型中关于净增长率为常数的假设进行修改.

1838 年，荷兰生物数学家韦尔侯斯特(Verhulst)引入常数 N_m，用来表示自然环境条件所能容许的最大人口数(一般说来，一个国家工业化程度越高，它的生活空间就越大，食物就越多，从而 N_m 就越大)，并假设增长率等于 $r\left(1-\frac{N(t)}{N_m}\right)$，即净增长率随着 $N(t)$的增加而减小，当 $N(t)\to N_m$ 时，净增长率趋于零，按此假定建立人口预测模型.

解 由韦尔侯斯特假定，马尔萨斯模型应改为

$$\begin{cases}\dfrac{\mathrm{d}N}{\mathrm{d}t}=r\left(1-\dfrac{N}{N_0}\right)N,\\ N(t_0)=N_0,\end{cases}$$

上式就是逻辑模型，该方程可分离变量，其解为，

$$N(t)=\frac{N_m}{1+\left(\dfrac{N_m}{N_0}-1\right)\mathrm{e}^{-r(t-t_0)}}.$$

下面，我们对模型作一简要分析.

(1)当 $t\to\infty$时，$N(t)\to N_m$，即无论人口的初值如何，人口总数趋向于极限值 N_m；

(2)当 $0<N<N_m$ 时，$\frac{\mathrm{d}N}{\mathrm{d}t}=r\left(1-\frac{N}{N_m}\right)N>0$，这说明 $N(t)$是时间 t 的单调递增函数；

(3)由于$\frac{\mathrm{d}^2N}{\mathrm{d}t^2}=r^2\left(1-\frac{N}{N_m}\right)\left(1-\frac{2N}{N_m}\right)N$，所以当 $N<\frac{N_m}{2}$时，$\frac{\mathrm{d}^2N}{\mathrm{d}t^2}>0$，$\frac{\mathrm{d}N}{\mathrm{d}t}$单

调递增；当 $N>\frac{N_m}{2}$ 时，$\frac{\mathrm{d}^2N}{\mathrm{d}t^2}<0$，$\frac{\mathrm{d}N}{\mathrm{d}t}$ 单调递减，即人口增长率 $\frac{\mathrm{d}N}{\mathrm{d}t}$ 由增变减，在 $\frac{N_m}{2}$ 处最大，也就是说在人口总数达到极限值一半以前是加速生长期，过这一点后，生长的速率逐渐变小，并且迟早会达到零，这是减速生长期；

(4)用该模型检验美国从 1790 年到 1950 年的人口，发现模型计算的结果与实际人口在 1930 年以前都非常吻合，自从 1930 年以后，误差愈来愈大，一个明显的原因是在 20 世纪 60 年代美国的实际人口数已经突破了 20 世纪初所设的极限人口. 由此可见该模型的缺点之一是 N_m 不易确定，事实上，随着一个国家经济的腾飞，它所拥有的食物就越丰富，N_m 的值也就越大；

(5)用逻辑模型来预测世界未来人口总数. 某生物学家估计，$r=0.029$，又当人口总数为 3.06×10^9 时，人口每年以 2%的速率增长，由逻辑模型得

$$\frac{1}{N}\cdot\frac{\mathrm{d}N}{\mathrm{d}t}=r\left(1-\frac{N}{N_m}\right),$$

即
$$0.02=0.029\left(1-\frac{3.06\times10^9}{N_m}\right),$$

从而得
$$N_m=9.86\times10^9,$$

即世界人口总数极限值近 100 亿.

值得说明的是：人也是一种生物，因此，上面关于人口模型的讨论，原则上也可以用于在自然环境下单一物种生存着的其他生物，如森林中的树木、池塘中的鱼等，逻辑模型有着广泛的应用.

问题 7　(混合溶液模型)设一容器内原有 100 L 盐，内含有盐 10 kg，现以 3 L/min的速度注入质量浓度为 0.01 kg/L 的淡盐水，同时以 2 L/min 的速度抽出混合均匀的盐水，求容器内盐量变化的数学模型.

解　设 t 时刻容器内的盐量为 $x(t)$kg，考虑 t 到 $t+\mathrm{d}t$ 时间内容器中盐的变化情况，在 $\mathrm{d}t$ 时间内，

容器中盐的改变量＝注入的盐水中所含盐量－抽出的盐水中所含盐量，

容器内盐的改变量为 $\mathrm{d}x$，注入的盐水中所含盐量为 $0.01\times3\mathrm{d}t$，t 时刻容器内溶液的质量浓度为 $\frac{x(t)}{100+(3-2)t}$，假设 t 到 $t+\mathrm{d}t$ 时间内容器内溶液的质量浓度不变(事实上，容器内的溶液质量浓度时刻在变，由于 $\mathrm{d}t$ 时间很短，可以这样看). 于是抽出的盐水中所含盐量为 $\frac{x(t)}{100+(3-2)t}\times2\mathrm{d}t$，这样即可列出方程

$$\mathrm{d}x=0.03\mathrm{d}t-\frac{2x}{100+t}\mathrm{d}t,$$

即
$$\frac{\mathrm{d}x}{\mathrm{d}t}=0.03-\frac{2x}{100+t}.$$

又因为 $t=0$ 时,容器内有盐 10 kg,于是得该问题的数学模型为

$$\begin{cases}\dfrac{\mathrm{d}x}{\mathrm{d}t}+\dfrac{2x}{100+t}=0.03,\\ x(0)=10.\end{cases}$$

这是一阶非齐次线性方程的初值问题,其解为

$$x(t)=0.01(100+t)+\frac{9\times10^4}{(100+t)^2}.$$

下面对该问题进行一下简单的讨论,由上式不难发现:t 时刻容器内溶液的质量浓度为

$$p(t)=\frac{x(t)}{100+t}=0.01+\frac{9\times10^4}{(100+t)^3},$$

且当 $t\to\infty$ 时,$p(t)\to0.01$,即长时间地进行上述稀释过程,容器内盐水的质量浓度将趋于注入溶液的质量浓度.

溶液混合问题的更一般的提法是:设有一容器装有某种质量浓度的溶液,以流量 V_1 注入质量浓度为 C_1 的溶液(指同一种类溶液,只是质量浓度不同),假定溶液立即被搅匀,并以 V_2 的流量流出这种混合溶液,试建立容器中质量浓度与时间的数学模型.

首先设容器中溶质的质量为 $x(t)$,原来的初始质量为 x_0,$t=0$ 时溶液的体积为 V_2,在 $\mathrm{d}t$ 时间内,容器内溶质的改变量等于流入溶质的数量减去流出溶质的数量,即

$$\mathrm{d}x=C_1V_1\mathrm{d}t-C_2V_2\mathrm{d}t,$$

其中 C_1 是流入溶液的质量浓度,C_2 为 t 时刻容器中溶液的质量浓度,$C_2=\dfrac{x}{V_0+(V_1-V_2)t}$. 于是,有混合溶液的数学模型

$$\begin{cases}\dfrac{\mathrm{d}x}{\mathrm{d}t}=C_1V_1-C_2V_2,\\ x(0)=x_0.\end{cases}$$

该模型不仅适用于液体的混合,而且还适用于讨论气体的混合.

巩固练习

1. 探讨椅子的放平问题中椅子四脚呈长方形的情形.

2. 在商人过河中若有 4 名商人,各带一随从能否过河?

3. 夫妻过河问题:有 3 对夫妻过河,船最多能载 2 人,条件是任一女子不能在其丈夫不在的情况下与其他男子在一起,如何安排三对夫妻过河?若船最多能载 3 人,5 对夫妻能否过河?

4. 在巴基斯坦一个洞穴里，发现了具有古代尼安德特人特征的人骨碎片，科学家把它带到实验室，作碳 14 年代测定，分析表明，^{14}C 与 ^{12}C 的比例仅仅是活组织内的 6.24%，试判断此人生活在多少年前？

5. 枯死的落叶在森林中以每年 3 g/cm^2 的速度聚集在地面上，而这些枯叶以每年 75% 的速度腐烂消失. 试求出有关枯叶总质量（每平方厘米的）随时间变化的规律.

附录Ⅰ　常用初等数学公式

绝对值：

定义　$|x|=\begin{cases}x, & x\geqslant 0,\\ -x, & x<0.\end{cases}$

性质　$|x|=|-x|$；　$|xy|=|x||y|$；$|x|\leqslant a\Leftrightarrow -a\leqslant x\leqslant a(a\geqslant 0)$；
$|x+y|\leqslant |x|+|y|$；　　$|x-y|\geqslant |x|-|y|$.

指数：

(1)$a^{\frac{m}{n}}=\dfrac{1}{\sqrt[n]{a^m}}$($a>0,m,n\in\mathbf{N}^*$，且 $n>1$).

(2)$a^{-\frac{m}{n}}=\dfrac{1}{a^{\frac{m}{n}}}$($a>0,m,n\in\mathbf{N}^*$，且 $n>1$).

(3)$(\sqrt[n]{a})^n=a$.

(4)当 n 为奇数时，$\sqrt[n]{a^n}=a$；当 n 为偶数时，$\sqrt[n]{a^n}=|a|=\begin{cases}a, & a\geqslant 0,\\ -a, & a<0.\end{cases}$

(5)$a^r\cdot a^s=a^{r+s}(a>0,r,s\in\mathbf{Q})$.　　(6)$(a^r)^s=a^{rs}(a>0,r,s\in\mathbf{Q})$.

(7)$(ab)^r=a^rb^r(a>0,b>0,r\in\mathbf{Q})$.

注：若 $a>0$，p 是一个无理数，则 a^p 表示一个确定的实数．上述有理指数幂的运算性质，对于无理数指数幂都适用．

对数：

定义　$\log_a N=b\Leftrightarrow a^b=N(a>0,a\neq 1,N>0)$.

性质　$\log_a 1=0$；$\log_a a=1$；$a^{\log_a N}=N$.

换底公式　$\log_a N=\dfrac{\log_m N}{\log_m a}$($a>0$，且 $a\neq 1$，$m>0$，且 $m\neq 1$，$N>0$).

四则运算　(1)$\log_a(MN)=\log_a M+\log_a N$.

(2)$\log_a\dfrac{M}{N}=\log_a M-\log_a N$.

(3)$\log_a M^n=n\log_a M(n\in\mathbf{R},a>0,a\neq 1,M>0,N>0)$.

排列数公式：

$A_n^m=n(n-1)\cdots(n-m+1)=\dfrac{n!}{(n-m)!}$($n,m\in\mathbf{N}^*$，且 $m\leqslant n$)．注：规

定0！＝1.

组合数公式：

$$C_n^m=\frac{A_n^m}{A_m^m}=\frac{n(n-1)\cdots(n-m+1)}{1\times2\times\cdots\times m}=\frac{n!}{m!\ (n-m)!}(n\in\mathbf{N}^*,m\in\mathbf{N},且m\leqslant n).$$

组合数的两个性质：(1)$C_n^m=C_n^{n-m}$；(2)$C_n^m+C_n^{m-1}=C_{n+1}^m$.（规定 $C_n^0=1$.）

排列数与组合数的关系：$A_n^m=m!\ C_n^m$.

二项式定理：

$$(a+b)^n=C_n^0a^n+C_n^1a^{n-1}b+C_n^2a^{n-2}b^2+\cdots+C_n^ra^{n-r}b^r+\cdots+C_n^nb^n.$$

二项展开式的通项公式：$T_{r+1}=C_n^ra^{n-r}b^r(r=0,1,2,\cdots,n)$.

等差数列：

通项公式　$a_n=a_1+(n-1)d(n\in\mathbf{N}^*)$.

前 n 项和公式为　$S_n=\frac{n(a_1+a_n)}{2}=na_1+\frac{n(n-1)}{2}d$.

等比数列：

通项公式　$a_n=a_1q^{n-1}(n\in\mathbf{N}^*)$.

其前 n 项的和公式为　$S_n=\begin{cases}\frac{a_1(1-q^n)}{1-q}, & q\neq1,\\ na_1, & q=1,\end{cases}$ 或 $S_n=\begin{cases}\frac{a_1-a_nq}{1-q}, & q\neq1,\\ na_1, & q=1.\end{cases}$

常见数列前 n 项的和：

$1+2+3+\cdots+n=\frac{1}{2}n(n+1)$；

$1+3+5+\cdots+(2n-1)=n^2$；

$1^2+2^2+3^2+\cdots+n^2=\frac{1}{6}n(n+1)(2n+1)$；

$1^3+2^3+3^3+\cdots+n^3=\left[\frac{n(n+1)}{2}\right]^2$；

$1+x^2+x^3+\cdots+x^{n-1}=\frac{1-x^n}{1-x}(x\neq1)$.

在下面的公式中，S 表示面积，$S_{侧}$ 表示侧面积，V 表示体积.

三角形面积：$S=\frac{1}{2}ah$（a 为底，h 为高），

$$S=\sqrt{p(p-a)(p-b)(p-c)}\quad\left(a,b,c\text{ 为三边},p=\frac{a+b+c}{2}\right),$$

$$S=\frac{1}{2}ab\sin C(a,b\text{ 为两边},C\text{ 为夹角}).$$

平行四边形面积：$S=ah$（a 为一边，h 为这边上的高），

$$S=\frac{1}{2}ah\sin\theta\text{（}a,b\text{ 为两邻边，}\theta\text{ 为这两边的夹角）.}$$

梯形面积：$S=\frac{1}{2}(a+b)h$ （a,b 为上底与下底，h 为高）.

正 n 边形的面积：$S=\frac{n}{4}a^2\cot\frac{180^\circ}{n}$（$a$ 为边长，n 为边数）.

圆的面积：$S=\pi r^2$（r 为半径）.

扇形面积：$S=\frac{\pi nr^2}{360}$（r 为半径，n 为圆心角度数），

$$S=\frac{1}{2}rl\text{（}r\text{ 为半径，}l\text{ 为弧长）.}$$

直棱柱：$S_{侧}=CH$；$V=S_{底}H$（C 为底面周长，H 为高）.

正棱锥：$S_{侧}=\frac{1}{2}Ch$；$V=\frac{1}{3}S_{底}H$（C 为底面周长，h 为斜高，H 为高）.

正棱台：$S_{侧}=\frac{1}{2}h(C_1+C_2)$； $V=\frac{1}{3}H(S_1+S_2+\sqrt{S_1S_2})$.

（C_1，C_2 为上、下底面周长，h 为斜高，S_1，S_2 为上、下底面面积，H 为高）.

圆柱：$S_{侧}=2\pi rH$； $V=\pi r^2H$（r 为底面半径，H 为高）.

圆锥：$S_{侧}=\pi rl$； $V=\frac{1}{3}\pi r^2H$（r 为底面半径，l 为母线长，H 为高）.

圆台：$S_{侧}=\pi(r_1+r_2)l$； $V=\frac{1}{3}\pi H(r_1^2+r_2^2+r_1r_2)$，

（r_1，r_2 为上下底面半径，l 为母线长，H 为高）.

球：$S=4\pi R^2$； $V=\frac{4}{3}\pi R^3$（R 为球的半径）.

同角三角函数的基本关系式：

$\sin^2\theta+\cos^2\theta=1$，$\tan\theta=\frac{\sin\theta}{\cos\theta}$，$\tan\theta\cdot\cot\theta=1$.

正弦、余弦的诱导公式：

$$\sin\left(\frac{n\pi}{2}+\alpha\right)=\begin{cases}(-1)^{\frac{n}{2}}\sin\alpha, & (n\text{ 为偶数}).\\ (-1)^{\frac{n-1}{2}}\cos\alpha, & (n\text{ 为奇数}).\end{cases}$$

$$\cos\left(\frac{n\pi}{2}+\alpha\right)=\begin{cases}(-1)^{\frac{n}{2}}\cos\alpha, & (n\text{ 为偶数}).\\ (-1)^{\frac{n+1}{2}}\sin\alpha, & (n\text{ 为奇数}).\end{cases}$$

和角与差角公式：

$\sin(\alpha\pm\beta)=\sin\alpha\cos\beta\pm\cos\alpha\sin\beta$；

$\cos(\alpha\pm\beta)=\cos\alpha\cos\beta\mp\sin\alpha\sin\beta$;

$\tan(\alpha\pm\beta)=\dfrac{\tan\alpha\pm\tan\beta}{1\mp\tan\alpha\tan\beta}$.

二倍角公式：

$\sin 2\alpha=2\sin\alpha\cos\alpha$.

$\cos 2\alpha=\cos^2\alpha-\sin^2\alpha=2\cos^2\alpha-1=1-2\sin^2\alpha$.

$\tan 2\alpha=\dfrac{2\tan\alpha}{1-\tan^2\alpha}$.

三倍角公式：

$\sin 3\theta=3\sin\theta-4\sin^3\theta$.　　　$\cos 3\theta=4\cos^3\theta-3\cos\theta$.

$\tan 3\theta=\dfrac{3\tan\theta-\tan^3\theta}{1-3\tan^2\theta}$.

半角公式：

$\sin\dfrac{\alpha}{2}=\pm\sqrt{\dfrac{1-\cos\alpha}{2}}$,　　　$\cos\dfrac{\alpha}{2}=\pm\sqrt{\dfrac{1+\cos\alpha}{2}}$,

$\tan\dfrac{\alpha}{2}=\pm\sqrt{\dfrac{1-\cos\alpha}{1+\cos\alpha}}=\dfrac{\sin\alpha}{1+\cos\alpha}=\dfrac{1-\cos\alpha}{\sin\alpha}$.

和差化积：

$\sin\alpha+\sin\beta=2\sin\dfrac{\alpha+\beta}{2}\cos\dfrac{\alpha-\beta}{2}$,　　　$\sin\alpha-\sin\beta=2\cos\dfrac{\alpha+\beta}{2}\sin\dfrac{\alpha-B}{2}$,

$\cos\alpha+\cos\beta=2\cos\dfrac{\alpha+\beta}{2}\cos\dfrac{\alpha-\beta}{2}$,　　　$\cos\alpha-\cos\beta=-2\sin\dfrac{\alpha+\beta}{2}\sin\dfrac{\alpha-\beta}{2}$.

积化和差：

$\sin\alpha\cdot\cos\beta=\dfrac{1}{2}[\sin(\alpha+\beta)+\sin(\alpha-\beta)]$,

$\cos\alpha\cdot\sin\beta=\dfrac{1}{2}[\sin(\alpha+\beta)-\sin(\alpha-\beta)]$,

$\cos\alpha\cdot\cos\beta=\dfrac{1}{2}[\cos(\alpha+\beta)+\cos(\alpha-\beta)]$,

$\sin\alpha\cdot\sin\beta=-\dfrac{1}{2}[\cos(\alpha+\beta)-\cos(\alpha-\beta)]$.

三角函数的周期公式：

函数 $y=A\sin(\omega x+\varphi)(x\in\mathbf{R})$ 及函数 $y=A\cos(\omega x+\varphi)(x\in\mathbf{R},A,\omega,\varphi$ 为常数，且 $A\neq0,\omega>0)$ 的周期 $T=\dfrac{2\pi}{\omega}$；函数 $y=A\tan(\omega x+\varphi)(x\neq k\pi+\dfrac{\pi}{2},k\in\mathbf{Z},A,\omega,\varphi$ 为常数，且 $A\neq0,\omega>0)$ 的周期 $T=\dfrac{\pi}{\omega}$.

正弦定理：$\dfrac{a}{\sin A}=\dfrac{b}{\sin B}=\dfrac{c}{\sin C}=2R.$

余弦定理：$a^2=b^2+c^2-2bc\cos A$；　　$b^2=c^2+a^2-2ca\cos B$；

$c^2=a^2+b^2-2ab\cos C.$

两点 $P(x_1,y_1)$，$P_2(x_2,y_2)$ 的距离：$|P_1P_2|=\sqrt{(x_1-x_2)^2+(y_1-y_2)^2}.$

直线的斜率：$k=\tan\alpha$（α 为倾斜角），

$k=\dfrac{y_2-y_1}{x_2-x_1}(x_1\neq x_2)$（$P_1(x_1,y_1)$，$P_2(x_2,y_2)$ 为直线上两点）.

直线方程的几种形式：

点斜式　$y-y_1=k(x-x_1)$；　　斜截式 $y=kx+b$；

两点式　$\dfrac{y-y_1}{y_2-y_1}=\dfrac{x-x_1}{x_2-x_1}$；　　截距式 $\dfrac{x}{a}+\dfrac{y}{b}=1.$

一般式　$Ax+By+C=0.$

两直线的夹角：$\tan\theta=\left|\dfrac{k_2-k_1}{1+k_1k_2}\right|(k_1\cdot k_2\neq -1).$

点到直线的距离：点 $P_0(x_0,y_0)$ 到直线 $Ax+By+C=0$ 的距离为

$$\mathrm{d}=\left|\frac{Ax_0+By_0+C}{\sqrt{A^2+B^2}}\right|.$$

二次曲线的方程：

圆　$(x-a)^2+(y-b)^2=r^2.$

椭圆　$\dfrac{x^2}{a^2}+\dfrac{y^2}{b^2}=1(a>b>0)$，焦点在 x 轴上；

$\dfrac{y^2}{a^2}+\dfrac{x^2}{b^2}=1(a>b>0)$，焦点在 y 轴上.

双曲线　$\dfrac{x^2}{a^2}-\dfrac{y^2}{b^2}=1(a>0,b>0)$，焦点在 x 轴上；

$\dfrac{y^2}{a^2}-\dfrac{x^2}{b^2}=1(a>0,b>0)$，焦点在 y 轴上.

抛物线　$y^2=2px(p>0)$，焦点为 $\left(\dfrac{p}{2},0\right)$，准线方程为 $x=-\dfrac{p}{2}$；

$x^2=2py(p>0)$，焦点为 $\left(0,\dfrac{p}{2}\right)$，准线方程为 $y=-\dfrac{p}{2}$；

$y=ax^2+bx+c$，顶点为 $\left(-\dfrac{b}{2a},\dfrac{4ac-b^2}{4a}\right)$，对称轴为 $x=-\dfrac{b}{2a}.$

附录Ⅱ　常用积分表

(一)含有 $a+bx$ 的积分

1. $\int\frac{dx}{a+bx}=\frac{1}{b}\ln(a+bx)+C.$

2. $\int(a+bx)^{\mu}dx=\frac{(a+bx)^{\mu+1}}{b(\mu+1)}+C(\mu\neq-1).$

3. $\int\frac{xdx}{a+bx}=\frac{1}{b^2}[a+bx-a\ln(a+bx)]+C.$

4. $\int\frac{x^2dx}{a+bx}=\frac{1}{b^3}\left[\frac{1}{2}(a+bx)^2-2a(a+bx)+a^2\ln(a+bx)\right]+C.$

5. $\int\frac{dx}{x(a+bx)}=-\frac{1}{a}\ln\frac{a+bx}{x}+C.$

6. $\int\frac{dx}{x^2(a+bx)}=-\frac{1}{ax}+\frac{b}{a^2}\ln\frac{a+bx}{x}+C.$

7. $\int\frac{xdx}{(a+bx)^2}=\frac{1}{b^2}\left[\ln(a+bx)+\frac{a}{a+bx}\right]+C.$

8. $\int\frac{x^2dx}{(a+bx)^2}=\frac{1}{b^3}\left[a+bx-2a\ln(a+bx)-\frac{a^2}{a+bx}\right]+C.$

9. $\int\frac{dx}{x(a+bx)^2}=\frac{1}{a(a+bx)}-\frac{1}{a^2}\ln\frac{a+bx}{x}+C.$

(二) 含有 $\sqrt{a+bx}$ 的积分

10. $\int\sqrt{a+bx}\,dx=\frac{2}{3b}\sqrt{(a+bx)^3}+C.$

11. $\int x\sqrt{a+bx}\,dx=-\frac{2(2a-3bx)\sqrt{(a+bx)^3}}{15b^2}+C.$

12. $\int x^2\sqrt{a+bx}\,dx=\frac{2(8a^2-12abx+15b^2x^2)\sqrt{(a+bx)^3}}{105b^3}+C.$

13. $\int\frac{xdx}{\sqrt{a+bx}}=-\frac{2(2a-bx)}{3b^2}\sqrt{a+bx}+C.$

14. $\int\frac{x^2dx}{\sqrt{a+bx}}=\frac{2(8a^2-4abx+3b^2x^2)}{15b^3}\sqrt{a+bx}+C.$

15. $\int \frac{dx}{x\sqrt{a+bx}} = \begin{cases} \frac{1}{\sqrt{a}}\ln\frac{\sqrt{a+bx}-\sqrt{a}}{\sqrt{a+bx}+\sqrt{a}} + C(a>0), \\ \frac{2}{\sqrt{-a}}\arctan\sqrt{\frac{a+bx}{-a}} + C(a<0). \end{cases}$

16. $\int \frac{dx}{x^2\sqrt{a+bx}} = -\frac{\sqrt{a+bx}}{ax} - \frac{b}{2a}\int \frac{dx}{x\sqrt{a+bx}}.$

17. $\int \frac{\sqrt{a+bx}\,dx}{x} = 2\sqrt{a+bx} + a\int \frac{dx}{x\sqrt{a+bx}}.$

（三）含有 $a^2 \pm x^2$ 的积分

18. $\int \frac{dx}{a^2+x^2} = \frac{1}{a}\arctan\frac{x}{a} + C.$

19. $\int \frac{dx}{(x^2+a^2)^n} = \frac{x}{2(n-1)a^2(x^2+a^2)^{n-1}} + \frac{2n-3}{2(n-1)a^2}\int \frac{dx}{(x^2+a^2)^{n-1}}.$

20. $\int \frac{dx}{a^2-x^2} = \frac{1}{2a}\ln\frac{a+x}{a-x} + C(|x|<a).$

21. $\int \frac{dx}{x^2-a^2} = \frac{1}{2a}\ln\frac{x-a}{x+a} + C(|x|>a).$

（四）含有 $a \pm bx^2$ 的积分

22. $\int \frac{dx}{a+bx^2} = \frac{1}{\sqrt{ab}}\arctan\sqrt{\frac{b}{a}}x + C(a>0,b>0).$

23. $\int \frac{dx}{a-bx^2} = \frac{1}{2\sqrt{ab}}\ln\frac{\sqrt{a}+\sqrt{b}x}{\sqrt{a}-\sqrt{b}x} + C.$

24. $\int \frac{x\,dx}{a+bx^2} = \frac{1}{2b}\ln(a+bx^2) + C.$

25. $\int \frac{x^2\,dx}{a+bx^2} = \frac{x}{b} - \frac{a}{b}\int \frac{dx}{a+bx^2}.$

26. $\int \frac{dx}{x(a+bx^2)} = \frac{1}{2a}\ln\frac{x^2}{a+bx^2} + C.$

27. $\int \frac{dx}{x^2(a+bx^2)} = -\frac{1}{ax} - \frac{b}{a}\int \frac{dx}{a+bx^2}.$

28. $\int \frac{dx}{(a+bx^2)^2} = \frac{x}{2a(a+bx^2)} + \frac{1}{2a}\int \frac{dx}{a+bx^2}.$

（五）含有 $\sqrt{x^2+a^2}$ 的积分

29. $\int \sqrt{x^2+a^2}\,dx = \frac{x}{2}\sqrt{x^2+a^2} + \frac{a^2}{2}\ln(x+\sqrt{x^2+a^2}) + C.$

30. $\int \sqrt{(x^2+a^2)^3}\,\mathrm{d}x = \frac{x}{8}(2x^2+5a^2)\sqrt{x^2+a^2} + \frac{3a^4}{8}\ln(x+\sqrt{x^2+a^2})+C.$

31. $\int x\sqrt{x^2+a^2}\,\mathrm{d}x = \frac{\sqrt{(x^2+a^2)^3}}{3}+C.$

32. $\int x^2\sqrt{x^2+a^2}\,\mathrm{d}x = \frac{x}{8}(2x^2+a^2)\sqrt{x^2+a^2} - \frac{a^4}{8}\ln(x+\sqrt{x^2+a^2})+C.$

33. $\int \frac{\mathrm{d}x}{\sqrt{x^2+a^2}} = \ln(x+\sqrt{x^2+a^2})+C_1 = \operatorname{arsh}\frac{x}{a}+C.$

34. $\int \frac{\mathrm{d}x}{\sqrt{(x^2+a^2)^3}} = \frac{x}{a^2\sqrt{x^2+a^2}}+C.$

35. $\int \frac{x\mathrm{d}x}{\sqrt{x^2+a^2}} = \sqrt{x^2+a^2}+C.$

36. $\int \frac{x^2\mathrm{d}x}{\sqrt{x^2+a^2}} = \frac{x}{2}\sqrt{x^2+a^2} - \frac{a^2}{2}\ln(x+\sqrt{x^2+a^2})+C.$

37. $\int \frac{x^2\mathrm{d}x}{\sqrt{(\sqrt{x^2+a^2})^3}} = -\frac{x}{\sqrt{x^2+a^2}} + \ln(x+\sqrt{x^2+a^2})+C.$

38. $\int \frac{\mathrm{d}x}{x\sqrt{x^2+a^2}} = \frac{1}{a}\ln\frac{x}{a+\sqrt{x^2+a^2}}+C.$

39. $\int \frac{\mathrm{d}x}{x^2\sqrt{x^2+a^2}} = -\frac{\sqrt{x^2+a^2}}{a^2x}+C.$

40. $\int \frac{\sqrt{x^2+a^2}\,\mathrm{d}x}{x} = \sqrt{x^2+a^2} - a\ln\frac{a+\sqrt{x^2+a^2}}{x}+C.$

41. $\int \frac{\sqrt{x^2+a^2}\,\mathrm{d}x}{x^2} = -\frac{\sqrt{x^2+a^2}}{x} + \ln(x+\sqrt{x^2+a^2})+C.$

(六) 含有 $\sqrt{x^2-a^2}$ 的积分

42. $\int \frac{\mathrm{d}x}{\sqrt{(x^2-a^2)^3}} = \ln(x+\sqrt{x^2-a^2})+C_1 = \operatorname{arch}\frac{x}{a}+C.$

43. $\int \frac{\mathrm{d}x}{\sqrt{(x^2-a^2)^3}} = -\frac{x}{a^2\sqrt{x^2-a^2}}+C.$

44. $\int \frac{x\mathrm{d}x}{\sqrt{x^2-a^2}} = \sqrt{x^2-a^2}+C.$

45. $\int \sqrt{x^2-a^2}\,\mathrm{d}x = \frac{x}{2}\sqrt{x^2-a^2} - \frac{a^2}{2}\ln(x+\sqrt{x^2-a^2})+C.$

46. $\int \sqrt{(x^2-a^2)^3}\,\mathrm{d}x = \frac{x}{8}(2x^2-5a^2)\sqrt{x^2-a^2} + \frac{3a^4}{8}\ln(x+\sqrt{x^2-a^2})+C.$

47. $\int x\sqrt{x^2-a^2}\,dx=\frac{\sqrt{(x^2-a^2)^3}}{3}+C.$

48. $\int x\sqrt{(x^2-a^2)^3}\,dx=\frac{\sqrt{(x^2-a^2)^5}}{5}+C.$

49. $\int x^2\sqrt{x^2-a^2}\,dx=\frac{x}{8}(2x^2-a^2)\sqrt{x^2-a^2}-\frac{a^4}{8}\ln(x+\sqrt{x^2-a^2})+C.$

50. $\int\frac{x^2\,dx}{\sqrt{x^2-a^2}}=\frac{x}{2}\sqrt{x^2-a^2}+\frac{a^2}{2}\ln(x+\sqrt{x^2-a^2})+C.$

51. $\int\frac{x^2\,dx}{\sqrt{(x^2-a^2)^3}}=-\frac{x}{\sqrt{x^2-a^2}}+\ln(x+\sqrt{x^2-a^2})+C.$

52. $\int\frac{dx}{x\sqrt{x^2-a^2}}=\frac{1}{a}\arccos\frac{a}{x}+C.$

53. $\int\frac{dx}{x^2\sqrt{x^2-a^2}}=\frac{\sqrt{x^2-a^2}}{a^2x}+C.$

54. $\int\frac{\sqrt{x^2-a^2}}{x}dx=\sqrt{x^2-a^2}-a\arccos\frac{a}{x}+C.$

55. $\int\frac{\sqrt{x^2-a^2}}{x^2}dx=-\frac{\sqrt{x^2-a^2}}{x}+\ln(x+\sqrt{x^2-a^2})+C.$

（七）含有 $\sqrt{a^2-x^2}$ 的积分

56. $\int\frac{dx}{\sqrt{a^2-x^2}}=\arcsin\frac{x}{a}+C.$

57. $\int\frac{dx}{(\sqrt{a^2-x^2})^3}=\frac{x}{a^2\sqrt{a^2-x^2}}+C.$

58. $\int\frac{x\,dx}{\sqrt{a^2-x^2}}=-\sqrt{a^2-x^2}+C.$

59. $\int\frac{x\,dx}{\sqrt{(a^2-x^2)^3}}=\frac{1}{\sqrt{a^2-x^2}}+C.$

60. $\int\frac{x^2\,dx}{\sqrt{a^2-x^2}}=-\frac{x}{2}\sqrt{a^2-x^2}+\frac{a^2}{2}\arcsin\frac{x}{a}+C.$

61. $\int\sqrt{a^2-x^2}\,dx=\frac{x}{2}\sqrt{a^2-x^2}+\frac{a^2}{2}\arcsin\frac{x}{a}+C.$

62. $\int\sqrt{(a^2-x^2)^3}\,dx=\frac{x}{8}(5a^2-2x^2)\sqrt{a^2-x^2}+\frac{3a^4}{8}\arcsin\frac{x}{a}+C.$

63. $\int x\sqrt{a^2-x^2}\,dx=-\frac{\sqrt{(a^2-x^2)^3}}{3}+C.$

64. $\int x\sqrt{(a^2-x^2)^3}\,dx=-\frac{\sqrt{(a^2-x^2)^5}}{5}+C.$

65. $\int x^2\sqrt{a^2-x^2}\,dx=\frac{x}{8}(2x^2-a^2)\sqrt{a^2-x^2}+\frac{a^4}{8}\arcsin\frac{x}{a}+C.$

66. $\int\frac{x^2dx}{\sqrt{(a^2-x^2)^3}}=\frac{x}{\sqrt{a^2-x^2}}-\arcsin\frac{x}{a}+C.$

67. $\int\frac{dx}{x\sqrt{a^2-x^2}}=\frac{1}{a}\ln\frac{x}{a+\sqrt{a^2-x^2}}+C.$

68. $\int\frac{dx}{x^2\sqrt{a^2-x^2}}=-\frac{\sqrt{a^2-x^2}}{a^2x}+C.$

69. $\int\frac{\sqrt{a^2-x^2}}{x}dx=\sqrt{a^2-x^2}-a\ln\frac{a+\sqrt{a^2-x^2}}{x}+C.$

70. $\int\frac{\sqrt{a^2-x^2}}{x^2}dx=-\frac{\sqrt{a^2-x^2}}{x}-\arcsin\frac{x}{a}+C.$

（八）含有 $a+bx\pm cx^2(c>0)$ 的积分

71. $\int\frac{dx}{a+bx-cx^2}=\frac{1}{\sqrt{b^2+4ac}}\ln\frac{\sqrt{b^2+4ac}+2cx-b}{\sqrt{b^2+4ac}-2cx+b}+C.$

72. $$\int\frac{dx}{a+bx+cx^2}=\begin{cases}\frac{2}{\sqrt{4ac-b^2}}\arctan\frac{2cx+b}{\sqrt{4ac-b^2}}+C & (b^2<4ac),\\ \frac{1}{\sqrt{b^2-4ac}}\ln\frac{2cx+b-\sqrt{b^2-4ac}}{2cx+b+\sqrt{b^2-4ac}}+C & (b^2>4ac).\end{cases}$$

（九）含有 $\sqrt{a+bx\pm cx^2}(c>0)$ 的积分

73. $\int\frac{dx}{\sqrt{a+bx+cx^2}}=\frac{1}{\sqrt{c}}\ln(2cx+b+2\sqrt{c}\sqrt{a+bx+cx^2})+C.$

74. $\int\sqrt{a+bx+cx^2}\,dx=\frac{2cx+b}{4c}\sqrt{a+bx+cx^2}-\frac{b^2-4ac}{8\sqrt{c^3}}\ln(2cx+b+$
$2\sqrt{c}\cdot\sqrt{a+bx+cx^2})+C.$

75. $\int\frac{x\,dx}{\sqrt{a+bx+cx^2}}=\frac{\sqrt{a+bx+cx^2}}{c}-\frac{b}{2\sqrt{c^3}}\ln(2cx+b+2\sqrt{c}\cdot$
$\sqrt{a+bx+cx^2})+C.$

76. $\int\frac{dx}{\sqrt{a+bx-cx^2}}=\frac{1}{\sqrt{c}}\arcsin\frac{2cx-b}{\sqrt{b^2+4ac}}+C.$

77. $\int\sqrt{a+bx-cx^2}\,dx=\frac{2cx-b}{4c}\sqrt{a+bx-cx^2}+$

$$\frac{b^2+4ac}{8\sqrt{c^3}}\arcsin\frac{2cx-b}{\sqrt{b^2+4ac}}+C.$$

78. $\displaystyle\int\frac{x\mathrm{d}x}{\sqrt{a+bx-cx^2}}=-\frac{\sqrt{a+bx-cx^2}}{c}+\frac{b}{2\sqrt{c^3}}\arcsin\frac{2cx-b}{\sqrt{b^2+4ac}}+C.$

(十) 含有 $\sqrt{\dfrac{a\pm x}{b\pm x}}$ 的积分、含有 $\sqrt{(x-a)(b-x)}$ 的积分

79. $\displaystyle\int\sqrt{\frac{a+x}{b+x}}\mathrm{d}x=\sqrt{(a+x)(b+x)}+(a-b)\ln(\sqrt{a+x}+\sqrt{b+x})+C.$

80. $\displaystyle\int\sqrt{\frac{a-x}{b+x}}\mathrm{d}x=\sqrt{(a-x)(b+x)}+(a+b)\arcsin\sqrt{\frac{x+b}{a+b}}+C.$

81. $\displaystyle\int\sqrt{\frac{a+x}{b-x}}\mathrm{d}x=-\sqrt{(a+x)(b-x)}-(a+b)\arcsin\sqrt{\frac{b-x}{a+b}}+C.$

82. $\displaystyle\int\frac{\mathrm{d}x}{\sqrt{(x-a)(b-x)}}=2\arcsin\sqrt{\frac{x-a}{b-a}}+C\quad(a<b).$

(十一) 含有三角函数的积分

83. $\displaystyle\int\sin x\mathrm{d}x=-\cos x+C.$

84. $\displaystyle\int\cos x\mathrm{d}x=\sin x+C.$

85. $\displaystyle\int\tan x\mathrm{d}x=-\ln\cos x+C.$

86. $\displaystyle\int\cot x\mathrm{d}x=\ln\sin x+C.$

87. $\displaystyle\int\sec x\mathrm{d}x=\ln(\sec x+\tan x)+C=\ln\tan\left(\frac{\pi}{4}+\frac{x}{2}\right)+C.$

88. $\displaystyle\int\csc x\mathrm{d}x=\ln(\csc x-\cot x)+C=\ln\tan\frac{x}{2}+C.$

89. $\displaystyle\int\sec^2 x\mathrm{d}x=\tan x+C.$

90. $\displaystyle\int\csc^2 x\mathrm{d}x=-\cot x+C.$

91. $\displaystyle\int\sec x\tan x\mathrm{d}x=\sec x+C.$

92. $\displaystyle\int\csc x\cot x\mathrm{d}x=-\csc x+C.$

93. $\displaystyle\int\sin^2 x\mathrm{d}x=\frac{x}{2}-\frac{1}{4}\sin 2x+C.$

94. $\int \cos^2 x \mathrm{d}x = \frac{x}{2} + \frac{1}{4}\sin 2x + C.$

95. $\int \sin^n x \mathrm{d}x = -\frac{\sin^{n-1} x \cos x}{n} + \frac{n-1}{n}\int \sin^{n-2} x \mathrm{d}x.$

96. $\int \cos^n x \mathrm{d}x = \frac{\cos^{n-1} x \sin x}{n} + \frac{n-1}{n}\int \cos^{n-2} x \mathrm{d}x.$

97. $\int \frac{\mathrm{d}x}{\sin^n x} = -\frac{1}{n-1}\frac{\cos x}{\sin^{n-1} x} + \frac{n-2}{n-1}\int \frac{\mathrm{d}x}{\sin^{n-2} x}.$

98. $\int \frac{\mathrm{d}x}{\cos^n x} = -\frac{1}{n-1}\frac{\sin x}{\cos^{n-1} x} + \frac{n-2}{n-1}\int \frac{\mathrm{d}x}{\cos^{n-2} x}.$

99. $$\int \cos^m x \sin^n x \mathrm{d}x = \frac{\cos^{m-1} x \sin^{n+1} x}{m+n} + \frac{m-1}{m+n}\int \cos^{m-2} x \sin^n x \mathrm{d}x$$
$$= -\frac{\sin^{m-1} x \cos^{m+1} x}{m+n} + \frac{m-1}{m+n}\int \cos^m x \sin^{n-2} x \mathrm{d}x.$$

100. $\int \sin mx \cos nx \mathrm{d}x = -\frac{\cos(m+n)x}{2(m+n)} - \frac{\cos(m-n)x}{2(m-n)} + C \quad (m \neq n).$

101. $\int \sin mx \sin nx \mathrm{d}x = -\frac{\sin(m+n)x}{2(m+n)} + \frac{\sin(m-n)x}{2(m-n)} + C \quad (m \neq n).$

102. $\int \cos mx \cos nx \mathrm{d}x = -\frac{\sin(m+n)x}{2(m+n)} - \frac{\cos(m-n)x}{2(m-n)} + C \quad (m \neq n).$

103. $\int \frac{\mathrm{d}x}{a + b\sin x} = \frac{2}{\sqrt{a^2 - b^2}}\arctan \frac{a\tan \frac{x}{2} + b}{\sqrt{a^2 - b^2}} + C \quad (a^2 > b^2).$

104. $\int \frac{\mathrm{d}x}{a + b\sin x} = \frac{1}{a}\sqrt{\frac{a^2}{a^2 - b^2}}\ln \frac{\tan \frac{x}{2} + \frac{b}{a} - \sqrt{\frac{b^2 - a^2}{a^2}}}{\tan \frac{x}{2} + \frac{b}{a} + \sqrt{\frac{b^2 - a^2}{a^2}}} + C \quad (a^2 < b^2).$

105. $\int \frac{\mathrm{d}x}{a + b\cos x} = \frac{2}{a-b}\sqrt{\frac{a-b}{a+b}}\arctan\left(\sqrt{\frac{a-b}{a+b}}\tan \frac{x}{2}\right) + C \quad (a^2 > b^2).$

106. $\int \frac{\mathrm{d}x}{a + b\cos x} = \frac{1}{b-a}\sqrt{\frac{b-a}{b+a}}\ln \frac{\tan \frac{x}{2} + \sqrt{\frac{b+a}{b-a}}}{\tan \frac{x}{2} - \sqrt{\frac{b+a}{b-a}}} + C \quad (a^2 < b^2).$

107. $\int \frac{\mathrm{d}x}{a^2\cos^2 x + b^2\sin^2 x} = \frac{1}{ab}\arctan\left(\frac{b\tan x}{a}\right) + C.$

108. $\int \frac{\mathrm{d}x}{a^2\cos^2 x - b^2\sin^2 x} = \frac{1}{2ab}\ln \frac{b\tan x + a}{b\tan x - a} + C.$

109. $\int x\sin ax \mathrm{d}x = \frac{1}{a^2}\sin ax - \frac{1}{a}x\cos ax + C.$

110. $\int x^2\sin ax\,dx = -\frac{1}{a}x^2\cos ax + \frac{2}{a^2}x\sin ax + \frac{2}{a^3}\cos ax + C.$

111. $\int x\cos ax\,dx = \frac{1}{a^2}\cos ax + \frac{1}{a}x\sin ax + C.$

112. $\int x^2\cos ax\,dx = \frac{1}{a}x^2\sin ax + \frac{2}{a^2}x\cos ax - \frac{2}{a^3}\sin ax + C.$

（十二）含有反三角函数的积分

113. $\int \arcsin\frac{x}{a}\,dx = x\arcsin\frac{x}{a} + \sqrt{a^2 - x^2} + C.$

114. $\int x\arcsin\frac{x}{a}\,dx = \left(\frac{x^2}{2} - \frac{a^2}{4}\right)\arcsin\frac{x}{a} + \frac{x}{4}\sqrt{a^2 - x^2} + C.$

115. $\int x^2\arcsin\frac{x}{a}\,dx = \frac{x^3}{3}\arcsin\frac{x}{a} + \frac{1}{9}(x^2 + 2a^2)\sqrt{a^2 - x^2} + C.$

116. $\int \arccos\frac{x}{a}\,dx = x\arccos\frac{x}{a} - \sqrt{a^2 - x^2} + C.$

117. $\int x\arccos\frac{x}{a}\,dx = \left(\frac{x^2}{2} - \frac{a^2}{4}\right)\arccos\frac{x}{a} - \frac{x}{4}\sqrt{a^2 - x^2} + C.$

118. $\int x^2\arccos\frac{x}{a}\,dx = \frac{x^3}{3}\arccos\frac{x}{a} - \frac{1}{9}(x^2 + 2a^2)\sqrt{a^2 - x^2} + C.$

119. $\int \arctan\frac{x}{a}\,dx = x\arctan\frac{x}{a} - \frac{a}{2}\ln(a^2 + x^2) + C.$

120. $\int x\arctan\frac{x}{a}\,dx = \frac{1}{2}(x^2 + a^2)\arctan\frac{x}{a} - \frac{ax}{2} + C.$

121. $\int x^2\arctan\frac{x}{a}\,dx = \frac{x^3}{3}\arctan\frac{x}{a} - \frac{ax^2}{6} + \frac{a^3}{6}\ln(a^2 + x^2) + C.$

（十三）含有指数函数的积分

122. $\int a^x\,dx = \frac{a^x}{\ln a} + C.$

123. $\int e^{ax}\,dx = \frac{e^{ax}}{a} + C.$

124. $\int e^{ax}\sin bx\,dx = \frac{e^{ax}(a\sin bx - b\cos bx)}{a^2 + b^2} + C.$

125. $\int e^{ax}\cos bx\,dx = \frac{e^{ax}(b\sin bx + a\cos bx)}{a^2 + b^2} + C.$

126. $\int xe^{ax}\,dx = \frac{e^{ax}}{a^2}(ax - 1) + C.$

127. $\int x^n e^{ax}\,dx = \frac{x^n e^{ax}}{a} - \frac{n}{a}\int x^{n-1}e^{ax}\,dx.$

128. $\int xa^{mx}\,dx = \frac{xa^{mx}}{m\ln a} - \frac{a^{mx}}{(m\ln a)^2} + C.$

129. $\int x^n a^{mx}\,dx = \frac{a^{mx}x^n}{m\ln a} - \frac{n}{m\ln a}\int x^{n-1}a^{mx}\,dx.$

130. $\int e^{ax}\sin^n bx\,dx = \frac{e^{ax}\sin^{n-1}bx}{a^2+b^2n^2}(a\sin bx - nb\cos bx) + \frac{n(n-1)}{a^2+b^2n^2}\cdot$

$b^2\int e^{ax}\sin^{n-2}bx\,dx.$

131. $\int e^{ax}\cos^n bx\,dx = \frac{e^{ax}\cos^{n-1}bx}{a^2+b^2n^2}(a\cos bx + nb\sin bx) +$

$\frac{n(n-1)}{a^2+b^2n^2}b^2\int e^{ax}\cos^{n-2}bx\,dx.$

（十四）含有对数函数的积分

132. $\int \ln x\,dx = x\ln x - x + C.$

133. $\int \frac{dx}{x\ln x} = \ln(\ln x) + C.$

134. $\int x^n \ln x\,dx = x^{n+1}\left[\frac{\ln x}{n+1} - \frac{1}{(n+1)^2}\right] + C.$

135. $\int \ln^n x\,dx = x\ln^n x - n\int \ln^{n-1}x\,dx.$

136. $\int x^m \ln^n x\,dx = \frac{x^{m+1}}{m+1}\ln^n x - \frac{n}{m+1}\int x^m \ln^{n-1}x\,dx.$

参考文献

[1]吉米多维奇.数学分析习题集[M].山东:山东科学技术出版社,1982年.
[2]李心灿.高等数学应用205例[M].北京:高等教育出版社,1999.
[3]同济大学应用数学系.微积分[M].第2版.北京:高等教育出版社,2003.
[4]侯风波.高等数学(第2版)[M].北京:高等教育出版社,2003.
[5](美)汤普森.微积分之倚天宝剑[M].张菽译.长沙:湖南科学技术出版社,2005.
[6]袁月华.新编高等数学[M].广东:汕头大学出版社出版,2005.
[7]王喜斌.高等数学基础[M].北京:科学出版社,2006.
[8](美)Dale Varberg,Edwin J. Purcell,Steven E. Rigdon 著.微积分(Calculus)(英文版).北京:机械工业出版社,2002.
[9]Zhang Fengling, Yao Miaoxin, Zhang Yuhuan.《Calculus》[M]. Tianjin Unversity Press. 2005.
[10]李尚志.数学建模竞赛教程[M].南京:江苏教育出版社,1996.
[11]雷功炎.数学模型讲义[M].北京:北京大学出版社,1999.
[12]兰永胜.数学思想方法与建模技巧[M].青岛:青岛海洋大学出版社,2000.
[13]苏金明等.MATLAB实用指南[M].北京:电子工业出版社,2002.
[14]赵静等.数学建模与数学实验[M].北京:高等教育出版社,2002.
[15]颜文勇.高等数学及实验(上、下册)[M].北京:科学出版社,2004.
[16]潘劲松."2+1"人才培养模式下高职数学课程改革的探讨[J].教育与职业,2008(10):97—98.
[17]曾庆柏.高等应用数学(上、下册)[M].西安:世界图书出版公司,2009.
[18]林寿.文明之路—数学史演讲录[M].北京:科学出版社,2010.

图书在版编目（CIP）数据

高职应用数学/潘劲松编. ——长沙：湖南教育出版社，2010. 7

ISBN 978-7-5355-6825-0

Ⅰ. ①高… Ⅱ. ①潘… Ⅲ. ①应用数学-高等学校：技术学校-教材 Ⅳ. ①O29

中国版本图书馆 CIP 数据核字（2010）第 136967 号

策划编辑　黄卫东　　责任编辑　邹楚林
封面设计　求赢文化　　排版设计　求赢文化

书　　名：高职应用数学
主　　编：潘劲松　童丽娟
出版发行：湖南教育出版社
地　　址：长沙市韶山北路 443 号
网　　址：http：//www. hneph. com
发 行 部：0731-85520531
编 辑 部：0731-85558352　csgaojiao@163. com
印　　刷：湖南贝特尔印务有限公司
经　　销：湖南天易创图文化有限公司

开　　本：787×960　1/16
印　　张：17. 75
字　　数：350 千字
版　　次：2010 年 7 月第 1 版　2017 年 1 月第 6 次印刷

书　　号：ISBN 978-7-5355-6825-0
定　　价：29. 80 元